华 章 图 书

一本打开的书，一扇开启的门，

通向科学殿堂的阶梯，托起一流人才的基石。

Unity虚拟现实开发实战

（原书第2版）

Unity Virtual Reality Projects, Second Edition

[美] 乔纳森·林诺维斯（Jonathan Linowes）著

易宗超 林薇 苏晓航 佘宇航 译

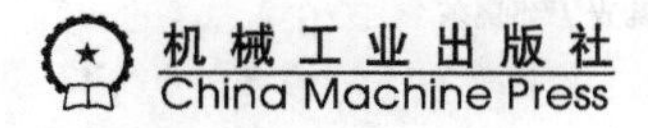

图书在版编目（CIP）数据

Unity 虚拟现实开发实战（原书第 2 版）/（美）乔纳森·林诺维斯（Jonathan Linowes）著；易宗超等译. —北京：机械工业出版社，2020.4（2022.2 重印）
（游戏开发与设计技术丛书）
书名原文：Unity Virtual Reality Projects, Second Edition

ISBN 978-7-111-65083-6

I. U…　II. ①乔…　②易…　III. 游戏程序－程序设计　IV. TP317.6

中国版本图书馆 CIP 数据核字（2020）第 043856 号

本书版权登记号：图字　01-2019-0966

Jonathan Linowes: Unity Virtual Reality Projects, Second Edition (ISBN: 978-1-78847-880-9).

Unity 虚拟现实开发实战（原书第 2 版）

出版发行：机械工业出版社（北京市西城区百万庄大街 22 号　邮政编码：100037）

责任编辑：李永泉　　责任校对：李秋荣

印　　刷：北京建宏印刷有限公司　　版　　次：2022 年 2 月第 1 版第 2 次印刷

开　　本：186mm × 240mm　1/16　　印　　张：21

书　　号：ISBN 978-7-111-65083-6　　定　　价：99.00 元

客服电话：（010）88361066　88379833　68326294　　投稿热线：（010）88379604

华章网站：www.hzbook.com　　读者信箱：hzjsj@hzbook.com

本书法律顾问：北京大成律师事务所　韩光 / 邹晓东

The Translator's Words 译者序

虚拟现实（VR）技术正在不断丰富我们的世界。日常生活中，人们最有体会的应当是在商场的某些地方见到的虚拟现实体验馆，以及在家中结合手机与VR盒子制作的移动VR。但VR不止于此，它被广泛应用于各个领域，诸如教育、建筑、医学、康复训练、心理治疗等多个领域都开始应用这一技术。VR不是一门单一的技术，它早已不再仅局限于计算机图形学，而是逐渐融入网络、分布计算等更广的技术中，通过结合不同学科、行业，它还可以向更广阔的地方发展。

随着5G技术的普及，虚拟现实技术的延迟问题得到改善，因而将被应用到更多领域。当虚拟现实技术不再局限于游戏时，它可以创造更多世界，造就更多行业。学习如何创建属于自己的虚拟现实应用，然后体验它，是令人十分有成就感的事情。作为一款广泛使用的游戏开发工具，Unity具有界面简单、功能强大、易于上手等特点，可以让你轻松创建属于自己的游戏体验。

我最初是在本科毕业设计时接触到虚拟现实技术的，之后我的研究生导师希望我可以通过毕业设计来初步进入这个领域。十分凑巧的是，在选择入门书籍时，我选择了本书的第1版。当我跟随本书第1版从一窍不通到略有领悟时，我真心爱上这本书籍。如今，我有幸成为第2版的译者之一，在此次翻译中我收获了更多关于虚拟现实技术开发的技巧，学到了更多的东西。

相比于抽象的概念，本书通过具体示例由浅入深地逐步引导读者了解并深入虚拟现实技术，在第1版的基础上，更新了使用的Unity版本，并对各个章节和项目做了大量的修改，使得本书更加具体并易于阅读。无论是对初接触编程并想学习虚拟现实技术的新手读者，还是对已经在编程领域有着丰富经验而想进入虚拟现实领域的程序员来说，本书都是一个不错的选择。

易宗超

前　言 Preface

如今，我们正在见证虚拟现实（VR）的迅猛发展，这是一项令人激动的技术，它有望改变我们与信息、朋友和整个世界进行交互的基本方式。

戴上一个 VR 头戴式显示器，你就可以观看立体 3D 场景，可以环顾四周，还可以在虚拟空间中四处走动，并使用定位手柄控制器与虚拟对象交互。你可以拥有完整的沉浸式体验，就像真正置身于某个虚拟世界一样。

本书通过基于项目的实践方式详细讲解如何使用 Unity 3D 游戏引擎进行虚拟现实开发。我们将使用 Unity 2018 和其他免费或开源软件来完成一系列实践项目、循序渐进的教程和深入的讨论。VR 技术正在快速发展，我们将尝试获取基本的原则和技巧，以便实现具有沉浸感和舒适感的 VR 游戏和应用程序。

你将学习如何使用 Unity 来开发可以用 Oculus Rift、Google Daydream、HTC Vive 等设备进行体验的 VR 应用程序。我们将涵盖对于 VR 来说重要且可能独一无二的技术关注点。读完本书后，你将能够用 Unity 开发丰富的交互式虚拟现实体验程序。

多年前，我在大学学习 3D 计算机图形学，在研究生院学习用户界面设计，然后成立了一家小型软件公司，开发用于管理 AutoCAD 工程图的 3D 图形引擎，后来此业务出售给了 Autodesk。在接下来的几年里，我专注于 2D 网络应用开发，在博客上记录我的技术探索，并致力于发展几家新的初创公司。然后，在 2014 年 3 月，我看到 Facebook 以 20 亿美元的价格收购了 Oculus，这引起了我的兴趣。于是我立即订购了我的第一台 VR 头戴式显示器（Oculus DK2 开发套件），并开始利用 Unity 开发小型 VR 项目。

2015 年 2 月，我打算写一本关于 Unity VR 开发的书。Packt 出版社马上接受了我的建议，于是到 2015 年 8 月，本书的第 1 版出版了。从提案、大纲、章节草稿、审查到最终定稿和出版，只花费了短暂的时间，我很痴迷于此。

在撰写本文时，Google Cardboard 发布了，但是没有消费级 VR 设备。DK2 没有手柄控制器，只有一个 XBox 游戏控制器。2015 年 11 月，第 1 版发布几个月后，HTC Vive 推出了房间规模 VR 设置，同时配套有定位手柄控制器。2016 年 3 月，Oculus Rift 消费者版本发布。直到 2016 年 12 月，也就是第 1 版出版近一年半之后，Oculus 才发布定位手柄控制器。

自本书第 1 版出版以来，许多新的 VR 设备已经上市，硬件和软件功能得到改进，Unity 游戏引擎也持续增加原生 VR SDK 集成和新功能来支持它们。随着行业的不断加速发展，Oculus、Google、Steam、Samsung、PlayStation、Microsoft 等多家企业加入了竞争行列。

与此同时，在 2016 年，我与 Packt 合作出版了另一本书 *Cardboard VR Projects for Android*，这是一本使用 Java 和 Android Studio 构建 Google Daydream 和 Cardboard 应用的非 Unity VR 书籍。（在这本书中，你可以学习为移动设备创建并使用自己的 3D 图形引擎。）然后在 2017 年，我与 Packt 合作编写了第三本书 *Augmented Reality for Developers*，这是一本令人兴奋且被及时出版的书，它基于 Unity 的项目，适用于在 iOS、Android 和 HoloLens 设备上开发 AR 应用程序。

当开始修订本书的第 2 版时，我认为这将是一个相对简单的任务，只需要更新到当前版本的 Unity、增加对定位手柄控制器的支持并进行一些调整即可。但是没那么简单！虽然第 1 版的许多基本原理和建议没有改变，但作为一个行业，我们在短短的几年里学到了很多东西。例如，在 VR 中实现蹦床（我们在第 2 版中删去了这个项目）真的不是一个好主意，因为这可能导致晕动症！

第 2 版进行了重大修订和扩展。每个章节和项目都已更新。我们将一些主题分为独立的章节，包括音频火球游戏（第 8 章）、动画（第 11 章）和优化（第 13 章）。我真诚地希望你能认为本书既有趣又专业，因为我们致力于创造出色的新 VR 内容和探索这个神奇的新媒介。

本书读者对象

如果你对虚拟现实感兴趣，想要了解它的工作原理或创建自己的 VR 体验，请阅读本书。无论你是不是程序员，是否熟悉 3D 计算机图形，是否刚开始接触虚拟现实，你都将从本书获益。当然，拥有任何 Unity 经验都是一种优势。如果你是 Unity 新手，也可以拿起这本书，但你可以首先从 Unity 官网上提供的一些入门教程入手（https://unity3d.com/ learn）。

游戏开发者可能已经熟悉本书中重新应用到 VR 项目中的概念，但可以学习到许多其他特定于 VR 的理念。已经了解如何使用 Unity 的移动设备设计师和 2D 游戏设计师将能发现另一个维度。工程师和 3D 设计师可能了解许多 3D 概念，但是可以学习如何使用 Unity 引擎开发 VR。应用程序开发人员可能会欣赏 VR 潜在的非游戏用途，并可能希望通过学习来实现这一目标。

本书主要内容

第 1 章介绍游戏和非游戏应用中消费级虚拟现实的新技术以及机会，包括对立体视觉以及头姿追踪的解释。

第 2 章介绍 Unity 游戏引擎，我们将构建简单的立体模型场景，并介绍如何导入使用其他工具（如 Blender、Tilt Brush、Google Poly 和 Unity EditorXR）创建的 3D 内容。

第 3 章介绍如何设置系统以及如何在目标设备上构建和运行 Unity 项目，这些设备包括 SteamVR、Oculus Rift、Windows MR、GearVR、Oculus Go 以及 Google Daydream。

第 4 章探讨 VR 摄像机与场景中对象的关系，包括 3D 光标和基于凝视的射线枪。该章还介绍如何使用 C# 语言进行 Unity 脚本编程。

第 5 章讨论通过控制器按钮和可交互对象实现用户输入事件，涉及使用不同软件模式，包括轮询、可编写脚本的对象、Unity 事件以及随工具包 SDK 提供的可交互组件。

第 6 章给出使用 Unity 世界坐标系画布实现 VR 的用户界面（UI）的许多示例，包括护目镜（HUD）、信息框、游戏内对象和腕部菜单栏。

第 7 章深入探讨在 VR 场景中移动自己的技巧，详细探讨 Unity 第一人称角色对象和组件、移动、远程传送以及房间规模 VR。

第 8 章探索 Unity 物理引擎、物理材质、粒子系统和更多 C# 脚本，同时我们创建了一个球拍游戏，让你可以在喜欢的音乐中击打火球。

第 9 章介绍如何建立交互式艺术画廊，包括关卡设计、艺术作品照片、数据管理以及空间传送。

第 10 章解释 360° 多媒体并在各种示例中使用它们，包括地球仪、光球和天空盒等。

第 11 章介绍如何使用导入的 3D 资源和音轨、Unity 时间轴和动画来创建完整的 VR 讲故事体验。

第 12 章探索使用 Unity Networking 组件的多人游戏以及 Oculus 平台头像和 VRChat 会议室的开发。

第 13 章演示如何使用 Unity Profiler 和 Stats 窗口来减少 VR 应用程序的延迟，包括优化 3D 艺术、静态照明、高效编码和 GPU 渲染。

准备工作

在开始阅读本书之前，你需要一份零食、一瓶水或一杯咖啡。除此之外，还需要安装了 Unity 2018 的 PC（操作系统为 Windows 或 Mac）。

你不需要超级强大的计算机硬件，虽然 Unity 是可以渲染复杂场景的引擎，并且很多

VR 制造商（像 Oculus）已经发布了推荐的 PC 硬件规格，但实际上你可以用配置较低的 PC（甚至使用笔记本电脑）来学习本书中的项目。

要获取 Unity，请登录 https://store.unity.com，选择“ Personal”，然后下载安装程序。免费的个人版就足够了。

我们还可以使用开源项目 Blender 来进行 3D 建模，但本书不讨论这方面的内容，如果你需要，我们会使用它。要获取 Blender，请访问 https://www.blender.org/download/，并按照与平台相适应的说明进行操作。

强烈建议你配备 VR 头戴式显示器（HMD），以便第一时间体验本书中开发的项目。但这不是完全必要的，因为你也可以在 Unity 中使用仿真模式。根据你的平台，你可能还需要安装其他开发工具。第 3 章详细介绍了每个设备和平台所需的东西，包括 SteamVR、Oculus Rift、Windows MR、GearVR、Oculus Go、Google Daydream 等。

基本上只需要 PC、Unity 软件和 VR 设备即可，第 3 章描述的其他工具我们将在后面进行介绍。如果你从 Packt 网站或华章官网下载相关资源，有些项目将会更完整。

下载示例代码及彩色图像

本书的示例代码及所有截图和样图，可以从 http://www.packtpub.com 通过个人账号下载，也可以访问华章图书官网 http://www.hzbook.com，通过注册并登录个人账号下载。

审阅者简介 About the Reviewer

Krystian Babilinski 是一位经验丰富的 Unity 开发人员，拥有丰富的 3D 设计知识，自 2015 年以来一直致力于开发专业的 AR/VR 应用程序。他领导 Babilin Applications——一个促进开源开发并与 Unity 社区合作的 Unity 设计团队。最近，Krystian 出版了一本关于增强现实的书——*Augmented Reality for Developers*。Krystian 现在在 Parkerhill Reality Labs 领导开发工作，该实验室发布过多个多平台 VR 游戏。

Contents 目 录

第1章 Chapter 1

万物皆可虚拟

“虚拟现实”这一概念让人们对于“在某个地方”这句话所表达的意思产生了疑问。

在手机发明之前，如果你打电话给某个人，你不会问，“嘿，你在哪儿呢？”因为你知道他在哪里，如果拨打他家的电话，他就在家里。

然而在手机普及后，你开始听到人们这么说：“你好。我现在在星巴克。”手机另一端的人并不能非常确切地知道你在哪里，因为你的电话不再跟你的房子绑定在一起了。

说起VR，我有这样一个例子：当我回到家，我妻子把孩子们安顿下来之后，她便坐到沙发上带上护目镜。这时我走过来，拍拍她的肩膀，这样问道：“嘿，你现在在哪里？”

这太奇怪了，一个人就坐在你的面前，你却不知道他在哪里。

——Jonathan Stark，移动专家及播客

欢迎来到虚拟现实（Virtual Reality，VR）的世界！本书将探讨如何创建属于自己的虚拟现实体验。我们将会列举一系列实践项目和循序渐进的教程，并深入探讨如何使用Unity 3D游戏引擎和其他免费或者开源的软件。虽然虚拟现实技术发展迅速，但我们尽量尝试只掌握那些可以让VR游戏和应用更有沉浸感和舒适感的基础原理和技术。

本章将定义虚拟现实，并举例说明如何将它应用在游戏和其他有趣的场景和产品上。

在本章中，我们将讨论以下主题：

- ❑ 虚拟现实是什么
- ❑ 虚拟现实（VR）与增强现实（AR）的区别
- ❑ VR应用与VR游戏的区别

- ❑ VR 体验的类型
- ❑ 开发 VR 必备的技能

1.1 虚拟现实对你来说意味着什么

如今，我们正在见证消费级虚拟现实的迅猛发展，这是一项令人激动的技术，它有望改变我们与信息、朋友和整个世界进行交互的基本方式。

什么是虚拟现实？通常，虚拟现实是由计算机生成的对 3D 环境的模拟，对于正在使用特殊电子设备体验它的人来说，它看起来非常真实，其目标是要达到一种处于虚拟环境中的强烈感觉。

现在的消费级 VR 通过戴上头戴式显示器（比如护目镜）观察立体的 3D 场景。你可以通过移动头部观察四周，并且通过手柄控制器或者动作传感器向周围走动。你会被带入沉浸感十足的体验当中，就像真正处在某个虚拟世界中一样。图 1-1 展示 2015 年作者正在体验 Oculus Rift Development Kit 2（DK2）。

图 1-1

虚拟现实并不是一项新事物。虽然它被隐藏在某些学术研究实验室和高端产业及军事设施中，但早在几十年前就已经存在。过去它非常庞大、笨重，并且昂贵。Ivan Sutherland 在 1965 年发明了第一台头戴式显示器（参见 `https://amturing.acm.org/photo/sutherland_3467412.cfm`）。它被吊在天花板上！在过去，将消费级虚拟现实产品上市的尝试都失败了。

在 2012 年，Palmer Luckey（Oculus VR 有限责任公司的创始人）将一个尚未开发完毕的 VR 头戴式显示器交到 John Carmack（Doom、Wolfenstein 3D 和 Quake 经典游戏的著名开发者）的手里。他们一同在 Kickstarter（著名众筹网站）上发起众筹，并在一个狂热的社区中发布了一个开发套件，该套件称为 Oculus Rift Development Kit 1（DK1）。这引起了包括 Mark Zuckerberg 在内的投资人的注意，2014 年，Facebook 以 20 亿美元的价格收购了这个公司。没有产品，没有用户，只有永恒的承诺，它所吸引的资金和关注已经帮助一个新型消费级产品火热起来。

同时，其他公司也在研究自己的产品并很快将其推向市场，其中包括 Steam 的 HTC Vive、谷歌的 Daydream、索尼的 PlayStation VR、三星的 Gear VR、微软的沉浸式混合现实等。增强 VR 体验的创新和设备层出不穷。

大多数基础研究已经完成，技术也已经成熟，这很大程度上要归功于移动技术设备的大规模普及。有一个庞大的开发者社区，他们对于构建 3D 游戏和手机应用非常有经验。创意内容生产商也加入进来，媒体对它的讨论也越来越多。终于，虚拟现实成为现实。

最终，我们将摆脱对新兴硬件设备的关注，并认识到内容为王。新一代的3D开发软件（商业、免费和开源）催生了大量的团队或个人游戏开发者，同样这些软件也可以用来创建非游戏VR应用。

尽管VR在游戏领域获得了大多数狂热追求者，但在更有潜力的应用领域，它将拥有更多的拥趸。对于目前正在使用3D建模和计算机制图的任何业务，如果使用VR技术，它们将会变得更高效。由VR所赋予的沉浸感能够增强所有常见的线上体验，包括工程领域、社交网络、购物、营销、娱乐和业务拓展。在不久的将来，带着VR头戴式设备浏览3D网站可能与现在访问平面网站一样普遍。

1.2　头戴式显示器的类型

目前，虚拟现实头戴式显示器有两个基本分类：桌面VR和移动VR。但二者的区别越来越模糊，最终，就像传统计算机一样，我们可能只是用操作系统来区分平台：Windows、Android或控制台VR。

1.2.1　桌面VR

对于桌面VR（和控制台VR），你的头戴式设备是一个外围设备，同时它还有一台更强大的计算机作为主设备来处理大量的图形图像。这台计算机可以是一台Windows PC、Mac、Linux或者游戏主机。虽然Windows PC在目前是最著名的，但PS4在控制台VR方面更畅销。

大多数情况下，头戴式设备通过电线连接到计算机。游戏运行在计算机上，而头戴式显示器（Head-Mounted Display，HMD）是具有动作感应输入功能的外围显示设备。术语“桌面”有些用词不当，因为它很有可能被放在客厅或者书房的地上。

Oculus Rift（Https://www.oculus.com/）是一个在眼镜上集成显示器和传感器设备的范例，游戏运行在一台单独的PC上。其他桌面头戴式设备还有HTC Vive、索尼的PlayStation VR和微软的沉浸式混合现实。

桌面VR设备依靠桌面计算机（通常通过视频线以及USB线）来为CPU和图形处理单元（GPU）供电，请参阅特定设备的建议规格要求。

但是，出于本书的目的，我们的项目不会有任何繁重的渲染，以便你能使用最低要求的系统规格。

1.2.2　移动VR

以Google Cardboard（http://www.google.com/get/cardboard/）为例，移动VR是一台包含了两个透镜和一个手机插槽的简单装置。手机的显示屏用于显示两个立体视图，它可以追踪头部旋转，但不能捕捉位置。Cardboard同样为用户提供了单击或者轻按边缘以实现在游戏中进行选择的功能，它对所处理图像的复杂度有一定的限制，因为它是通过手机处理器来把视图渲染在手机显示屏上。

Google Daydream 和三星 GearVR 通过要求更高性能的最低标准（包括移动电话使用更强的处理能力）来改进平台。GearVR 的头戴式显示器包括用于辅助电话设备的运动传感器。这些设备还引入了三自由度（DOF）手柄控制器，可以像 VR 体验中的激光指示器一样使用。

下一代移动 VR 设备包括像 Oculus Go 这样的一体化头戴式显示器，它内置屏幕和处理器，无须连接手机。较新的模型可能包括深度传感器和空间映射处理器，以跟踪用户在三维空间中的位置。

基本上，本书中的项目将探索从高端到低端的消费级 VR 设备的功能。但总的来说，我们的项目并不需要太多的处理能力，也不需要高端的 VR 功能，所以你可以为任何这类设备开发 VR 应用，包括 Google Cardboard 和普通手机。

如果你对直接用 Java 而不是 Unity 游戏引擎在 Android 上为 Google Daydream 开发 VR 应用程序感兴趣，请参考作者的另一本书 *Cardboard VR Projects for Android*，该书由 Packt Publishing 出版（`https://www.packtpub.com/application-development/cardboard-vr-projects-android`）。

1.3 虚拟现实与增强现实的区别

也许该花点时间澄清一下虚拟现实不是什么了。

VR 有一项“兄弟”技术是增强现实（Augmented Reality，AR），它是指在现实世界的视图上叠加计算机成像（Computer Generated Imagery，CGI）。随着 Apple 的 iOS 版 ARKit 和用于 Android 的 Google ARCore 被推出，智能手机上的 AR 最近引起了人们的广泛兴趣。此外，Vuforia AR 工具包现在直接与 Unity 游戏引擎集成，有助于推动更多技术的采用。移动设备上的 AR 将 CGI 覆盖在来自摄像机的实时视频之上。

最新的 AR 创新是 AR 头戴式显示器，例如微软的 HoloLens 和 Magic Leap，它们直接将计算机图形显示在你的视野中，而不是融合进视频图像中。如果把 VR 头戴式显示器比作密封的护目镜，那么 AR 头戴式显示器很像半透明的太阳镜，它将真实世界的光线与 CGI 进行融合。AR 的一项挑战是如何保证 CGI 时刻与现实世界中的物体保持一致且完全映射在其表面，同时在走动的时候消除延迟感，并让它们（CGI 与现实世界中的物体）仍然保持对齐。

在未来应用的场景中，人们对 AR 抱有同 VR 一样的期待，但是它们还是有所不同。这是因为 AR 致力于使用户融入他们当前的环境中，而 VR 是完全沉浸式的。在 AR 体验场景中，你可以张开双手并且看到一个小木屋正位于你的手掌上；但在 VR 中，你可能会被传送到木屋内部并且可以在里面随意走动。

我们也非常期待出现融合 AR 和 VR 的混合设备，或者可以在这两种模式间切换的设备。

如果你对开发 AR 感兴趣，可以查阅由 Packt Publishing 出版并由作者所著的另一本书 *Augmented Reality for Developers*（https://www.packtpub.com/web-development/augmented-realitydevelopers）。

1.4　应用与游戏

消费级的虚拟现实从游戏开始。视频游戏玩家早已习惯于进入高度互动的超现实 3D 场景。VR 仅仅是更进一步。

游戏玩家是高端图像技术的早期体验者。数千万的游戏控制台和基于 PC 的组件的大规模生产以及供应商之间的竞争带来了更低的价格和更高的性能。同样，游戏开发者也经常推动技术的发展，极力释放硬件和软件的性能。玩家是一个非常苛刻的群体，而市场又紧跟他们的需求。这一波 VR 硬件和软件公司中的大多数（也许不是全部）大都会将视频游戏行业作为首要目标，这一点不足为奇。在 Oculus store 上的大多数 VR 应用比如 Rift（https://www.oculus.com/experiences/rift/）、GearVR（https://www.oculus.com/experiences/gear-vr/）和 Google Play 上的 Daydream（https://play.google.com/store/search? q= daydream c= appshl= en）主要都是游戏。当然，SteamVR 平台（http://store.steampowered.com/steamvr）上几乎全部都是游戏。游戏玩家是最热情的 VR 拥护者，并且非常欣赏它的潜力。

游戏开发者明白，一个游戏的核心是游戏玩法，即游戏规则，它很大程度上与外观或游戏的主题无关。游戏玩法可以包括解谜、运气、策略、计时或者肌肉记忆。VR 游戏可以拥有相同的玩法元素，但是可能需要针对虚拟场景做一些调整。举例来说，一名第一人称角色在主机视频游戏中行走，他的步频大概是他在真实世界中的 1.5 倍。如果不这样做，那么玩家将会感觉到这个游戏太慢，有些无聊。而将同样的角色放到 VR 场景中，玩家反而会觉得太快，导致不适。在 VR 游戏中，你会想让你的角色以正常速度行走。并不是所有视频游戏都能很好地对应到 VR，当你真正处在一个战场中间的时候，可能不是那么有趣。

话虽如此，虚拟现实也可以应用在除游戏之外的区域。尽管游戏仍然重要，但是非游戏应用最终将超过它们。这些应用在很多方面与游戏不同，最具标志性的是，应用不太注重游戏玩法，而更在意体验本身和特定的目标。当然也不排除会有一些游戏玩法。举例来说，某个应用专门用于培训用户的某项特殊技能。有时，商业或者个人应用的游戏化会使其在通过竞争驱动所期望的行为方面更有趣，并且更有效。

通常，非游戏 VR 应用不太在意输赢，而更多地注重体验本身。

下面是现在人们正在开发的几个非游戏应用示例类型：

- **旅游与观光**：足不出户即可访问遥远的地方。用一下午的时间访问巴黎、纽约和东京的艺术博物馆，在火星散步，甚至可以坐在佛蒙特州寒冷的小屋里享受印度的胡里节。
- **机械工程和工业设计**：计算机辅助软件，例如三维建模、模拟和可视化方面的先驱 AutoCAD 和 SolidWorks。配合 VR，工程师和设计师将可以在最终产品实际生产出来之前直接亲身体验它，并以低成本进行修改。以一个新汽车的迭代设计为例，它的外观看起来怎样？它的性能如何？在驾驶座位上会是怎么样的体验？
- **建筑与土木工程**：仅仅是为了向客户和投资者推销他们的想法，或者更重要的是，去验证许多设计的假设，建筑师和工程师经常会为他们的设计构建一个缩小模型。现在，建模和渲染软件经常用于从建筑方案构建虚拟模型。通过 VR，与利益相关方的谈判将更有信心。其他人员，例如室内设计师、暖通空调设计师（HVAC）和电力工程师，也会很快加入进来。
- **房地产**：房地产经纪人一直是互联网和可视化技术的快速采用者，用以吸引买家并完成销售。房地产搜索网站是首批成功网站的范例。待售物业的在线全景巡查视频现在已经非常普遍。配合 VR，人在纽约就可以在洛杉矶找到新家。
- **医学**：VR 在健康和医疗方面的潜力可能影响生与死。每天，医院使用 MRI 和其他扫描设备为我们的骨骼和器官生产模型，用于医疗诊断或者术前计划。而使用 VR 来提高可视化和测量水平将会提供更直观的分析能力。虚拟现实还可以用于模拟手术来训练医学专业的学生。
- **心理健康**：虚拟现实体验已经在暴露疗法中被证明对于治疗创伤后应激障碍（Post Traumatic Stress Disorder，PTSD）是有效的。病人在心理治疗师的指引下，通过复述经历来面对其创伤回忆。类似地，VR 还被用于治疗蜘蛛恐惧症和对飞行的恐惧。
- **教育**：VR 在教育领域的机会实在是太明显了。第一个成功的 VR 体验是 Titans of Space，它可以让你掌握探索银河系的第一手资料。在自然、历史、艺术和数学等方面，VR 都能帮助各年龄段的学生，就像老话所说，读万卷书不如行万里路。
- **培训**：丰田已经展示了一个针对驾驶员教育的 VR 模拟，用于教育青少年有关驾驶时不集中注意力的危害。在另一个项目中，职业学校的学生可以体验操作起重机和其他重型建筑设备。而用于训练急救人员、警察、消防和救援人员的培训可以通过 VR 呈现高风险情况和可替代的虚拟场景来提升技能。美国国家橄榄球联盟（NFL）和大学球队都希望 VR 可用于体育训练。
- **娱乐和新闻**：虚拟地参与摇滚现场和体育赛事，观看音乐视频。就像在现场一样重新体验新闻事件，享受 360° 的电影体验。讲故事的艺术将会被虚拟现实改变。

这真是一个很长的列表！而这些仅仅是很容易实现的东西。

本书并不打算过于深入地讨论这些应用。相反，我希望这个列表有助于激发你的思考，并提供一个关于如何将万物虚拟化的视角。

1.5　虚拟现实是如何运作的

那么，到底是什么让所有人如此为 VR 兴奋呢？戴上头戴式显示器，你会体验到合成场景。它看起来是 3D 的，感觉是 3D 的，也许你甚至有一种身临其境的感觉。最明显的是，VR 看起来和感觉到的都很酷！但是为什么呢？

沉浸感和临场感是描述 VR 体验质量的两个词。圣杯是将两者都提升到非常逼真的程度，以至于你忘记自己是在一个虚拟的世界里。沉浸感是模拟身体接收到的感官输入（视觉、听觉、运动等）的结果，这可以从技术上进行解释。存在感是一种你被传送到那里的发自内心的感觉，这是一种深刻的情感或直觉的感觉。你可以说沉浸感是虚拟现实的科学，而临场感是艺术。如果实现这二者，真的很酷。

VR 体验是由多种不同的技术结合而成的，它们可以分为两个基本领域：

- 3 D 视图
- 头姿追踪

换句话说，就像那些内置在移动设备上的东西一样，显示器和传感器是 VR 在今天成为可能的一个重要原因。

假设 VR 系统知道你的头部在任何时刻的确切姿势。假设它可以立即为这个精确的立体视点渲染和显示三维场景。那么，无论你何时何地移动，都会看到你应该看到的虚拟场景。这样，你将拥有近乎完美的视觉 VR 体验，基本上就是这样。

但没这么快。

1.5.1　立体 3 D 视图

分屏立体摄影是在摄影发明后不久被发现的，如图 1-2 所示是 1876 年流行的立体摄影观察器（B.W.Kilborn &Co，Littleton, New Hampshire，参见 http://en.wikipedia.org/wiki/Benjamin_W._Kilburn）。立体照片的左眼和右眼是分开的，稍微偏移以产生视差，这让大脑误以为这是一个真正的三维视图。该设备为每只眼睛配备了单独的镜片，让你可以很容易地近距离聚焦照片。

类似地，渲染这些并排的立体视图是 Unity 中支持 VR 的摄像机的第一项工作。

假设你戴着 VR 头戴式显示器，头保持静止，这样图像看起来就像被冻结了，但它看起来仍然好过简单的立体图。为什么？

传统的立体图具有相对较小的双象矩形边界。当你的眼睛聚焦在视图的中心时，3D 效果是令人信服的，但你会看到视图的边界。转动你的眼睛（即使你的头是静止的），任何剩余的沉浸感就完全丧失了。在这里，你只是站在外面观察透视画的观察者。

图　1-2

现在，假设有一个没有头戴式显示器所看到的 VR

屏幕（见图 1-3）。

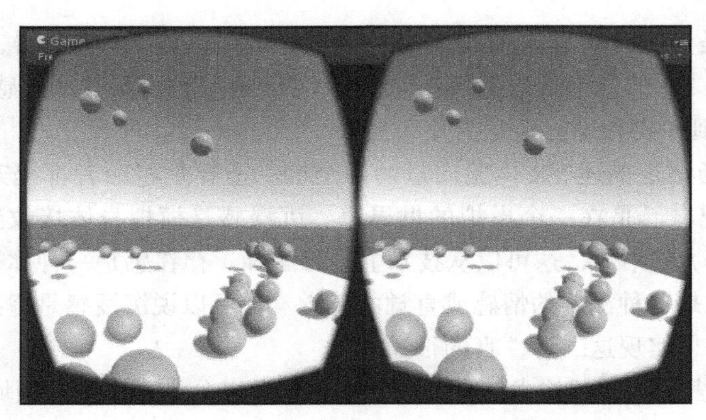

图 1-3

首先，你会注意到每只眼睛都有一个桶状的视图。这是为什么呢？头戴式显示器的镜头是一个非常广角的镜头。所以，当你透过它看前面的时候，你的视野很开阔。事实上，它是如此之宽（和高），使图像发生了扭曲（平管效应）。而图形软件 SDK 对这种扭曲做了一个反向处理（桶失真），使我们通过镜头看起来是正确的。这就是所谓的眼睛畸变校正。结果是一个明显足够宽的视野（FOV），可以包含更多的周边视觉。例如，Oculus Rift 的 FOV 约为 100 度。（我们将在第 10 章中详细讨论 FOV。）

当然，两只眼睛的视角有轻微的偏移，偏移量相当于眼睛之间的距离或瞳孔间距（Inter Pupillary Distance，IPD）。IPD 是用来计算视差的，而且视差可以因人而异。（Oculus 配置实用程序附带一个实用程序来测量和配置 IPD。另外，你也可以让眼科医生为你进行精确的测量。）

如果仔细观察 VR 屏幕，就会看到颜色分离，就像打印头没有正确对齐的彩色打印机得到的结果一样，但这可能不太明显。这是故意的，因为通过透镜的光根据光的波长以不同的角度折射。同样，渲染软件做了一个反向的颜色分离，所以它看起来对我们来说是正确的。这被称为色差校正。这有助于使图像看起来更加清晰。

屏幕的分辨率对于获得令人信服的视图也很重要。如果分辨率太低，你会看到像素，或者所谓的“纱窗效应”。在比较 HMD 时，显示器的像素宽度和高度是一个经常引用的规范，但是每英寸像素（PPI）值可能更重要。显示技术的其他创新，如像素涂抹和凹点渲染（精确地显示眼球正在看的高分辨率细节），也将有助于减少纱窗效应。

在 VR 中体验 3D 场景时，还必须考虑每秒帧数（FPS）。如果 FPS 太慢，动画看起来就会起伏不定。影响 FPS 的因素包括 GPU 性能和 Unity 场景的复杂性（多边形的数量和光照计算），以及其他因素。而这在 VR 中是双倍的，因为你需要绘制场景两次，每只眼睛一次。诸如为 VR 优化的 GPU、帧插值等技术创新将提高帧率。对于开发者来说，可以在 VR 中采用 Unity 中的性能调优技术，比如手机游戏开发者所使用的那些技术。（我们将在第 13 章详细讨论性能优化。）这些技术和光学手段可以使三维场景看起来逼真。

声音也很重要，并且比许多人意识到的更重要。应该在佩戴立体声耳机时体验 VR。事实上，在音频做得很好但图像很糟糕的情况下，你仍然可以拥有一个很好的体验。我们在电视和电影中经常看到这种情况，VR 也是如此。双耳音频让每只耳朵都有自己的声源立体“视图”，这样你的大脑就能在三维空间中想象出它的位置。不需要特殊的监听设备，普通耳机就可以（扬声器不行）。例如，戴上耳机，通过 https://www.youtube.com/watch?v=IUDTlvagjJA 可以访问虚拟酒吧。真实的 3D 音频提供了一个更加真实的空间音频渲染，声音从附近的墙壁反弹，可以被场景中的障碍物遮挡，以增强第一人称体验和真实感。

最后，VR 头戴式显示器应该适合你的头部和面部，让你很容易忘记你戴着它，同时它应该能够挡住你周围真实环境的光线。

1.5.2　头姿追踪

这样，通过很好的 3D 图片，可以在一个舒适的 VR 头戴式显示器上看到宽阔的视野。如果真是这样，当你动一动头时，就会感觉你的脸上像粘了一个透视画框。移动你的头，盒子也随之移动，这很像拿着古董立体照相设备或童年时的视图控制器。幸运的是，VR 要好得多。

VR 头戴式显示器内部有一个运动传感器（IMU），它可以检测三个轴上的空间加速度和旋转速度，并提供所谓的六自由度。同样的技术通常也用在移动电话和一些控制台游戏控制器上。当你戴着头戴式显示器移动头部时，当前视点会被计算出来，并在绘制下一帧图像时使用，这就是所谓的**运动检测**。

上一代的移动运动传感器已经足够让我们在手机上玩手机游戏，但是对于 VR 来说，它还不够精确。随着时间的推移，这些误差（四舍五入误差）会积累起来，因为传感器每秒采样数千次，最终可能会失去在现实世界中的位置。这种“漂移”是基于手机的旧式 Google Cardboard VR 的一大不足，它能感觉到头部的运动，但会失去头部的轨迹方向。目前符合 Daydream 规格的手机（如 Google Pixel 和三星 Galaxy）都已经升级了传感器。

高端 HMD 采用独立的位置追踪机制以消除漂移。Oculus Rift 通过由内向外的位置追踪来做到这一点，它通过外部光学传感器（红外摄像机）读取 HMD 上的一组（不可见的）红外 LED 来确定你的位置。你需要保持在摄像机的视野内，以便进行头部追踪。

此外，Steam VR Vive Lighthouse 技术还可以进行由外向内的位置追踪，做法是在房间里放置两个或更多的哑激光发射器（很像杂货店收银台条形码阅读器中的激光），然后通过头戴式显示器上的光学传感器读取光线以确定你的位置。

Windows MR 头戴式显示器不使用外部传感器或摄像机，而是通过集成的摄像机和传感器对你周围的环境进行空间映射，以便定位和追踪你在真实的 3D 空间中的位置。

无论哪种方式，主要目的都是准确地找到头部和其他类似设备（比如手柄控制器）的位置。

总的来说，头部的位置、倾斜和朝向（统称为头部姿态）被图形软件用来重新绘制 3D

场景。像 Unity 这样的图形引擎非常擅长此工作。

现在，假设屏幕以每秒 90 帧的速度刷新，当移动你的头时，该软件就可以确定头部姿态，并渲染 3D 视图，然后将其绘制在 HMD 屏幕上。然而，你的头还在动。所以，当它显示出来的时候，图像相对于你当前的位置来说就有点过时了。这叫作延迟，它会让你感到不适。

移动头部时，大脑会期待周围世界完全同步地发生变化，而 VR 的延迟会导致晕动症。至少可以说，任何明显的延迟都会让你感到不舒服。

可以将延迟作为从读取运动传感器到呈现相应图像的时间（即传感器到像素的延迟）来进行测量。Oculus 的 John Carmack 说："总延迟为 50 毫秒时，将会感觉到响应敏捷，但仍然明显滞后。20 毫秒或更少将提供可接受的最小延迟级别。"

有许多非常好的策略可以用来实现延迟补偿，具体技术细节超出了本书的范围，随着设备制造商对技术的改进，这些细节将不可避免地发生变化。其中一种策略就是 Oculus 所谓的"时间偏差"，它试图预测头部在渲染完成时的位置，并使用未来的头部姿态，而不是实际检测到的头部姿态。所有这些都是在 SDK 中处理的，作为一个 Unity 开发者，你不需要直接处理它。

同时，作为 VR 开发者，我们需要知晓延迟以及其他导致晕动症的原因。通过更快地呈现每一帧（保持推荐的 FPS），可以减少延迟。这可以通过尽量避免头部运动过快以及其他技术使自己感到踏实和舒适来实现。

另外，Rift 考虑到颈部的骨骼情况来改进头部追踪和真实性，以便让它接收到的所有旋转都能更准确地映射到头部旋转。例如，当你向下看膝盖方向时，摄像机会产生一个小的前向平移，因为它知道一个人的头部不可能原地向下旋转。

除了头部追踪、立体摄影和 3D 音频之外，还可以通过身体追踪、手部追踪（以及手势识别）和运动追踪（例如，虚拟现实跑步机）以及具有触觉反馈的控制器来增强虚拟现实体验。所有这些的目的都是增加你在虚拟世界中的沉浸感和临场感。

1.6 VR 体验类型

虚拟现实体验的种类不止一种，事实上有很多种：

- **透视图**：最简单的情况是，我们自己创建一个 3D 场景。你正在通过第三人称视角对其进行观察。你的眼睛就是一部摄像机。实际上，你的每一只眼睛都是一部单独的摄像机，能够提供一个立体视角，让你可以向四周看。
- **第一人称体验**：这种情况下，你可以作为一个自由移动的角色沉浸在场景中。通过使用输入控制器（键盘、游戏手柄或其他技术），你可以在这个虚拟场景中四处走动并探索未知事物。
- **交互式虚拟环境**：这种类型有点类似于第一人称体验，但是它还有一个附加的特性，即当你处在这种场景中时，可以与其中的物体交互，就是说物理学起作用，这些物体有可能会响应你。你可能需要达到某些特别的目标或者完成一些具有游戏规则的挑战。你甚至可能会获得积分或者保持比分。

- **3D 内容创建**：在 VR 中创建可以在 VR 中体验的内容。Google Tilt Brush 是最早的重磅体验之一，另外还包括 Oculus Medium 和 Google Blocks 等。Unity 正在为 Unity 开发人员开发 EditorXR，以便让他们直接在 VR 场景中开发项目。
- **过山车式**：在这种体验中，你是坐着的并在环境中穿梭（即环境在你周围变化）。举个例子，你可以通过这种虚拟现实体验过山车。但是，它不一定是一次惊悚之旅，而有可能是一个简单的房地产虚拟漫步，甚至是慢速、简单和冥想式体验。
- **360° 媒体**：想象一下通过 GoPro 拍摄的全景图片被投影在一个球体内部。你处在球体中央并可以看向全方位的四周。一些纯粹主义者并不认为这是“真实的”虚拟现实，因为你正在看着一个投影而不是一个渲染模型。然而，它可以提供更有效的临场感。
- **社交 VR**：当进入同一个 VR 场景中的多个玩家角色可以相互看到并且可以相互对话的时候，它将变成一次令人印象深刻的社交体验。

在本书中，我们将会实现很多项目，以展示如何构建这些类型的 VR 体验。为了简洁起见，我们需要保持纯粹和简单，但会为需要进一步进行调查的地方提供建议。

1.7　VR 必备技能

本书的每一章都会介绍对于构建虚拟现实应用非常重要的新技巧和概念。你可以在本书中学到以下内容：

- **世界尺度**：当构建一个 VR 体验时，重视 3D 空间和尺度是很重要的。Unity 的 1 个单位通常等于虚拟世界中的 1m。
- **第一人称控制**：有很多种技术可以用来控制你的虚拟角色（第一人称摄像机）的移动，比如基于凝视的选择、可跟踪手输入控制器和头部移动。
- **用户界面（UI）控件**：不同于传统的视频游戏（和手机游戏），在 VR 中所有 UI 组件都处于世界坐标系，而不是屏幕坐标系中。我们将探讨如何向用户显示提醒、按钮、选择器和其他 UI 控件，这样他们就可以进行交互并做出选择。
- **物理学和重力**：虚拟现实中的临场感和沉浸感的关键是现实世界中的物理学和重力。我们将利用 Unity 的物理引擎来发挥我们的优势。
- **动画**：场景中移动的物体称为“动画”，控制其移动路线的可以是预定的路径，也可以是遵循某种逻辑算法以响应环境事件的人工智能脚本。
- **多用户服务**：实时联网和多用户游戏不容易实现，但是在线服务使之变得容易，并且你不需要是一名计算机工程师。

- **构建、运行和优化**：不同的头戴式显示器使用不同的开发套件（SDK）和资源来构建针对不同意图的应用，我们将考虑对于不同的设备使用一个接口的技术，而了解渲染过程以及如何优化性能是 VR 开发的关键技术。

在需要的时候我们会使用 C# 语言编写脚本以及使用 Unity 的特性。

然而，有些技术领域我们没有涉及，例如真实感渲染、着色器、材质和照明。我们将不会探究建模技术、地形和骨骼动画。我们同样也不讨论游戏玩法、动力学和策略。除了本书以外，所有这些都是非常重要的主题，可能对你（或者对于你团队中的某些人）来说是必须要学习的，它们对于构建完整、成功和沉浸式的 VR 应用也很重要。

那么，让我们来看看这本书涵盖的内容以及适合的人群。

1.8 本书涵盖的内容

本书采用基于项目的实践方法详细讲解如何使用 Unity 3D 游戏开发引擎开发虚拟现实。你将学习如何使用 Unity 2018 开发可以使用诸如 Oculus Rift 和 Google Cardboard 等设备进行体验的 VR 应用。

然而，我们还有一个小问题：这项技术发展得太迅速了。当然，这是个甜蜜的负担。实际上，这是个非常棒的问题，除非你是一个处于项目中期的开发者，或者是一名关于这项技术的书籍作者！如何做到写一本书，保证在它出版的时候没有过时的内容呢？

本书中，我试图提炼出一些基本原理，它们会比任何近期的虚拟现实技术的发展存在得更久，包括以下内容：

- 用示例项目对不同的 VR 体验进行分类。
- 重要的技术思路和技能，特别是与构建 VR 应用相关的部分。
- VR 设备和软件工作原理的一般性解释。
- 保证用户舒适度和降低 VR 晕动症的策略。
- 介绍使用 Unity 游戏引擎构建 VR 体验。

一旦 VR 成为主流，大多数章节将有可能变得显而易见而非过时，就像在今天看来 20 世纪 80 年代的人们讨论怎么使用鼠标是一件奇怪的事情一样。

1.9 本章小结

本章简单介绍了虚拟现实，我们意识到对于不同的人来说它意味着很多事情，并且可以有不同的应用。它没有唯一的定义，并在持续变化。但是我们并不孤单，因为很多人都在试图弄明白它。事实上，作为一种新型媒介，虚拟现实将在数年后发挥出自身的潜力。

VR 并不仅仅用于游戏，它可以是各种不同应用的游戏改变者，我们已经发现了很多这样的应用。有很多种不同的 VR 体验，我们将在本书的项目中进行探索。

VR 头戴式显示器设备可以分为两类：一类需要运行强大 GPU 的独立处理器（例如一台台式 PC 或主机），另一类使用手机进行处理。

我们生活在一个令人无比激动的年代，因为你正在阅读此书，所以你也是其中之一。今后发生的任何事情都直接取决于你们。就像 PC 的先驱艾伦·凯所说，“预测未来的方法就是去创造它。”

让我们赶快行动起来吧。

在下一章中，我们将直接进入 Unity 并创建我们的第一个 3D 场景，同时学习有关世界坐标系和缩放的知识。然后，在第 3 章中，我们将构建它并将其运行在 VR 头戴式显示器上，同时将讨论虚拟现实是如何工作的。

Chapter 2 第 2 章

内容、物体和缩放比例

你还记得少年时在学校用鞋盒制作的立体模型吧？现在让我们用 Unity 来做这个项目。我们用几个简单的几何物体来组装第一个场景，在这个过程中，我们会谈及很多关于世界尺寸的内容。然后，我们将探索开发者和美工用于导入 Unity 资源的各种 3D 内容创建工具。

在本章中，我们将讨论以下主题：

- ❑ 简单介绍 Unity 的 3D 游戏引擎。
- ❑ 用 Unity 创建简单透视图。
- ❑ 制作一些测量工具，包括一个单位立方体和一个网格投影器。
- ❑ 使用 Blender 创建一个带有纹理贴图的立方体，然后把它导入 Unity。
- ❑ 使用 Google Tilt Brush 创建三维草图，并通过 Google Poly 将它导入 Unity。
- ❑ 使用实验性的 Unity EditorXR 工具直接在 VR 中编辑场景。

2.1 Unity 入门

如果你的电脑上还没有安装 Unity 3D 游戏引擎程序，赶紧装一个吧！全功能的个人版是免费的，而且在 Windows 和 Mac 上都能运行。要下载 Unity 请访问 `https://store.unity.com/`，然后按照说明操作。本书假设读者使用的 Unity 是 2017.2 或更高版本。

考虑到入门读者，相比后面的章节，第一节会采用较慢的节奏，并进行详细讲解。即使你已经了解 Unity 并且开发过自己的游戏，也还是值得花点时间回顾一下这些基础概念，因为设计虚拟现实的原则有时候不太一样。

2.1.1 新建 Unity 项目

创建一个新的 Unity 项目，并命名为 VR_is_Awesome，或者起一个你喜欢的名称。

要在 Unity 中创建一个新的项目，先从操作系统中启动 Unity，然后会出现一个 Open 对话框，在这个对话框中，选择 New Project 会打开一个对话框，如图 2-1 所示。

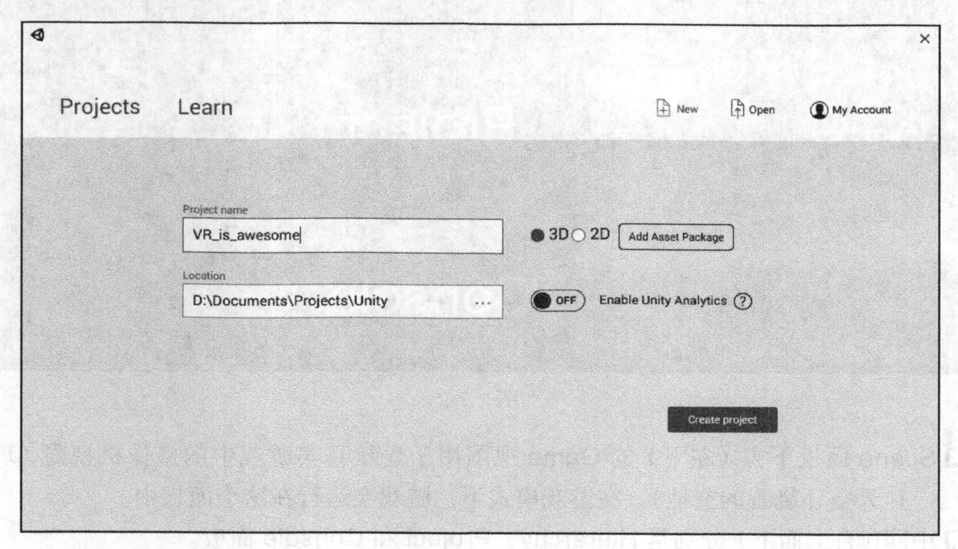

图 2-1

填写项目名称，并指定项目所在的文件夹位置，确认“3D”选项（在右边）呈选中状态。现在还不需要选择额外的资源包（asset packages），等后面需要的时候再说。最后，单击 Create project。

Unity 2018 引入了 Unity Hub 工具以管理多个 Unity 版本和项目。若使用 Unity Hub，可选择“3D”模板，或者为项目选择一个较新的 VR 渲染管道模板。

2.1.2 Unity 编辑器

新项目会在 Unity 编辑器中打开，如图 2-2 所示（各个窗口面板的布局被调整成这样是为了便于讨论和突出显示几个面板）。

Unity 编辑器包括若干个不重叠的窗口（即面板组），面板组可能会被划分成几个面板。下面是对于图 2-2 中调整过布局后的每个面板的简要说明（你自己的布局可能与之不同）。

- 左上的 Scene（场景）面板用于可视化地搭建当前场景中的 3D 空间，其中包含物体的摆放。

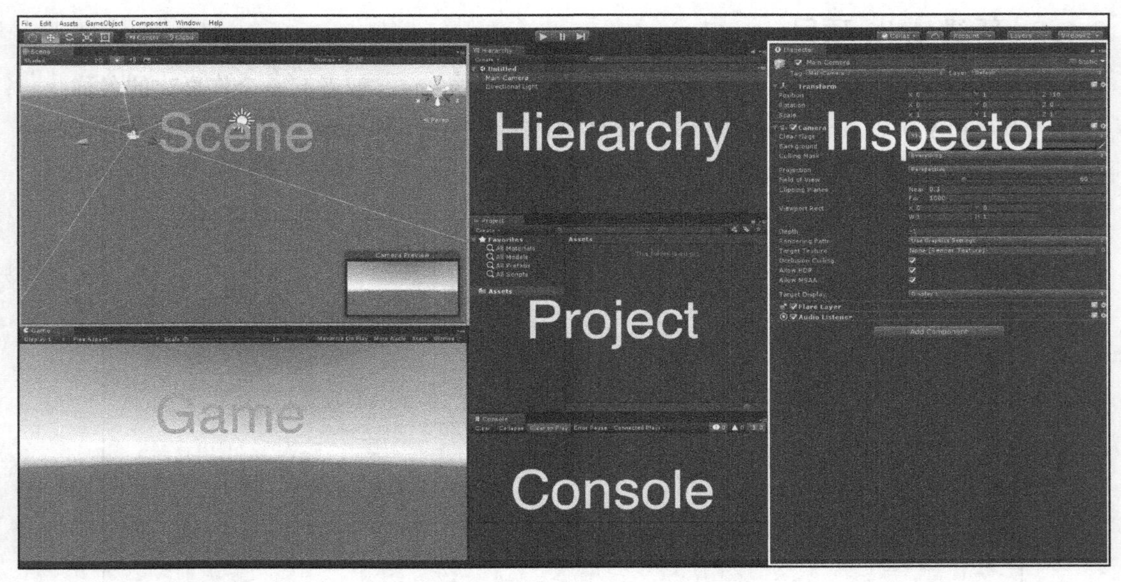

图 2-2

- Scene 面板下方（左下）的 Game 视图用于显示真实游戏中的摄像机视野（现在是一片天空环绕着的空地）。在游戏模式下，游戏会运行在这个面板中。
- 中间（自上而下）分别是 Hierarchy、Project 和 Console 面板。
- Hierarchy（分层结构）面板以树形视图列出当前场景中的所有物体。
- Project（项目）面板包含项目中所有可以重复使用的资源，包括导入的资源和接下来你创建的资源。
- Console（控制台）面板显示来自 Unity 的提示信息，包括关于脚本代码的警告和错误。
- 右边的是 Inspector（属性查看器）面板，它包含当前选中对象的属性。（可以通过在 Scene、Hierarchy 和 Project 面板中单击相应条目来选中对象）。对象的每个组件在 Inspector 面板中都有一个小面板。
- 顶部的是主菜单栏（Mac 则是在屏幕的顶部，而不是 Unity 窗口的顶部），在它下面还有一个包含各种控制功能的工具栏区域，其中包括一个 Play 按钮（三角形图标）播放用于启动运行模式。

从主菜单栏的“Window”菜单中，可以根据需要打开其他面板。编辑器的用户界面也是可配置的，可以改变每个面板的位置和调整大小，并通过拖放把面板放进选项卡。右上方是布局选择器，可以选择各种默认布局或保存自己喜欢的布局。

2.1.3 默认世界坐标系

默认的空 Unity 场景包括一个 Main Camera 对象和一个 Directional Light 对象，它们均在 Hierarchy 面板中列出，并显示在 Scene 面板中。Scene 面板还会显示一个无限基准面网格的透视图，就像一张空白的图纸。网格沿 X 轴（红色）和 Z 轴（蓝色）平铺，Y 轴（绿色）向上。

有一个简单的方法可记住这三条轴的颜色，即 R-G-B 对应 X-Y-Z。

Inspector 面板显示当前选中项的细节。请用鼠标在 Hierarchy 列表或场景中选中 Directional Light，然后在 Inspector 面板中观察与该对象关联的每个属性和组件，包括 Transform（变换值）。对象的变换值指定其在 3D 世界坐标系中的位置、旋转和缩放比例。举个例子，位置值（0，3，0）是指基准面中心点（X=0，Z=0）以上（Y 方向）三个单位，旋转值（50，330，0）是指沿 X 轴旋转 50°，并沿 Y 轴旋转 330°。你会发现，可以直接用鼠标在 Scene 面板中改变对象的变换值。

同样，如果单击 Main Camera，可以看到它可能位于（0，1，-10）位置，没有旋转值。也就是说，它径直地指向前方 Z 轴正方向。

当选择 Main Camera 时，如上面的编辑器视图所示，一幅 Camera Preview 小图会被添加进 Scene 面板中，它显示当前摄像机看见的视野。（如果打开 Game 选项卡，也会看见相同的视野）。现在视野是空的，而且基准面还没有被渲染，但是有一条模糊的地平线，下面是灰色的地平面，上面蓝色环绕是默认的 Skybox。

2.2　创建简单的透视图

现在我们添加几个对象到场景中来搭建一个环境，这些对象包括一个单位立方体、一个平面、一个红色球体和一个照片背景。图 2-3 是我们将在 VR 中构建的立体模型的物理模型。

图　2-3

2.2.1 添加立方体

首先添加第一个对象到场景中：一个单位大小的立方体。

在 Hierarchy 面板中，从 Create 菜单中选择 3D Object | Cube，主菜单栏的 GameObject 下拉菜单中也有同样的选项。

一个默认的白色立方体将添加到场景中，并放在地平面的中心点（0, 0, 0）位置，没有旋转值，缩放值为 1，可以在 Inspector 面板中看到这些值。这是 Reset 设置，可以在该对象的 Inspector 面板中的 Transform 组件中找到这些值。

Transform 组件的 Reset 值是 Position（0, 0, 0），Rotation（0, 0, 0），Scale（1, 1, 1）。

如果某些情况下新添加的立方体不是这个值，可以在 Inspector 面板中手动设置成这些值，或者通过单击 Transform 组件右上角的齿轮图标并选择 Reset 来设置。

这个立方体在各维度上都是一个单位，我们后面会发现，在 Unity 中一个单位对应世界坐标系中的 1m，其局部中心点位于立方体的中心。

2.2.2 添加平面

现在我们将一个地平面对象添加到场景中。

在 Hierarchy 面板中，单击 Create 菜单（或主 GameObject 菜单），然后选择 3D Object | Plane。

一个默认白色平面会被添加到场景中，放置于地平面的中心点（0, 0, 0）位置，（如果有必要的话可以通过单击 Inspector 面板中 Transform 组件右上角的齿轮图标并选择 Reset 来设置成这个值）。请把它重命名为 GroundPlane。

注意，当缩放比例（Scale）为（1, 1, 1）时，Unity 中的平面对象在 X 轴和 Z 轴上实际是 10 × 10 个单位，也就是说，GroundPlane 的大小是 10 × 10 个单位，其 Transform 组件的 Scale 值是 1。

立方体的中心点在 Position（0, 0, 0），与地平面相同，但是看起来似乎不是这样，Scene 面板可能会显示一个把 3D 场景渲染到 2D 图片上的透视投影，透视变形使立方体看起来不在地平面的中心点，但实际上它在那里，数一下立方体各边的网格线就能看出来。另外，在虚拟现实中查看它的时候，你实际上是站在场景中，这个时候根本看不出变形，如图 2-4 所示。

立方体陷入地平面之下是因为其局部原点在其几何中心（也就是 1 × 1 × 1），而其中心点是（0.5, 0.5, 0.5）。这可能听起来很显然，但有些模型的原点并不在其几何中心上（比如在其一个角上）。一个对象的 Transform 组件的位置值是其局部原点在世界坐标系中的位置值。让我们移动一下这个立方体：

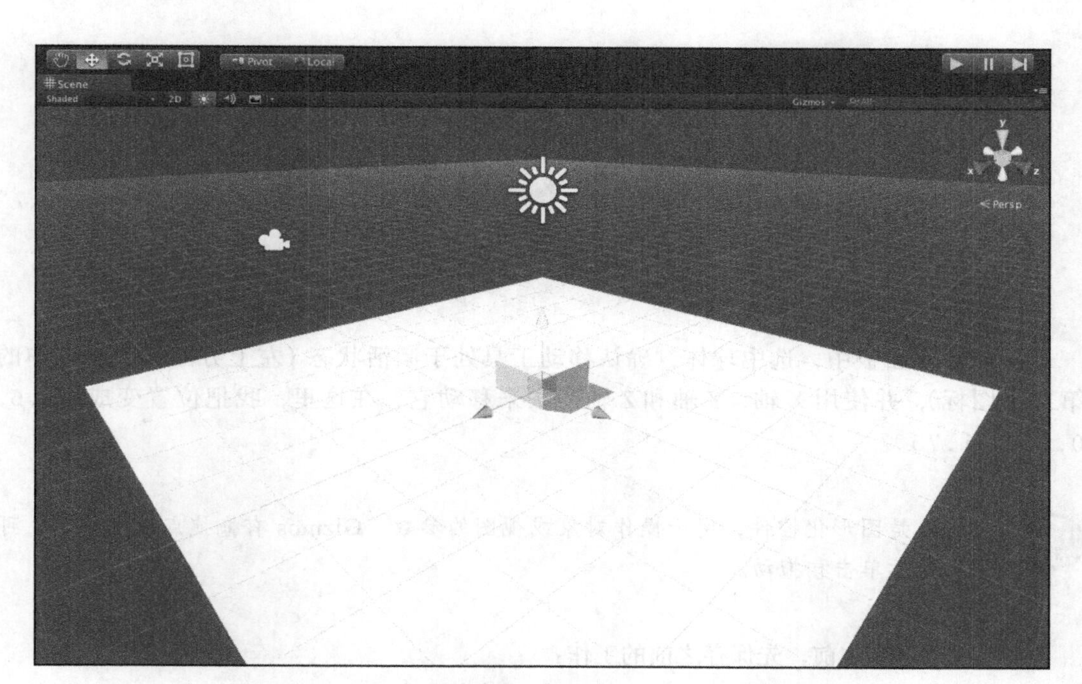

图　2-4

1. 通过在 Inspector 面板中把 Position 的 Y 值设置成 0.5，即 Position（0, 0.5, 0），把立方体移动到地平面的表面以上。

2. 通过在 Y 旋转值中输入 20：Rotation（0, 20, 0），让立方体绕着 Y 轴稍微旋转一点。

注意，其旋转的方向是顺时针 20°。伸出左手，做竖起大拇指的手势，看看其余四个手指指向什么方向？ Unity 使用左手坐标系统（对于左手还是右手系并没有标准，有些软件是左手坐标系，有些是右手坐标系）。

Unity 使用左手坐标系统，y 轴向上。

2.2.3　添加球体和材质

接下来，我们添加一个球体。从菜单中选择 GameObject |3D Object | Sphere。

像立方体一样，球体的半径是 1.0，原点也在几何中心。（如果有必要的话可以单击 Inspector 面板中 Transform 组件右上角的齿轮图标并选择 Reset 来设置默认值）。很难看到这个球体，因为它被嵌入立方体中，我们需要移动球体的位置。

这次，我们使用 Scene 面板的 Gizmos 组件移动这个球体，在 Scene 视图中，可以选择使用图形控件 Gizmos 来改变球体的变换值，如图 2-5 所示，该图来自 Unity 文档（http://docs.unity3d.com/Manual/PositioningGameObjects.html）。

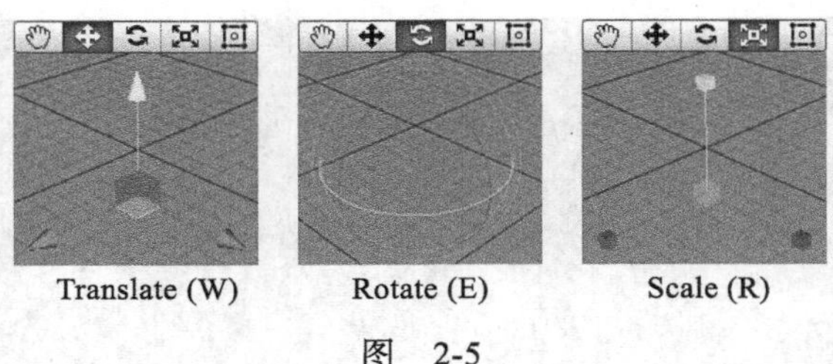

图 2-5

在 Scene 面板中，选中球体，确认移动工具处于激活状态（左上方图标工具栏中的第二个图标），并使用 X 轴、Y 轴和 Z 轴箭头来移动它，在这里，我把位置变成（1.6，0.75，-1.75）。

Gizmo 是图形化控件，用于操作对象或视图的参数。Gizmos 有拖拽点或操作点，可以用鼠标单击和拖动。

在继续下一步之前，先保存之前的工作：

1. 在主菜单中，选择 File | Save Scene 然后将其命名为 Diorama。

2. 然后，选择 File | Save Project，注意，在 Project 面板中，新的场景对象已经被保存在 Assets 文件夹的根目录中。

让我们再制作一些有颜色的材质，并把它应用到对象上，来给场景上点颜色，步骤如下：

1. 在 Project 面板中，选择 Assets 文件夹的根目录，然后再从上面选择 Create | Folder，重命名文件夹为 Materials。

2. 选中 Materials 文件夹，再选择 Create | Material，重命名为 Red Material。

3. 在 Inspector 面板中，单击 Albedo 右边的白色矩形，打开一个颜色面板，选择一种红色。

4. 再用同样的操作制作一个名为 Blue Material 的蓝色材质。

5. 在 Hierarchy（或 Scene）面板中选中球体。

6. 将 Red Material 从 Project 面板拖进 Inspector 面板并放在"Materials"上，球体将会变红。

7. 在 Hierarchy（或 Scene）面板中选中立方体。

8. 这次，将 Blue Material 从 Project 面板拖进场景中并放在立方体上，立方体将会变蓝。

保存场景，并且保存项目。图 2-6 是场景现在的样子（具体效果可能各不相同）。

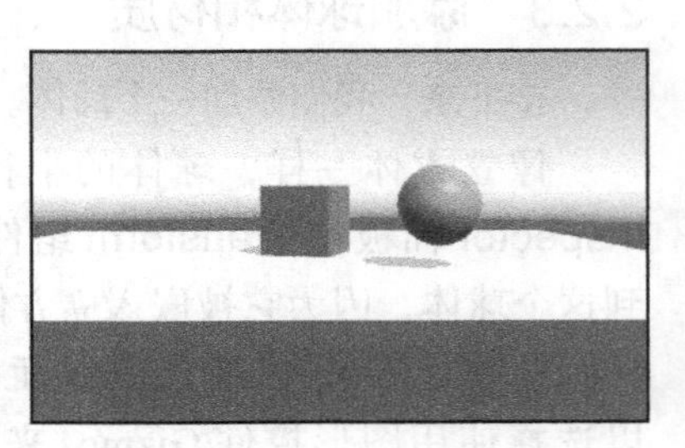

图 2-6

注意，我们使用在 Project/`Assets/` 目录下的文件夹来存放我们的材料。

2.2.4　改变场景视图

你随时可以用多种方式改变场景视图，具体取决于你的鼠标是 3 个键还是 2 个键，抑或只有 1 个键（Mac）。好好看一下 Unity 手册，可以从 `http://docs.unity3d.com/Manual/SceneViewNavigation.html` 找到你需要的文档。

一般来说，鼠标左或右键与 Shift、Ctrl、Alt 键组合可以执行以下操作：

- 拖动摄像机。
- 让摄像机绕着当前中心点旋转。
- 放大和缩小。
- Alt + 单击鼠标右键可以向上、下、左、右旋转当前的视角。
- 当选中手形工具（在图标栏的左上方）时，用鼠标右键可以移动视野，鼠标中键也一样。

在 `Scene` 面板的右上方是 `Scene View` 小部件（Gizmos），使用它可以把场景视图的朝向描绘成图 2-7 这样。它可能表示（比如）在透视（`Perspective`）视图中，X 轴从后向左延伸，Z 轴从后向右延伸。

可以通过单击相应的色锥来改变视图的方向，使我们可以直接正面观察任意轴。单击中间的小立方体可以将透视视图变成 Orthographic（无变形）视图，如图 2-8 所示。

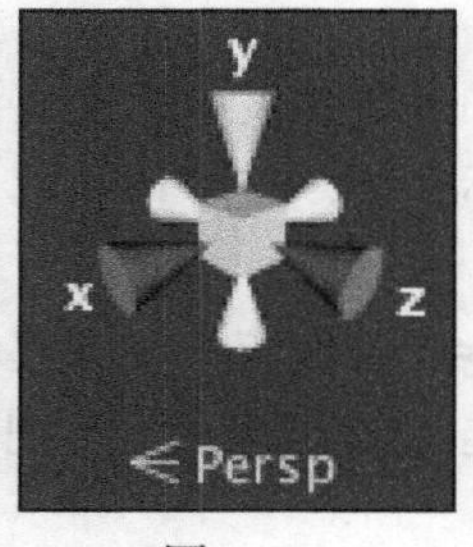

图　2-7

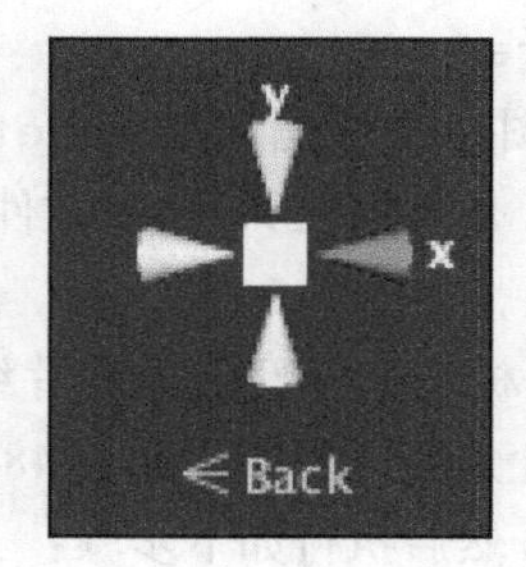

图　2-8

在继续下一步之前，我们先把场景视图与 Main Camera 方向对齐。你可能会想起我说过的默认摄像机朝向（0, 0, 0）是向下看 Z 轴的正方向（从后向前）。步骤如下：

1. 单击 Scene 视图小部件中的白色 Z 锥，把视图从 Back（后向）调整为前向。
2. 再使用手形工具（或者鼠标中键）慢慢滑动视图。

现在，当选择 Main Camera 组件（在 Hierarchy 面板中）时，可以看到 Scene 视图大致上与 Camera Preview 朝向相同。（请参考下一节的屏幕截图，在我们添加照片之后，可以看到场景与预览效果差不多）。

关于 Unity 快捷键的完整列表，请参阅 https://docs.unity3d.com/Manual/UnityHotkeys.html。

2.2.5 添加照片

现在，我们添加一张照片作为透视图的背景。

在计算机图形学中，映射到对象上的图片叫作纹理。当对象在世界坐标系中以 X、Y 和 Z 表示时，纹理以 U、V 坐标表示（与像素一样），我们会发现纹理和 UV 贴图存在缩放的问题。请执行如下步骤：

1. 通过菜单 GameObject | 3D Object | Plane 创建一个平面，并命名为 PhotoPlane。

2. 重置这个平面的变换值。在 Inspector 面板中，找到 Transform 面板右上方的齿轮，单击图标选择“Reset”。

3. 将它绕 Z 轴旋转 90°（把 Transform 组件的 Rotation 的 Z 值设置成 –90）。由于是 –90，所以它是竖直的，垂直于地平面。

4. 绕 Y 轴旋转 90°，这样它就面向我们了。

5. 将其移动到地平面的最后面，即使其 Position 的 Z=5，Y=5（请回忆一下平面是 10 × 10 个单位）。

6. 先在 Windows 资源管理器或 Mac 的 Finder 中选择计算机中任意一张图片。（也可以用本书中的 GrandCanyon.jpg 图片。）

7. 在 Project 面板中，选择 Assets 文件夹的根目录，选择菜单中的 Create | Folder，重命名为 Textures。

8. 将刚才的图片文件拖动到 Assets/Materials 文件夹中，它应该会自动作为纹理对象导入。或者，也可以在 Assets 文件夹上单击鼠标右键，选择 Import New Asset，并导入图片。

在 Project 面板中选择新建的图片纹理，在 Inspector 面板中检查其设置、即使原图为矩形，纹理也会变成正方形（比如 2048 × 2048），看起来像压扁了，当把它映射到正方形的面上时也会变扁。然后执行如下步骤：

1. 从 Project 面板中将图片拖到 Scene 面板中的 PhotoPlane 对象上。

我这张图片向侧面旋转了。

2. 选中 PhotoPlane，把 Transform 组件的 Rotation 的 X 值设置成 90。

好了，它现在竖直了，但还是扁的。让我们来修复它。请检查图片的原始分辨率，计算它的宽高比。我的大峡谷图片是 2576 × 1932，高除以宽的结果为 0.75。

3. 在 Unity 中，将 PhotoPlane 的 Transform 组件的 Scale Z 值设置为 0.75。

因为其缩放原点在中心，我们还需要往下移一点。

4. 把 Position 的 Y 值设置为 3.75。

为什么是3.75？高是从10开始的，所以，我们将它缩放到7.5。对象的缩放是相对于其原点的，所以，高的一半是3.75。我们想让背景画的中心点在地平面以上3.75个单位。

我们已经设置好大小和位置，但是图片看起来像褪色了，这是因为场景中模糊的光照影响了它。你可能想保持这种效果，尤其是当你建构复杂的光照模型和材质时，但是现在，我们要把光去掉。

选中 `PhotoPlane`，注意照片的 Texture 组件在 Inspector 面板中的 Shader 组件默认值 Standard，请将它改成 Unlit | Texture。

现在结果看起来如图2-9所示。

图 2-9

看起来还不错，记得保存场景和项目。

你可能注意到平面只能从前方看到，计算机图形中的所有表面都有正方向（法向量）。视图摄像机必须朝向正方向，否则无法渲染对象。这是性能优化措施。如果需要两侧都有表面的平面，请使用变薄的立方体，或两个彼此背离的单独平面。

请注意，当你现在查看“Materials”文件夹时，会发现Unity已经自动创建了使用 `GrandCanyon.jpg` 纹理的 `GrandCanyon.mat` 材料。

2.2.6 给地平面着色

如果想改变地平面的颜色，可以创建一个新的材质（在Project面板中），并命名为 `Ground`，然后将它拖到地平面上。之后，改变其Albedo色。建议使用滴管（图标）从照片平面中拾取一种土色。

2.3 测量工具

我们已经创建了一个 Unity 场景，并添加了一些基础 3D 对象，还创建了几个基本纹理，包括一张照片。其间，我们学习了如何在 Unity 的 3D 世界空间中移动和变换对象。问题是场景中物体的实际大小并不是一直都那么明显，可以放大它们，也可以用 Perspective 和 Orthographic 视图，或影响其外观尺寸的其他功能。我们来看看处理比例的几种方式。

2.3.1 随手保留一个单位立方体

我建议随手保留一个单位立方体在 Hierarchy 面板中，并在不需要的时候禁用它（反选 Inspector 面板左上边的复选框）。可以将它当成一个测量尺或者测量单位。我用它来预估对象的实际尺寸、对象间的距离、高度和海拔等。现在就这么做吧。

创建一个单位立方体，命名为 `Unit Cube`，把它随便放在一个不碍事的位置，比如 Position（`-2, 0.5, -2`）。

暂时把它设置为启用状态。

2.3.2 使用网格投影器

网格投影器（`Grid Projector`）是一个很方便的工具，可用于在任何 Unity 场景中可视化缩放比例，它是 Effects 包中 Standard Assets 之一。需要把它导入项目中，步骤如下：

1. 在主菜单栏中选择 Assets，再选择 Import Package | Effects。
2. 出现 Import 对话框，其中包括所有可导入的列表，选择相应项后单击 Import。

如果找不到要导入的 `Effects` 包，可能是由于在安装 Unity 时尚未安装 `Standard Assets`。要立即获取它们，则需要如本章开头所述再次运行 `UnityDownloadAssistant`（可能已在 `Downloads` 文件夹中）。

现在将一个投影器添加到场景中，步骤如下：

1. 在 Project 面板中找到 Grid Projector 预制件，定位到 `Assets/Standard Assets/Effects/Projectors/Prefabs` 文件夹。
2. 将网格投影器的副本拖动到场景中，把 Position 的 Y 值设置成 5，使它在地平面之上。

默认的网格投影器面朝下（Rotation 的 X=90），这也通常是我们所期待的。在 Scene 视图中，可以看到正交投影射线。有一篇 Unity 文档（`http://docs.unity3d.com/Manual/class-Projector.html`）是这样解释的：

“投影器可以把材质投影到所有与其视锥体相交的对象上。”

意思是说，与投影射线相交的对象都会收到投影的材质。

在这个例子中，如你所愿，投影器的材质（名字也叫 GridProjector）有一个“Grid”纹理，它看起来简直像一个十字准星（在 Assets/.../Projectors/Textures/Grid 对象中）。

默认情况下，投影器将网格图案作为光照在对象的表面。在我们的场景中，GroundPlane 平面是明亮颜色，所以网格不会显示出来。现在我们按如下步骤操作：

在 Hierarchy 面板中选中网格投影器，在 Inspector 面板中找到 GridProjector 材质组件，再把它的 Shader 从 Projector/Light 改成 Projector/Multiply。

它现在把白色网格线绘制成黑色，要想得到更好的效果，请将场景视图改成 Top 视图朝向：

1. 单击 Scene View Gizmo 面板中右上方的绿色的 Y 锥形。

2. 单击 Gizmo 中的小立方体，把 Perspective 变成 Orthographic（无变形）视图。

现在你可以从上向下看到地平面，选中网格投影器并确认平移工具（左上方工具栏的第二个图标）是激活状态，抓住与投影器相连的平移工具并将它从一侧移动到另一侧，网格线也会随之移动。你可以把它放在 Position（-2.5，5，-0.5）的位置上以避免投影器挡着光线。

现在这个内置的参考网格可能会让人感到困惑，所以可以将它关闭：

1. 在 Scene 视图面板中，单击 Gizmos（这个名字的菜单有控制所有小部件的选项），取消选中 Show Grid。

可以，看到默认的网格尺寸是单位立方体的边长的一半。在 Inspector 中，投影器组件的 Orthographic 尺寸值是 0.25。

2. 将投影器的 Orthographic 尺寸值从 0.25 改成 0.5。

3. 保存场景和项目。

现在我们就有了一个单位的网格，可以随时把它用于场景中。

让我们保留这个状态一会儿，因为它看起来挺酷，如图 2-10 所示。

2.3.3　测量 Ethan 角色

一个虚拟角色有多大？Unity 中有一个叫作 Ethan 的第三人称角色，我们把他添加到场景中，他是 Characters 包中的 Standard Assets 之一，所以我们需要将其导入项目。

按如下步骤操作：

1. 在主菜单栏中选择 Assets，然后选择 Import Package | Characters。

2. 在弹出的 Import 对话框中，有一个可导入列表。单击 All 再单击 Import。ThirdPersonController 是 Project 面板中的一个预制件（预置资源），可以在 Assets/Standard Assets/Characters/ThirdPersonCharacter/Prefabs 文件夹中找到。

3. 将一个 ThirdPersonController 的副本拖到场景中，X 和 Z 位置值无所谓，但是要把 Y 值设置成 0，这样名字叫作 Ethan 的角色就站在地面上了，我设置的坐标值为(2.2, 0, 0.75)。

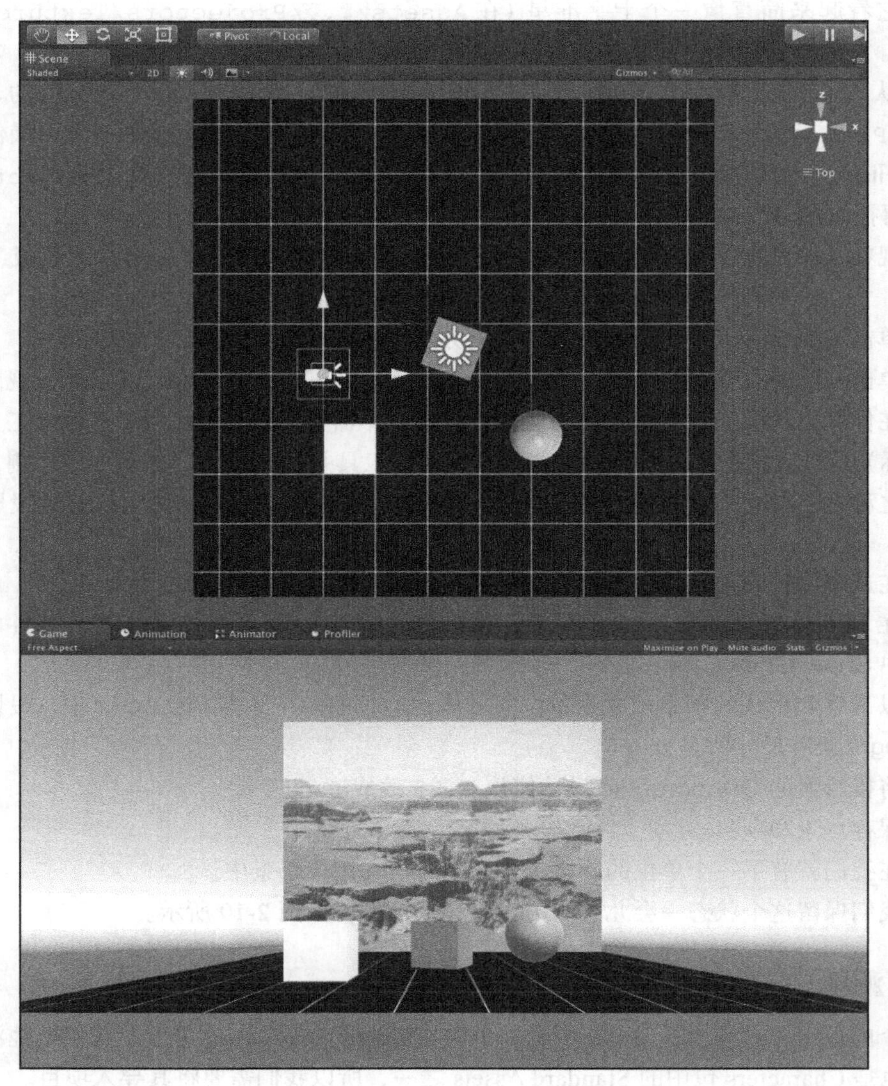

图 2-10

我们试试让他动起来的效果：

1. 单击在 Unity 窗口顶部中间的 Play 图标运行游戏，然后按 W、A、S、D 键移动。

2. 再次单击 Play 图标可以停止游戏并返回编辑模式。

那么，Ethan 有多高？根据 Google 搜索的结果，人类男性的平均身高是 1.68m（美国成年男性平均身高是 1.77m），我们来看看 Ethan 有多高：

❑ 使用平移工具小部件将单位立方体滑动到接近 Ethan 处。

可以看出来，他的身高大概是单位立方体高度的 1.6 倍。

❑ 将立方体的高度值（Y）调整到 1.6，再将位置值 Y 调整到 0.8。

我们再来看看，如图 2-11 所示，他身高数值不到 1.6，所以 Ethan 比平均身高要矮一点。转动视图，可以看到 Ethan 的右脸，然后再调整立方体的视平线大约是 1.4m。然后执行下面操作：

1. 将单位立方体恢复到 Scale（`1, 1, 1`）和 Position（`-2, 0.5, -2`）。
2. 保存场景和项目。

图 2-11 是 1.6 个单位高度的立方体与 Ethan 的比较。

图　2-11

2.4　使用第三方内容

到目前为止，我们已向你展示了如何使用 Unity 并高效创建场景，但内容十分简单。Unity 本身并不是 3D 建模或资源创建工具，相反，正如 Unity 名字所暗示的那样，它是一个统一平台，用于汇集来自各种来源的内容，以组装和编程包括动画、物理、渲染效果等游戏或体验。如果你是 3D 艺术家，你可能知道如何用其他程序创建内容，如 Blender、3D Studio Max 或 Maya。如果不是，你可以在网上找到大量的模型。

其中一个很棒的来源是 Unity Asset Store（`https://www.assetstore.unity3d.com/en/`）。许多资源包都是免费的，特别是入门资源包。如果你想要更多，可以付费升级。如果你正在寻找一些资源用于学习或实验项目，以下是一些免费资源：

❑ Nature Starter Kit 1 和 2（`https://assetstore.unity.com/packages/3d/environments/nature-starter-kit-1-49962`）

- ❑ Wispy Skybox（https://assetstore.unity.com/packages/2d/texturesmaterials/sky/wispy-sky ox-21737）
- ❑ Planet Earth Free（https://assetstore.unity.com/packages/3d/environments/sci-fi/planet-earth-free-23399）
- ❑ Seamless Texture Pack（https://assetstore.unity.com/packages/2d/textures-materials/seamless-texture-pack-21934）
- ❑ Cute Snowman（https://assetstore.unity.com/packages/3d/props/cute-snowman-12477）

除 3D 模型外，Asset Store 还包含令人惊叹的开发工具、附加组件、音频等。Assets Store、其活跃的开发者社区以及庞大的内容是使 Unity 如此成功的原因之一。

Asset Store 可直接在 Unity Editor 中使用，要访问它，请选择 Window | Asset Store 并开始探索。

例如，要使用 Asset Store 中的资源，只需单击 Download，然后选择 Import 将其添加到 Project Assets 文件夹中。资源包通常带有示例场景，你可以打开它们以探索其工作方式。之后，找到它的 Prefab 文件夹，并将任意预制件拖到你自己的场景中。图 2-12 是一个例子。

图 2-12

此外，有许多网站可以免费或收费共享 3D 模型，有些面向高端 3D CAD 工程师，有些针对 3D 打印爱好者。无论如何，只需确保找到 FBX 或 OBJ 文件格式的模型，即可将它们导入 Unity。一些比较流行的资源网站包括。

- ❑ 3D CAD Browser：https://www.3dcadbrowser.com/
- ❑ BlenderSwap：http://www.blendswap.com/
- ❑ CG Trader：https://www.cgtrader.com/

- Free3D：https://free3d.com/
- Google Poly：https://poly.google.com/
- Microsoft Remix 3D：https://www.remix3d.com
- Sketchfab：https://sketchfab.com
- TurboSquid：http://www.turbosquid.com/

本章我们将使用 Google Poly。

2.5 使用 Blender 创建 3D 内容

Unity 提供了一些基本的几何形状，但是如果涉及更复杂的模型，就需要使用 Unity 之外的工具。前面提到，Unity Asset Store 中有海量的优质模型。这些模型是怎么来的？我们导入模型时会遇到问题吗？

本书虽然是关于 Unity 的图书，但我要打一个擦边球。下面我要使用 Blender（2.7x 版本）这个免费开源的 3D 动画套件（http://www.blender.org/）制作一个模型并将它导入 Unity。

我们并不打算制作什么高级的东西，而只是制作一个立方体和一个简单的纹理贴图。这个练习是为了介绍如何把一个单位立方体从 Blender 以同样的比例和朝向导入 Unity。

你也可以跳过本节，或者尝试其他你喜欢的建模软件（https://en.wikipedia.org/wiki/List_of_3D_modeling_software）。如果你愿意，也可以下载随本书提供的打包文件，找到为本节创建的文件。

2.5.1 Blender 简介

打开 Blender 程序，关闭欢迎界面后呈现的就是 Blender 编辑器，与图 2-13 差不多。

同 Unity 一样，Blender 包括一些不重叠的窗口，可以按喜好自定义这些窗口的布局。但是，Blender 的界面更复杂，从某方面来说，这是因为它集成了若干个不同的编辑器，而这些编辑器可以同时在各自的面板中打开。

图 2-13 所示的默认视图包含 5 个不同的编辑器。

最明显的编辑器是其中最大的 3D 视图，我已经用红色矩形高亮显示了，在这个视图中可以查看、移动和组织 Blender 场景中的对象。

其余 4 个打开的编辑器是：

- Info editor，它位于程序顶部边缘，其中包含程序的全局菜单和信息。
- Timeline editor，位于程序底部边缘，用于动画。
- Outliner editor，在右上方，场景中所有对象的层级视图都在这里。
- Properties editor，在 Outliner 的正下方，这是一个很有用的面板，可以查看和修改场景中对象的多个属性。

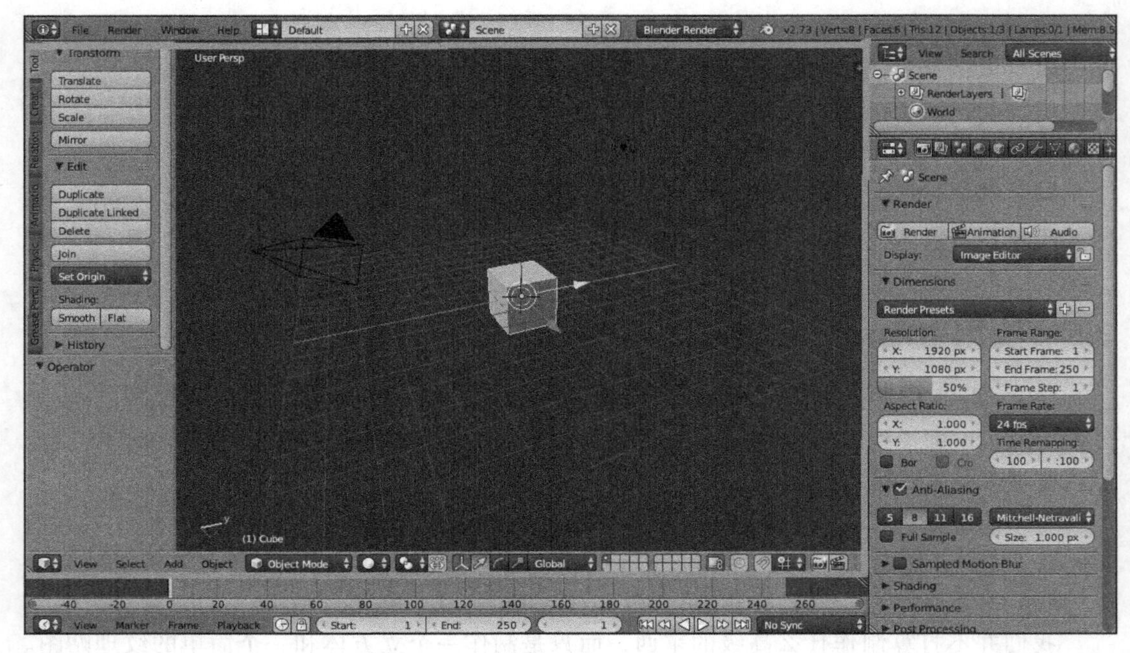

图 2-13

每个编辑器也可以有多个面板，我们来看看 3D 视图编辑器：

- 中间的大片区域是 3D Viewport，可以查看、移动和组织 Blender 场景中的对象。
- 3D Viewport 的下方是编辑器的 Header，尽管它位于下方。这个 Header 由一行菜单和工具组成，它们提供很多控制编辑器的功能，包括选择器、编辑模式、变换操作和层次管理。
- 左边是 Tool Shelf，它包括的各种编辑工具可以用于处理当前选中对象，并且可以组织到选项卡中。Tool Shelf 可以通过滑动其边缘或者按 T 键来切换开关状态。
- 3D Viewport 也有一个 Properties 面板，它在默认情况下可能是隐藏的，可以按 N 键来切换开关状态，它提供当前选中对象的属性设置。

接下来，我们来尝试改变 3D 视图编辑器的 Interaction Mode，使它切换到 Edit Mode 和 Texture Paint 模式，你可以在 Header 中选择，如图 2-14 所示。

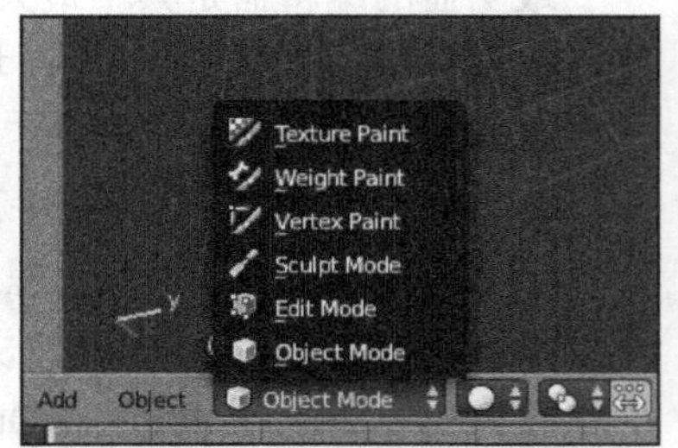

图 2-14

其他编辑器也有 Header 面板，Info editor（程序顶部）本身就是一个 Header。Outliner 和 Properties 编辑器（右边）的 Header 在自身面板的顶部，而不是在底部。

调整过布局后，看起来就不是那么拥挤和混乱了。

Properties 编辑器的 Header 有很多图标，可以像选项卡一样操作它们，以选择呈现在面板其余部分的属性。鼠标悬停在图标上（其他 UI 部件也一样）就会显示提示信息，告诉你它的功能。后续章节中用到它们的时候，会有进一步的介绍。

Blender 的布局非常灵活，你甚至可以把一个面板从一个编辑器变成另外一个，每个 Header 的最左边是 Editor Type 选择器，单击它可以看到所有选项。

除了 Blender 界面上可以单击的东西之外，还可以用键盘快捷键执行命令，如果忘了在哪找到某个功能，可以按空格键再输入你要找的命令名称，它就会弹出来！

图 2-15 是 Blender 中的 Editor Type 选择器。

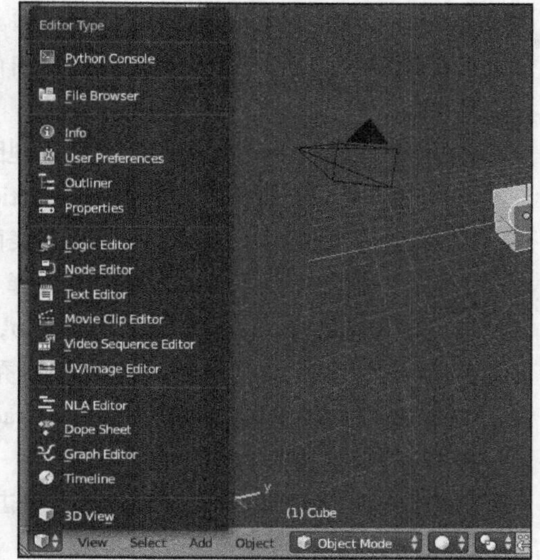

图 2-15

2.5.2 单位立方体

现在，我们要在 Blender 中构建一个单位立方体。

默认场景中可能已经有对象了，包括一个立方体、摄像机和一个光源，如同前面在 Blender 窗口中显示的那样。（你的初始设置可能会不同，因为它是可配置的。）

如果初始场景中没有单位立方体，那么可以创建一个：

1. 删除场景中的任何东西以确保场景是空的（右键单击选择后再按 X 键删除）。

2. 用 Shift+S（打开 Snap 选项列表）然后选择 Cursor To Center 把 3D 光标设置成原点（0, 0, 0）。

3. 在左边的 Tool Shelf 面板中，选择 Create 选项卡，再在 Mesh 下选择 Cube 以添加一个立方体。

注意，在 Blender 中参考网格沿 X 轴和 Y 轴延伸，Z 轴朝上（不像 Unity，Y 轴朝上）。

还有，注意 Blender 中默认立方体的大小是（2, 2, 2），而我们需要一个在基准面之上位于原点的单位立方体，操作步骤如下：

1. 按 N 键打开 Properties 面板。

2. 选择 Transform | Scale 把 X，Y，Z 设置成（0.5, 0.5, 0.5）。

3. 选择 Transform | Location 把 Z 设置成 0.5。

4. 再按 N 键隐藏面板。

5. 可以用鼠标滚轮来缩放。

我们还要确保当前渲染器是 Blender Render（从位于程序窗口顶部中间的 Info 编辑器的下拉选项中选择）。

2.5.3 UV 纹理图片

下面绘制立方体的纹理。Unity 中的 3D 计算机模型由网格定义，而网格是一组边缘连接的 Vector3 点，它们形成三角形小平面。在 Blender 中创建模型时，可以将网格展开为展平的 2D 配置，以定义纹理像素到网格曲面上相应区域的映射（UV 坐标），结果即成为 UV 纹理图片。

接下来，我们为立方体创建 UV 纹理图片：

1. 在底部的 Header 栏中选择 Interaction Mode 选择器，进入 Edit Mode。
2. 用全选（按两次 A 键）确保所有表面都被选中。
3. 在左边的 Tool Shelf 面板中，选择 Shading/UVs 选项卡。
4. 在 UV Mapping 下方单击 Unwrap，在下拉列表中选择 Smart UV Project，接受默认值，单击 OK（结果见图 2-16，能看到光秃的立方体长什么样）。
5. 现在再用底部的 Header 栏把 Interaction Mode 变成 Texture Paint 模式。
6. 我们还需要为我们的材质定义一个绘制槽，这需要单击 Add Paint Slot，选择 Diffuse Color，命名为 `CubeFaces`，单击 OK。

我们现在开始直接在立方体上绘制，首先画前面，步骤如下：

1. 制作一个小一点的画刷。在左边的 Tool Shelf 面板中，Tools 选项卡下选择 Brush | Radius，然后输入 `8 px`。
2. 可能在正交视图下更容易操作。在底部菜单栏中选择 View | View Persp/Ortho。
3. 然后选择 View | Front。
4. 如果需要的话可以用鼠标滚轮来缩放大小。
5. 用你最好的书法水平用鼠标左键书写单词 `Front`。
6. 再在背面做同样的操作。
7. 在底部的菜单栏中选择 View | Back 再用右键选择这一面。
8. 书写单词 `Back`。

再在左、右、上、下面上重复上面的操作，如果发生不能书写的情况，请确认是否选中了当前表面，然后尝试用右键在这个面上重新选择，结果应该差不多像图 2-16 这样（在具有正交透视视图的 3D View 和 UV/Image Editor 中单排显示）：

现在，我们保存图片，然后设置其属性，步骤如下：

1. 使用 3D View 编辑器底部 Header 最左边的选择器，把当前的 Editor Type 改成 UV/Image Editor。
2. 单击 Browse Image to be linked 选择器图标（+图标的左边），再在列表中选择 `CubeFaces`。
3. 底部菜单栏的 Image 菜单项现在有一个星号（Image*），这表示有一张未保存的图片，单击它，选择 Save As Image，并另存为 `CubeFaces.png`，放入 Unity 工程之外的文件夹。

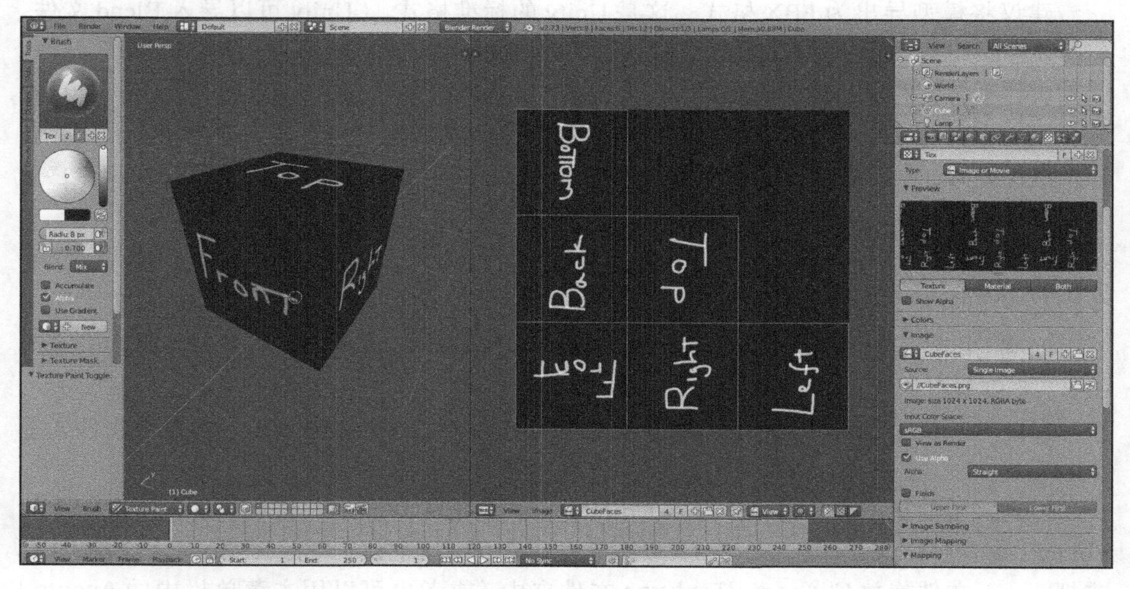

图　2-16

4. 在左边，在 Properties 编辑器的面板上，在其 Header 中找到一长排图标，选择 Texture（倒数第三个），如果面板不够宽的话它可能会不显示，你可以用鼠标下滑来显示它，如图 2-17 所示。

5. 在 Texture 属性中，把 Type 变成 Image or Movie。

6. 在属性的 Image 组中，单击 Browse Image to be linked 选择器图标（见图 2-18）选择 `CubeFaces`。

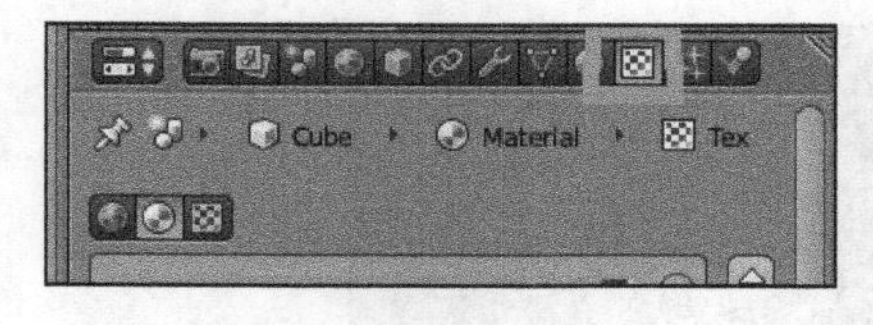

图　2-17

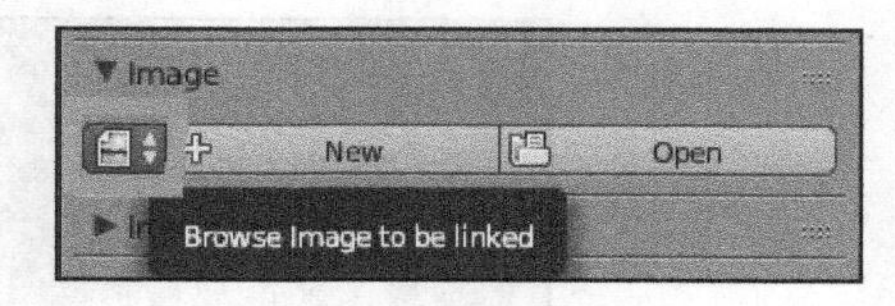

图　2-18

7. 你应该在 Preview 窗口中可以看到带有标签的纹理图片了。

保存 Blender 模型步骤如下：

1. 在顶部菜单栏中的 Info 编辑器中选择 File，再单击 Save（或按 Ctrl+S）。

2. 使用之前保存纹理图片的文件夹。

3. 命名为 `UprightCube.blend`，单击 Save Blender File。

现在文件夹中应该有两个文件了，即 `UprightCube.blend` 和 `CubeFaces.png`。

我使用一个在 Unity 项目根目录中叫作 Models/ 的文件夹。

建议将模型导出为 FBX 格式，这是 Unity 的标准格式。（Unity 可以导入 Blend 文件，但需要在同一系统上安装 Blender）。请使用 File | Export | FBX 保存 .fbx 版本。

太棒了，完成这么多了。没弄懂也没关系，Blender 可能比较难，但是 Unity 需要模型，你可以一直都从 Unity 的 Asset Store 和 3D 模型分享网站中下载其他人的模型。但不要做一个没用的人，学习做自己的模型吧，这是一个很好的学习起点。事实上，有了 VR，它变得更容易了，在本章的后面会介绍这一点。

2.5.4 导入 Unity

回到 Unity，我们要逐个导入刚才的两个文件 UprightCube.blend 和 CubeFaces.png，步骤如下：

1. 在 Project 面板中，选择 Assets 根目录，定位到 Create | Folder，将这个文件夹重命名为 Models。

2. 有一个简单的方法将文件导入 Unity 中，方法是从 Windows 资源管理器（或 Mac 的 Finder）窗口将 .fbx（或 .blend）文件拖放到 Project 面板的 Assets/Models 文件夹中，或把 .png 文件拖放到 Assets/Textures 文件夹中（或者也可以用主菜单栏中的 Assets | Import New Assets）。

3. 从 Assets/Models 文件夹（也就是刚才导入 Scene 视图的地方），把刚才导入的模型 UprightCube 拖动到场景中。

4. 设置它的坐标值以使其远离其他对象，比如 Position 值（2.6, 2.2, -3）。

5. 从 Assets/Textures 文件夹中将 CubeFaces 纹理拖到 Scene 视图中，停在刚才添加的 UprightCube 上，让它接收这个纹理，然后把纹理放到立方体上。

这样，场景应该像图 2-19 这样了：

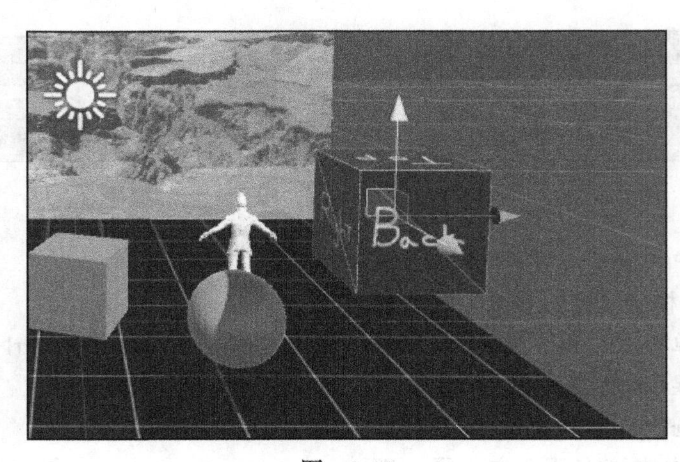

图 2-19

2.5.5　一些观察

立方体的背面对着我们，这是一个失误吗？其实这是正常的，因为当前视点是朝前看的，那么我们就应该看着立方体的背面。你应该注意到，Ethan 也是这样。而这个立方体看着差不多有一个单位的大小。

但是，仔细检查一下，在立方体的 Inspector 面板中，会发现它导入的缩放比例是我们在 Blender 中指定的（0.5，0.5，0.5），另外它还有一个 X 轴的 -90° 旋转（负 90），所以如果我们重置变换值，也就是比例尺为（1，1，1），它在我们的世界坐标系中将会是两个单位大小，而且是颠倒的（所以，别重置）。

没什么可以做的，不用回到 Blender 中，稍微操作一下就可以抵消这个旋转值了。缩放可以在模型的导入设置（Import Settings）中调整（在 Inspector 中）。

Blender 的默认朝上的方向是 Z 轴，而 Unity 是 Y 轴。所以，导入时 X 轴旋转 –90° 用于调整这个差异。导入的比例可以在对象的 Inspector 面板的 Import Settings 中调整。

从 Blender 导出 FBX 时，我们有更多的控制权。如图 2-20 所示，在导出过程中，可以自定义设置，例如，将 Y 设为向上轴，将 Z 设为向前轴并设置导入的比例因子。

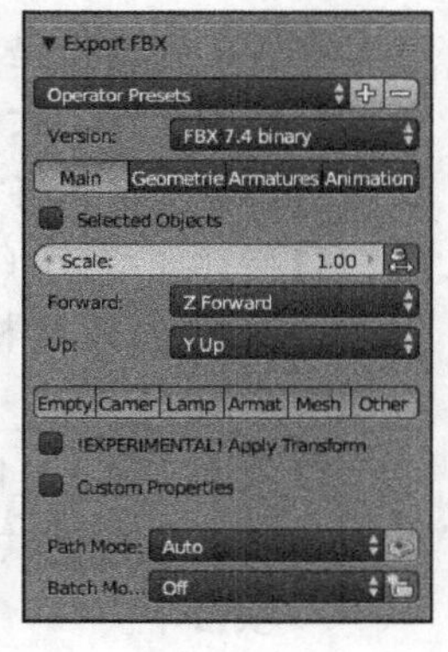

图 2-20

在结束上面这个过程之前，在 Hierarchy 面板中选择“UprightCube”并把它拖进 Project 面板的 Assets 文件夹中。（可以考虑建立一个 Assets/Prefabs 文件夹把文件放进去。）这样就做成了一个可重复使用的预制件，包括纹理图片和所有内容。

本节中的一些重要认识（除了在 Blender 学习的那些之外）可以用于任何 3D Unity 项目，包括虚拟现实项目。正常来说，你应该会导入比立方体要复杂得多的模型，数据转换、缩放比例、朝向、UV 纹理图片等相关问题会让你感到困惑。如果遇到这些问题，请尝试把问题分解成小问题，分解成更独立的场景，并做一些小型试验来了解程序是如何交换数据的，这对于你理解混杂的参数可能有所帮助。

2.6　在 VR 中创建 3D 内容

除了像 Blender（ZBrush、3D Studio Max、Maya 等）这样传统的 3D 建模软件之外，还有新一代 3D 设计应用程序，可让你直接在 VR 内部创建。毕竟，试图使用 2D 鼠标固有的 2D 桌面屏幕来形成、雕刻、组装和操纵 3D 模型是十分困难的，要是可以更像制作真实的雕刻和建筑就好了！那么，为什么不直接在 3D、VR 中进行操作呢？

与其他数字平台一样，我们可以将 VR 应用分类为呈现体验的应用、与环境交互的应用以及为你自己或共享创建的应用。后者的一个例子并且是首先获得广泛成功的产品之一是 Google Tilt Brush（https://www.tiltbrush.com/），你可以在其中进行 3D 绘制。在向家人和朋友介绍 VR 时，这是我最喜欢介绍的应用程序之一。Tilt Brush 可让你在虚拟现实中进行 3D 绘制。

其他具有雕刻和绘画工具的 VR 3D（仅举几例）包括：

- Google Blocks：低多边形建模（https://vr.google.com/blocks/）
- Oculus Medium：VR 中的造型、模型、绘画（https://www.oculus.com/medium/）
- Oculus Quill：VR 插图工具（https://www.facebook.com/QuillApp/）
- Kudon：表面和雕刻（http://store.steampowered.com/app/479010/Kodon/）
- MasterpieceVR：VR 雕刻和绘画（https://www.masterpiecevr.com/）
- Microsoft Paint 3D：使用 Windows 免费捆绑的简易 3D 雕刻和绘画（https://www.microsoft.com/en-us/store/p/paint-3d/9nblggh5fv99）

在 VR 中制作是富有创意并且有趣的，但为了有效且高效，你需要能够在应用程序之外共享你的创作。大多数 VR 雕刻工具允许你导出模型以便在 Internet 上共享，例如以 FBX 文件格式导出，并将它们导入 Unity。有两种不同的工作流程可以做到这一点：

- 导入 / 导出（Export/Import）：在第一个工作流程中，你可以创建模型并将其导出为兼容格式，如 FBX。这类似于传统的 3D 软件，就像我们使用 Blender 一样。
- 发布 / 导入（Publish/Import）：第二个工作流程是将其上传到共享服务中，然后下载并安装到 Unity 项目中。

在本节中，我们将使用 Tile Brush 作为示例。假设你有 Google Tilt Brush 和兼容的 VR 设备，以及一个想要通过 Unity 与 VR 应用集成的创作项目。让我们逐步完成每个步骤。

我在 VR 中打开了 Tilt Brush 并使用纸带刷（paper ribbon brush）创建了一个杰作，称之为 TiltBox，与我们在本章中使用的立方体主题一致，如图 2-21 所示。

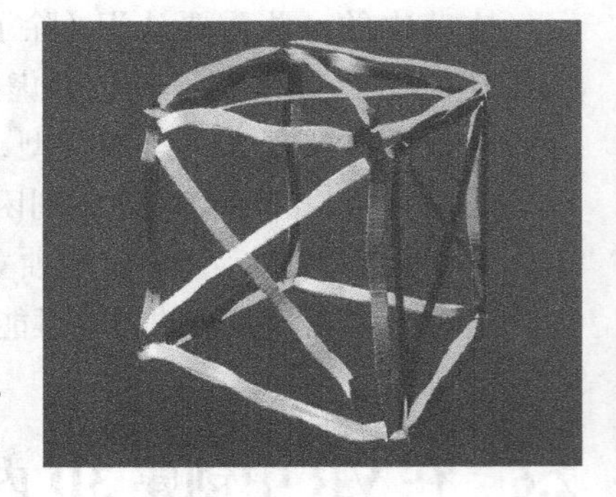

图 2-21

此处提供的 Tilt Brush 功能和用户界面（在撰写本书时）被 Google 视为处于测试阶段或实验阶段，在你阅读本文时可能会有所变化。

2.6.1　导入和导出 Tilt Brush 模型

我们将模型导出为 FBX，然后将其导入 Unity。这是一个高级主题，因此，如果你是 Unity 新手，你可能希望暂时跳过这一节，直接阅读下一节。

在 Tilt Brush 中，要执行导出，请找到保存面板，并选择 `More Options | Labs| Export menu`。(请注意，导出选项的位置可能会在将来的版本中更改。)

在 Windows 中保存文件的默认文件夹是 Documents/Tilt Brush/Exports/[DrawingName]/。如果转动右手控制器，你将发现背面有一个信息板，这是一个消息控制台，用于报告图形在你的系统中的实际路径名，如图 2-22 所示。

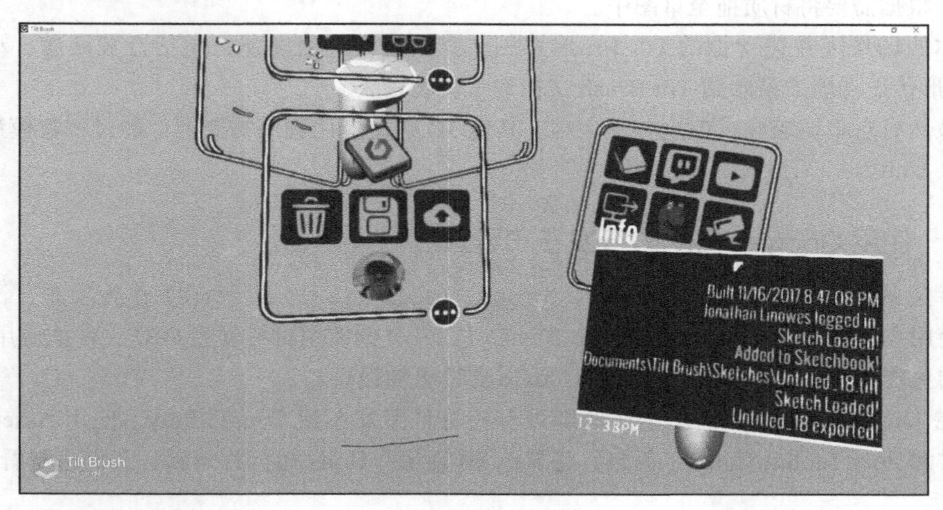

图　2-22

该文件夹将包含多个文件，包括 .fbx 模型和 .png 画笔纹理(未使用，因为 Tilt Brush Toolkit 也提供它们)。

要导入 Unity，你需要 Tilt Brush Toolkit Unity 软件包，Google Poly 软件包包含该工具包(从 Assets Store 安装，下一主题会介绍)，也可以直接从 GitHub 安装，如下所示：

1. 转到 `https://github.com/googlevr/tilt-brush-toolkit` 上使用下载链接下载 `tiltbrush-UnitySDK-vNN.N.N.unitypackage`(通过 `https://github.com/googlevr/tilt-brush-toolkit/releases`)

2. 在 Unity 中使用 Assets | Import Package | Custom Package 导入该工具包，然后单击 Improt。

你将发现该工具包包含用于渲染笔刷的资源。

Exports 文件夹中还有一个 README 文件，其中包含有关 Tilt Brush 版本和导出功能的详细信息，包括如何使用 CFG 文件调整高级用户的各种选项。

现在我们可以导入所绘制的 FBX：

1. 将 FBX 文件拖到 Project Assets（或使用 Assets | Import New Asset）。

2. 忽略导入时创建的任何材质，我们将使用该工具包提供的材质。你可以在该模型的 Import 设置中禁用它，即在 Materials | Import Materials 中取消选中，然后单击 Apply。

3. 现在你可以将模型拖到场景中。

4. 在 `Assets/TiltBrush/Assets/Brushes/` 中为你的草图找到笔刷材质，在本案例中，该草图使用“Paper brush strokes”，它在 `Basic/Paper/` 子文件夹中。

5. 根据需要将材质拖至草图中。

你的场景现在包含你的 Tilt Brush 草图。有关更多高级功能，包括音频回应、动画和 VR 隐形传送功能，请参阅 Tilt Brush 文档和示例场景。

虽然有点单调乏味，但这并不太难。其他 3D 建模应用程序需要类似的过程将模型导出和导入 Unity。

2.6.2 使用 Google Poly 进行发布和导入

幸运的是，通过将 Google Poly（`https://poly.google.com/`）作为发布、浏览和下载使用 Google Tilt Brush 和 Google Blocks（以及其他使用材料创建 OBJ 文件的应用程序）创建的免费 3D 对象的地方，已经被 Google 变得更加轻松。

在 Tilt Brush 中，只需单击按钮即可轻松将草图发布到 Google Poly。使用 Asset Store 上提供的 Poly Toolkit Unity 工具包，将 Poly 模型导入 Unity 也同样容易。我们来看看吧：

Poly 不仅适用于 Unity 开发者，Google 提供了适用于许多平台的 SDK，请参阅 `https://developers.google.com/poly/`。

1. 在 Tilt Brush 内，首先，确保你已登录自己的 Google 账户（My profile）。

2. 在 Save 菜单面板上，选择云上传项，如图所示。这会将草图上传到 Poly。

3. 然后在浏览器中（在 VR 之外）完成发布步骤，然后单击 Publish。

请注意，Poly Toolkit 包含 Tilt Brush Toolkit。如果你已经从上一节中将该工具包导入到项目中，我们建议你在导入 Poly 之前先删除它（以及第三方文件夹），以避免冲突。

在 Unity 中：

1. 打开 Assets Store 面板（Window | Asset Store）。

2. 搜索 `Poly Toolkit`，然后将 `Poly Toolkit` 资产包下载并导入到你的项目中（https://assetstore.unity.com/packages/templates/systems/poly-toolkit-104464）。

3. 请注意，该工具包将在Unity菜单栏中安装新的Poly菜单，选择Poly | Browse Assets打开Poly浏览器面板，如图2-23所示。

4. 通过拖动其选项卡，可以将此面板放置在Unity编辑器中。

5. 在浏览自己上传的模型之前，必须先使用右上角的登录按钮进行登录。

6. 然后，在Poly Toolkit面板的Show选择项中，选择Your Uploads。

7. 找到要导入的模型，其页面包含许多导入选项，包括缩放和重新定位模型转换。

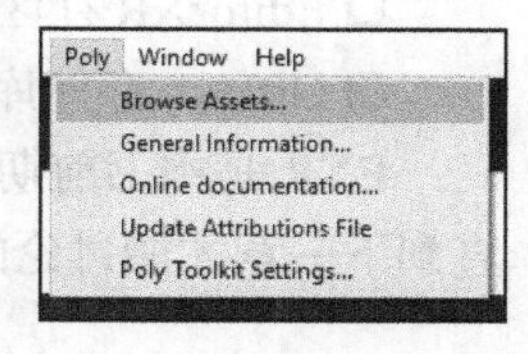

图 2-23

8. 选择Import Into Project。

9. 默认情况下，它会将模型作为预制件导入ProjectAssets/Poly/Assets/文件夹。

10. 将模型的预制件从文件夹拖到场景中。

好了，现在你拥有触手可及的3D模型世界：你在Poly上创建并发布的模型、在Poly上搜索的其他模型、Unity Assets Store以及可浏览的其他3D模型网站。

2.7 在VR中使用EditorXR编辑Unity

在本章中，我们介绍了Unity Editor，它是在2D计算机屏幕上创建3D场景和项目的工具。我们还介绍了Blender，它是一种在2D计算机屏幕上创建3D资源的工具。然后我们介绍了在虚拟现实中的新一代3D资源创建工具，包括Tilt Brush和Poly。现在，我们将直接在虚拟现实中创建VR场景！

Unity EditorXR（EXR）是Unity的一个新的实验性功能（撰写本书时），你可以直接在VR中而不是2D显示器上编辑3D场景。在本节中，我们可能会以多种方式超越自我。这既是一个高级主题，也是一个实验主题。如果你刚开始使用VR，或者刚开始使用Unity，可以暂时跳过这一节并稍后再回来。

EXR是一个高级主题，因为它假设你熟悉使用Unity Editor窗口，习惯于3D思考并在使用3D资源方面有一定的经验。它还假设你拥有一个带有追踪控制器的VR设备，如Oculus Rift和HTC Vive。如果你希望有机会获得平稳、舒适的体验，你将需要配备高端显卡以及功能强大的PC。最后也是相当重要的是，你还需要学习和习惯EXR的一些用户交互约定。

尽管如此，EXR是一个非常可爱的项目，你现在就可以开始使用它来提高效率，尤其是如果你不害怕实验性的软件。这也意味着我们在本书中描述的UI肯定会发生变化。（例如，此时软件包正在从EditorVR重新命名为EditorXR和EXR）。

- 入门演示文稿：https://docs.google.com/presentation/d/1THBAjLV267NVvZop9VLuUSNx1R2hyp8USgOc811ONv8/edit#slide=id.g1e97811ad3_2_17
- 入门文档：https://docs.google.com/document/d/1xWunGC3NJoDRBBz44gxpMUAh3SmedtNK12LqACyy2L0/edit#heading=h.9hlhay6ebu98
- EditorXR 社区论坛：https://forum.unity3d.com/forums/editorvr.126/
- GitHub 存储库：https://github.com/Unity-Technologies/EditorVR

EXR 是本书前期的一个高级主题的另一个原因是我们需要在项目中启用 VR，这是我们直到下一章才能讨论的主题。但是我们的下面简要介绍它，而不做太多解释。

2.7.1 设置 EditorXR

为了在项目中使用 EXR，请下载并安装 Unity 软件包。当你阅读本文时，它可能已经与 Unity 下载助手捆绑在一起，或者在 Assets Store 中可用：

1. 下载 EditorXR Unity 软件包（https://github.com/UnityTechnologies/EditorXR/releases）
2. 将其导入你的项目（Assets | Import Package | Custom Package）。
3. 如果你正使用 Unity 2018 以前的版本，则从 Asset Store（https://assetstore.unity.com/packages/essentials/beta-projects/textmesh-pro-84126）中下载 Text Mesh Pro（一个来自 Unity 的免费资源）并导入 Unity。
4. 如果你正使用 Vive，请从 Asset Store 下载 SteamVR Plugin 并导入 Unity（https://www.assetstore.unity3d.com/en/#!/content/32647）。
5. 如果你正使用带 Touch 控制器的 Oculus Rift，请下载 Oculus Utilities for Unity 并导入 Unity（https://developer3.oculus.com/downloads/）。
6. 在 Player Settings（Edit | Project Settings | Player）中设置默认 VR 平台。找到 XR Settings 部分（在 Inspector 面板底部），然后选中“Virtual Reality Supported”复选框。
7. 为 Oculus 或 OpenVR 添加虚拟现实 SDK。
8. 如果你使用带 Touch 控制器的 Oculus Rift，请首先确保使用 Oculus，如图 2-24 所示。

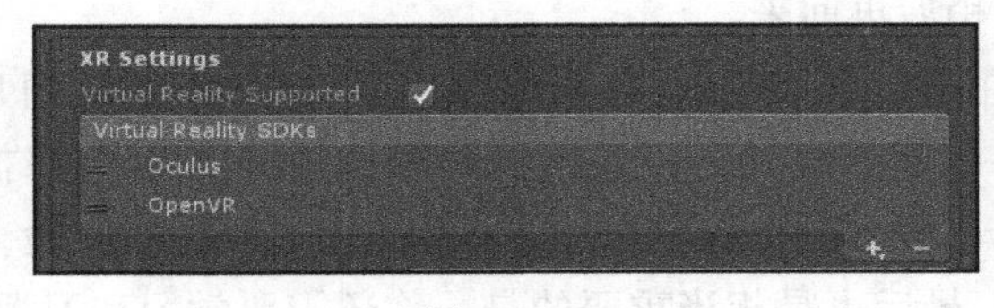

图 2-24

当你准备好启动 EXR 时：

1. 选择 Windows | EditorXR。
2. 如有必要，请按切换设备视图以激活 VR 视图。

3. 然后戴上头戴式显示器。

现在，你可以在 VR 中访问 Unity Editor 的许多相同编辑功能。

2.7.2　使用 EditorXR

EXR 中的用户交互类似于 Google Tilt Brush。一只手拿着你的菜单调色板，另一只手从中选取功能。类似一个方形手套，你可以用轻拇指轻点来更改菜单以旋转菜单框面。这是起点，但 EXR 更加复杂，因为它需要在虚拟工作空间中提供丰富的 Unity Editor 功能，并且需要导航场景和组织编辑器面板，当然还要编辑场景游戏对象。我们建议你在继续之前观看一些演示视频。

手柄控制器选择器实现了激光指示器创新的同步组合（通过选择锥体），用于拾取远处的对象和抓取可触及的对象，如图 2-25 所示。

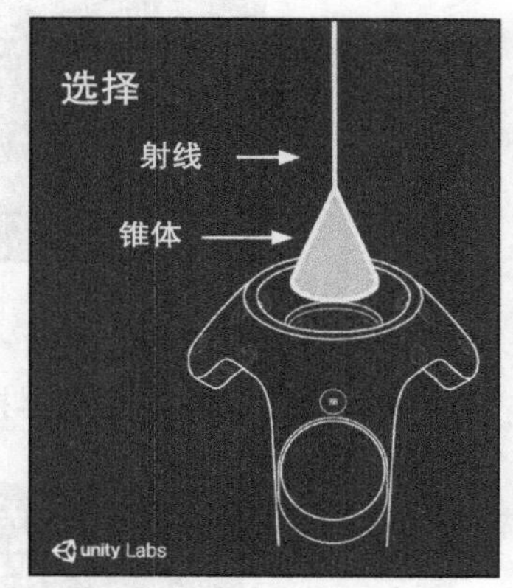

图　2-25

为了操纵对象，EXR 在 2D 编辑器中实现了相似的场景编辑器小部件的强大 3D 版本，它们非常强大且易于使用。

在不进一步详述的情况下，以下是 EXR 编辑器中的主要功能：

- **选择**：使用手柄控制器拇指板 / 棒、按钮、扳机键以及 Grib 按钮。
- **菜单**：用于在 3D 中组织面板的方形手套菜单面板、径向菜单、快捷方式和工具。
- **导航**：在你工作时移动整个场景、飞行及闪烁模式、旋转到位、缩放世界、使用迷你世界视图。
- **工作区**：对应于 2D编辑器中的窗口，对于 Project、Hierarchy、Inspector、Console、Profile 等，可以打开并将其放置在 VR 工作区中。
- 其他功能包括锁定对象、对齐。

图 2-26 显示如何使用操纵器 Gizmo 直接操作当前所选对象并用控制器上的径向菜单切换工具。

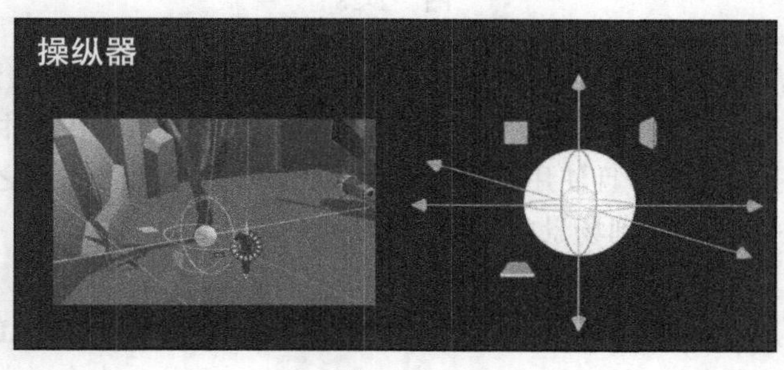

图　2-26

也许在 EXR 中更具挑战性的任务之一就是搞清楚每个手柄控制键可以根据当前环境切换到什么功能。图 2-27 显示 Vive 的控制器指南。

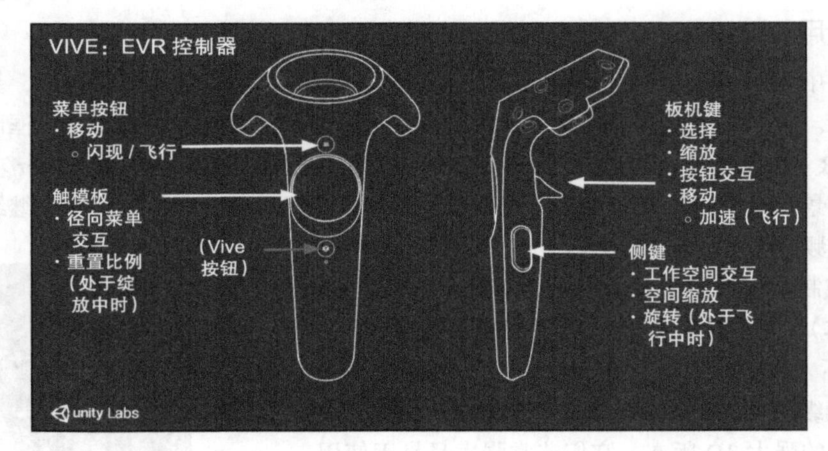

图 2-27

Oculus Touch 的控制器指南如图 2-28 所示。

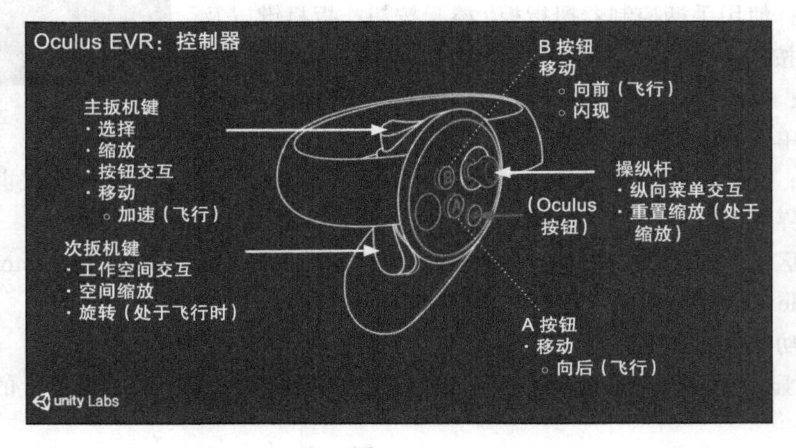

图 2-28

要结束此主题，你甚至可以使用 Google Poly 查找对象并将其插入到 VR 中的场景中。作为 EditorXR 界面和 API 的第三方扩展的示例，Poly 工作区可在 VR 中使用。如果你安装了 Poly Toolkit（如上所述）并且使用 EditorXR，则 Poly 是可用工作区之一。打开它可以浏览云中的 3D 模型并将其添加到场景中，如图 2-29 所示。

要了解有关 EditorXR 和 Google Poly 的更多信息，请参阅 Unity Labs 的 Matt Schoen 撰写的首篇博客文章：https://blogs.unity3d.com/2017/11/30/learnhow-googles-poly-works-with-unity-editorxr/。作为旁注，Schoen是作者的朋友，也是Packt的另一本书 *Cardboard VR Projects for Android*（2016，https://www.packtpub.com/application-development/cardboard-vr-projects-android）。的合著者。

图 2-29

2.8 本章小结

本章中，我们构建了一个简单的透视图，也熟悉了Unity的编辑器，还学习了在设计场景时世界尺寸的重要性，包括用一些游戏中的工具来帮助我们处理比例和定位。

然后，我们强调Unity不是资源创作工具。开发人员通常使用Unity以外的工具创作模型，然后导入。我们介绍了免费开源的Blender建模应用程序以及Google Tilt Brush，并展示了如何导出资源并将其导入Unity，包括Google Poly等云服务。

VR在开发中有一个非常酷的事是VR的发展速度非常快。随着VR逐渐成形，新兴产业、新媒体和新范式的发展逐渐兴旺起来。每个季度都有新设备推出，而Unity每月更新一次，每周都会发布新的软件工具，因此每天都有新的东西要学习。当然，这也可能让人非常沮丧。我的建议是不要让这个问题打败你，而是去接受它。

不断尝试新事物是关键之一。这就是本章试图引导你去做的事情。提出一个想法，然后看看你是否可以让它发挥作用。尝试使用新的软件并学习新的Unity功能，一次做一件事就不会让你不知所措。当然，这就是这本书的内容。旅程是一个持续的冒险。

在下一章中，我们将设置开发系统和Unity设置，以构建可以在VR头戴式显示器中运行的项目。

Chapter 3 第 3 章

VR 的构建和运行

在本章中，我们将设置系统，并构建和运行一个虚拟现实头戴显示器（HMD）项目。

在本章中，我们将讨论以下主题：

- VR 设备集成软件的级别。
- 为你的平台启用虚拟现实。
- 在项目中使用特定于设备的摄像机装置。
- 设置开发计算机，从 Unity 构建和运行 VR 项目。

这一章非常详细。尽管 Unity 的目标是提供一个统一的平台来进行一次创建、多次构建，但你总是需要为特定的目标设备进行一些系统设置、项目配置和对象组件选择。在本章的前两个主题之后，你可以跳转到与你和目标设备最相关的部分。本章包括的操作指南如下：

- 为 SteamVR 构建
- 为 Oculus Rift 构建
- 为 Windows 沉浸式 MR 构建
- 为 Android 设备设置
- 为 GearVR 和 Oculus Go 构建
- 为谷歌 VR 构建
- 为 iOS 设备设置

3.1 Unity VR 支持和工具包

通常，作为一名开发人员，你的时间将用在项目场景上。正如我们在前一章中对立体模型所做的那样，你将添加对象、附加材质、编写脚本等等。当构建并运行项目时，场景会呈现在 VR 设备上，并对头和手的动作做出实时响应。下表总结了 Unity 系统 VR 架构：

你的项目场景
高级虚拟现实工具包
Unity 组件和类
Unity XR 设备 SDK

在场景中，可能会包括一个摄像设备和其他高级工具包预制件和组件。所有设备制造商都提供针对其特定设备进行调优的工具包，至少包括用于渲染 VR 场景的 Unity 摄像机组件。它可能还包括一整套预制件和组件，有些是必需的，有些是可选的，这些都可以帮助你创建交互性、响应性和舒适的虚拟现实体验。我们将在本章详细介绍如何使用这些特定的设备来设置场景。

Unity 有一个不断增长的内置类和组件库来支持 VR（他们称为 XR），也包括支持增强现实。有些是特定于平台的，但有些是独立于设备的，其中包括立体声呈现、输入追踪和音频空间分配器等。有关详细信息，请参阅 UnityEngine.XR 和 UnityEngine.SpatialTracking 的 Unity 手册页面（https://docs.unity3d.com/ScriptReference/30_search.html?q=xr）。

在较低级别上，运行 VR 的任何 Unity 项目都必须设置支持虚拟现实的 XR Player 设置，并识别应用程序用来驱动 VR 设备的特定底层 SDK。我们将在本章详细介绍如何为特定设备设置项目。

因此，正如你所看到的，Unity 处在应用程序级工具包组件与设备级 SDK 之间。它在特定于设备的 API、工具和优化之间提供与设备相关的黏合剂。

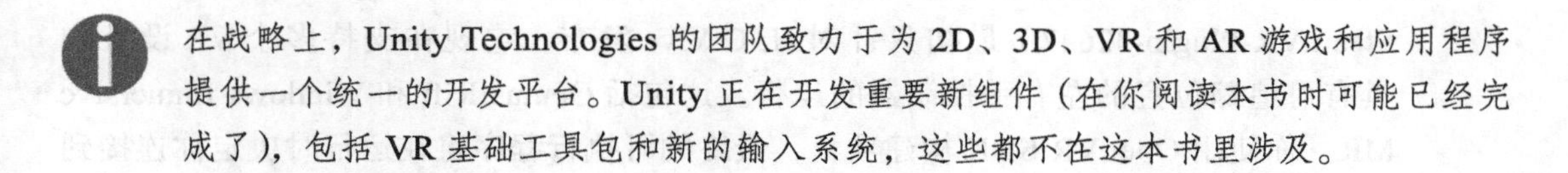

在战略上，Unity Technologies 的团队致力于为 2D、3D、VR 和 AR 游戏和应用程序提供一个统一的开发平台。Unity 正在开发重要新组件（在你阅读本书时可能已经完成了），包括 VR 基础工具包和新的输入系统，这些都不在这本书里涉及。

在开始之前，让我们先了解一下将 Unity 项目与虚拟现实设备集成的可能方法。将应用程序与 VR 硬件集成的软件构成了一个谱系，从内置支持和特定于设备的接口，到独立于设备和平台的接口。所以，请考虑一下选择。

3.1.1 Unity 的内置 VR 支持

一般来说，Unity 项目必须包含一个可以呈现立体视图的摄像机对象，在 VR 头戴式显示器上每只眼睛各有一个。自 Unity 5.1 以来，对 VR 头戴式显示器的支持已经被内置到 Unity 中，可跨多个平台支持各种设备。

你可以简单地使用一个标准的摄像机组件，比如附加到默认主摄像机上的组件，来创建新场景。你可以在 Unity 的 XR Player Settings 中启用 Virtual Reality Supported，以便在 VR 头戴式显示器（HMD）上渲染立体摄像机视图并运行项目。在 Player Settings 中，你可以在构建项目时选择使用哪个特定的虚拟现实 SDK。SDK 与设备运行时驱动程序和底层硬件通信。Unity 对 VR 设备的支持被集中在 XR 类中，其参考文档如下：

- **XR 设置**：全局 XR 相关设置，包括构建中支持的设备列表，以及加载设备的眼睛纹理。请见 `https://docs.unity3d.com/ScriptReference/XR.XRSettings.html`。
- **XR 设备**：查询当前设备的功能，如刷新率和追踪空间类型。请见 `https://docs.unity3d.com/ScriptReference/XR.XRDevice.html`。
- **XR 输入追踪**：访问 VR 位置追踪数据，包括各个节点的位置和旋转情况。请见 `https://docs.unity3d.com/ScriptReference /XR.InputTracking.html`。

通常，输入控制器按钮、触发器、触摸板和缩略图也可以映射到 Unity 的输入系统。例如，关于 OpenVR 手柄控制器的映射，可以访问 `https://docs.unity3d.com/Manual/OpenVRControllers.html`。

3.1.2 特定于设备的工具包

虽然内置的 VR 支持足够入门，但仍然建议安装由制造商提供的特定于设备的 Unity 包。特定于设备的接口将提供预置对象、大量有用的自定义脚本、着色器和其他重要的优化手段，这些优化手段直接利用底层运行和硬件的特性。工具包通常包括示例场景、预制件、组件和文档。工具包包括：

- **Steam VR 插件**：Steam 的 Steam VR 工具包（https://assetstore.unity.com/packages/tools/SteamVR-Plugin-32647）最初只针对 HTC Vive 发布。它现在支持多个 VR 设备和具有可追踪位置的左右手控制器的运行。这包括 Oculus Rift 和 Windows Immersive MR。你使用 OpenVR SDK 构建项目，最终的可执行程序将在运行时决定你连接到 PC 的硬件类型，并在该设备上运行该应用程序。这样，你就不需要为 Vive、Rift 和 IMR 设备提供不同版本的应用程序。
- **Oculus 集成工具包**：用于 Unity 的 Oculus 集成插件（https:/assetstore.unity.com/packages/tools/integration/oculus-integration-82022）支持 Oculus VR 设备，包括 Rift、GearVR 和 GO。除了 Touch 手柄控制器，它还支持 Oculus Avatar、Spatial Audio 和网络 Rooms SDK。
- **Windows 混合现实工具包**：Windows MRTK 插件（https:/github.com/microsoft/

mixedrealitytoolkit-unity）支持 Windows 10 UWP 混合现实系列中的 VR 和 AR 设备，包括沉浸式 HMD（与 Acer、HP 等公司的产品类似），以及可穿戴的 HoloLens 增强现实头戴式显示器。

- 用于 Unity 的 Google VR SDK：用于 Unity 插件的 GVR SDK（https://github.com/googlevr/gvr-unity-sdk/releases）为 Google Daydream 和更简单的 Google Cardboard 环境提供对用户输入、控制器和渲染的支持。

当你在 Unity 中设置 VR 项目时，你可能会安装一个或多个这样的工具包，我们将在本章的后面详细介绍。

3.1.3 应用程序工具包

如果需要更多设备独立性和更高级别的交互功能，可以考虑使用开源虚拟现实工具包（VRTK）：https://assetstore.unity.com/packages/tools/VRTK-Virtual-Reality-ToolKit-vr-vr-64131 和 NewtonVR（https://github.com/TomorrowTodayLabs/NewtonVR）。这些 Unity 插件为开发 VR 应用程序提供了一个框架，可支持多种平台、移动、交互和 UI 控件。NewtonVR 主要关注物理相互作用。VRTK 基于 Unity 内置的 VR 支持和特定于设备的预制件，所以它不是代替那些 SDK，而是它们之上的一个包装器。

值得一提的是，Unity 正在开发自己的工具包 XR Foundation Toolkit（XRFT），网址是 https://blogs.unity3d.com/2017/02/28/updates-fromunitys-gdc-2017-keynote/，该工具包包括：

- 跨平台的控制器输入
- 可定制的物理系统
- AR/VR 专用着色器和摄像机渐变效果
- 对象捕捉和构建系统
- 开发人员调试和分析工具
- 所有主要的 AR 和 VR 硬件系统

3.1.4 基于 Web 和 JavaScript 的 VR

重要的 JavaScript API 正在直接内置到主要的 Web 浏览器中，包括 Firefox、Chrome、Microsoft Edge 和其他类似浏览器的特殊版本，比如 Oculus 和三星的 GearVR。

例如，WebVR 类似于 WebGL（Web 的 2D 和 3D 图形标记 API），并添加了 VR 渲染和硬件支持。而 Unity 目前虽然支持 WebGL，但还不支持为 WebVR 构建 VR 应用程序。我们希望这一天很快就能实现。

基于互联网的 WebVR 的前景令人兴奋，互联网是世界历史上最伟大的内容分发系统，如果构建和发布虚拟现实内容的能力就像 Web 页面一样简单，这将是革命性的。

众所周知，浏览器可以在任何平台上运行。所以，如果你的游戏目标是 WebVR 或类似的框架，你甚至不需要知道用户的操作系统，更不用说他们使用哪种 VR 硬件！一些值得关注的工具和框架包括：

- WebVR（http://webvr.info/）
- A-Frame（https://aframe.io/）
- Primrose（https://www.primrosevr.com/）
- ReactVR（https://facebook.github.io/react-vr/）

3.1.5 3D 世界

有许多第三方 3D 世界平台在共享的虚拟空间中提供多用户的社交体验。你可以与其他玩家聊天，通过门户移动到其他房间，甚至不需要成为专家就可以构建复杂的交互和游戏。有关 3D 虚拟世界的例子，请参考以下内容：

- VRChat：http://vrchat.net/
- AltspaceVR：http://altvr.com/
- High Fidelity：https://highfidelity.com/

这些平台可能有自己的工具来构建房间和交互，特别是 VRChat 允许在 Unity 中开发 3D 空间和角色。然后，可以使用 SDK 导出它们，并将其加载到 VRChat 中，以便你和其他人在实时社交 VR 体验中共享你在 Internet 上创建的虚拟空间。我们将在第 13 章讨论这方面的内容。

3.2 为你的平台启用虚拟现实

我们在前一章中创建的透视场景是一个使用 Unity 默认主摄像机的 3D 场景。正如我们所看到的，当你在 Unity 编辑器中按下 Play 时，你的 2D 电脑显示器上的游戏窗口中就会出现这个场景。设置项目以便在虚拟现实中运行的步骤包括：

- 为项目构建设置目标平台。
- 在 Unity 的 XR Player Settings 中启用虚拟现实，并设置 VR SDK。
- 将用于目标设备的设备工具包导入到项目中（可选但推荐使用），并使用指定的预制件而不是默认的 Main Camera。
- 安装构建目标设备所需的系统工具。
- 确保你的设备的操作系统已启用开发状态。
- 确保设备的 VR 已设置并且正在运行。

如果不确定，请使用下表确定可用于你的 VR 设备的目标平台、虚拟现实 SDK 和 Unity 软件包：

设备	目标平台	VR SDK	Unity包
HTC Vive	独立	OpenVR	SteamVR Plugin
Oculus Rift	独立	OpenVR	SteamVR Plugin
Oculus Rift	独立	Oculus	Oculus Integration
Windows IMR	通用 Windows 平台	Windows Mixed Reality	Mixed Reality Toolkit Unity
GearVR/GO	Android	Oculus	Oculus Integration
Daydream	Android	Daydream	Google VR SDK for Unity and Daydream Elements
Cardboard	Android	Cardboard	Google VR SDK for Unity
Cardboard	iOS	Cardboard	Google VR SDK for Unity

各种集成工具包的 Unity 包链接如下：

- SteamVR Plugin：https://assetstore.unity.com/packages/tools/steamvrplugin-32647
- Oculus Integration：https://assetstore.unity.com/packages/tools/integration/oculus-integration-82022
- MixedRealityToolkit-Unity：https://github.com/Microsoft/MixedReality-Toolkit-Unity
- Google VR SDK for Unity：https://github.com/googlevr/gvr-unity-sdk/releases
- Google Daydream Elements：https://github.com/googlevr/daydreamelements/releases

现在，让我们为特定的 VR 头戴式显示器配置项目。

如你所知，安装和设置细节可能各不相同。我们建议你仔细检查当前的 Unity 手册和设备的 Unity 接口文档，以获得最新的说明和链接。

3.2.1　设置目标平台

新的 Unity 项目通常默认针对独立的桌面平台。如果这对你有用，则不需要做任何改变。让我们来看看：

1. 打开“Build Settings”窗口（File | Build Settings）并查看平台列表。
2. 选择你的目标平台。例如：

- 如果你正在为 Oculus Rift 或 HTC Vive 构建应用程序，请选择 PC, Mac & Linux Standalone。
- 如果你是为 Windows MR 构建，则选择 Universal Windows Platform。
- 如果是为 Android 上的 Google Daydream 构建，则选择 Android。

❑ 如果是为 iOS 上的 Google Cardboard 构建，则选择 iOS。

3. 然后单击 Switch Platform。

3.2.2 设置 XR SDK

如果你的项目在建立时在 Player Settings 中启用了 Virtual Reality Supported，它将呈现立体摄像机视图并运行在 HMD 上：

1. 进入“Player Settings”(Edit | Project Settings | Player)。

2. 在 Inspector 窗口中，找到底部的 XR Settings 并选中 Virtual Reality Supported 复选框。

3. 参照上表，选择目标设备所需的虚拟现实 SDK。

取决于你使用的目标平台，虚拟现实 SDK 在你安装的 Unity 中将会有所不同。如果你的目标 VR 确定了，那么你就可以开始了。你可以单击列表中的（+）按钮来添加其他元素，并单击（-）按钮来删除其他元素。

例如，下面的屏幕截图显示为独立平台所选的虚拟现实 SDK。在启用 Virtual Reality Supported 的情况下，如果可以，应用程序将使用 Oculus SDK。如果应用程序不能在运行时初始化 Oculus SDK，它将尝试 OpenVR SDK。

此时，在 Unity 编辑器中单击 Play，可以在 VR 中预览场景。不同的平台以不同的方式支持播放模式，有些平台根本不支持编辑器预览。

3.2.3 安装设备工具包

接下来，安装特定于设备的 Unity 包。如果工具包在 Unity Asset Store 中可用，请使用以下步骤：

1. 在 Unity 中，打开 Asset Store 窗口（Window | Asset Store）。

2. 搜索要安装的包。

3. 在 Asset Store 上，单击 Download，然后单击 Install 将文件安装到“`Project Assets/` 文件夹中。

如果你是直接从网上下载软件，请执行以下步骤：

1. 在 Unity 中，选择 Assets | Import Package | Custom Package。

2. 找到包含已下载的 `.Unity Package` 文件的文件夹。

3. 单击 Open，然后单击 Install 将文件安装到 `Project Assets/` 文件夹。

可以随意查看内容文件。请试着打开并尝试任何包含的场景，并熟悉任何预制件对象（在“Assets/”中)，这些对象在本书后面可能会用到。

3.2.4 创建 MeMyselfEye 播放器预制件

大多数 VR 工具包都提供一个预配置的播放器摄像机装备作为一个预制件，你可以把它插入你的场景中。这个设备将替换默认的 Main Camera。对于这本书，因为我们不知道你的目标是什么特定设备和平台，因此我们将制作我们自己的摄像机装备。我们将它命名为 MeMyselfEye。这将在以后很有帮助，并简化在本书中的对话，因为不同的 VR 设备可能使用不同的摄像机资源。

我们将在整本书中重用这个 MeMyselfEye 预制件，作为项目的一个方便的通用 VR 摄像机资源。

预制件是可重用的（预制）对象，保留在项目的 Assets 文件夹中，可以将其一次或多次添加到项目场景中。让我们使用以下步骤创建对象：

1. 打开 Unity 和上一章节中的项目文件。然后，找到 File | open scene（或者双击项目面板中 Assets 下的场景对象）打开透视场景。

2. 从主菜单栏中找到 GameObject | Create Empty。

3. 将对象重命名为 MeMyselfEye。

4. 确保对它执行重置转换（在它的 Inspector 窗口的 Transform 中，选择右上角的齿轮图标并选择 Reset）。

5. 在 Hierarchy 面板中，将 Main Camera 对象拖到 MeMyselfEye 中，使其成为子对象。

6. 选择 Main Camera 对象后，重置其转换值（在 Transform 面板中的左上角，单击齿轮图标并选择 Reset）。

7. 然后让自己靠近场景的中央。再次选择 MeMyselfEye 并将它的位置设置为（0, 0, -1.5）。

8. 在一些 VR 设备上，玩家的身高是由设备校准和传感器决定的，即你在现实生活中的身高，所以将主摄像机的 Position 的 Y 值设为 0。

9. 在其他 VR 设备上，特别是在没有位置追踪的设备上，你需要指定摄像机的高度。选择主摄像机（或者更具体地说，带有摄像机组件的游戏对象）并将其 Position 设置为（0, 1.4, 0）。

Game 视图应该显示我们已处在场景中。如果你还记得我们之前做的 Ethan 实验，我将位置的 Y 值设置为 1.4，这样我们与 Ethan 的眼睛就在同一水平了。

现在，让我们把它作为一个可重用的预制对象（即预制件）保存在 Assets 下的 Project 面板中，以便在本书其他章节的其他场景中再次使用它：

1. 在 Project 面板的 Assets 下，选择最上方的 Assets 文件夹，右键单击并找到 Create | Folder。重命名文件夹为 Prefabs。

2. 将 MeMyselfEye 预制件拖放到项目面板的 Assets/Prefabs 文件夹下，以创建一个预制件。

图 3-1 是包含预制件的层次结构。

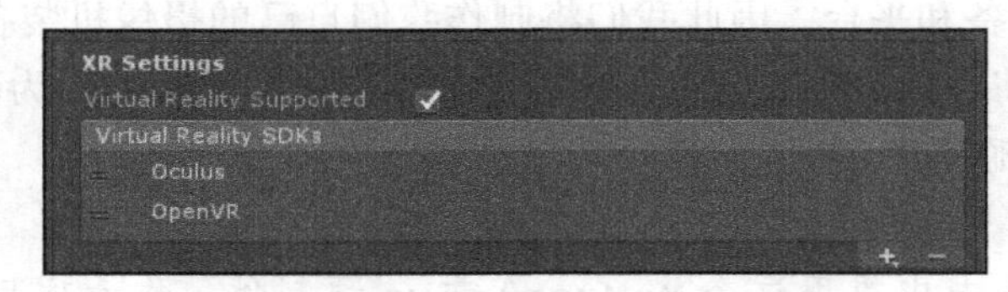

图 3-1

现在我们将继续讨论如何在各个平台的基础上构建你的项目，请跳到适合你的设置的相应主题。

如果你想在多个平台上尝试你的项目，比如 Vive（Windows）和 Daydream（Android），请考虑为每个目标设备制作单独的预制件，例如，MeMyselfEye-SteamVR、MeMyselfEye-GVR 等，然后根据需要将它们换入和换出。

3.3 构建 SteamVR

要将你的应用程序运行目标设为 HTC Vive，需要使用 OpenVR SDK。该 SDK 还支持带有触摸控制器的 Oculus Rift 和 Windows 沉浸式混合现实（IMR）设备：

1. 将 Unity 的 Build Settings 设置为针对 Standalone 平台。
2. 在 Player Settings 中的 XR Settings 下，将虚拟现实设置为启用。
3. 确保 OpenVR 位于虚拟现实 SDK 列表的顶部。
4. 按照前面的指示，从 Asset Store 中下载并安装 SteamVR 插件。
5. 当你安装 SteamVR 时，可能会提示你接受对项目设置的建议更改。除非你知道得更清楚，否则建议你接受它们。

现在我们将把 SteamVR 摄像机设备添加到场景内的 MeMyselfEye 对象中：

1. 查看 Project 窗口，在 Assets 文件夹下，你应该有一个名为 SteamVR 的文件夹。
2. 其中有一个名为 Prefabs 的子文件夹。将名为 [CameraRig] 的预制件从 Assets/SteamVR/Prefabs/ 文件夹拖放到 Hierarchy 中。将其作为 MeMyselfEye 的子对象。
3. 如果需要，将其 Transform 重置为 Position（0，0，0）。
4. 禁用 Main Camera 对象，它也在 MeMyselfEye 下。你可以通过取消选中 Inspector 窗口左上角的启用复选框来禁用对象。或者，也可以删除 Main Camera 对象。
5. 在 Hierarchy 中选中 MeMyselfEye，保存该预制件，然后在 Inspector 中单击 Apply 按钮。

注意，SteamVR摄像机的Y位置应该设置为0，因为它将实时使用玩家的真实高度设置摄像机高度。要进行测试，请确保VR设备已正确连接并打开。你应该在Windows桌面打开SteamVR应用程序。单击Unity编辑器顶部中心的Play按钮。戴上头戴式显示器，一定很棒！

在VR中，你可以向左、右、上、下和身后环顾四周。你可以俯身向前。操纵手控制器的拇指板，让Ethan走、跑、跳，就像我们之前做的那样。

现在你可以使用以下步骤将游戏构建为一个单独的可执行应用程序。很有可能你已经这样做过，至少对于非VR应用程序是这样。基本步骤是一样的：

1. 从主菜单栏找到File | Build Settings。

2. 如果当前场景尚未在场景中生成列表，则单击Add Open Scenes。

3. 单击Build并将其名称设置为`Diorama`。

4. 我喜欢将构建保存在名为`Build`的子目录中，如果你愿意的话，也可以创建一个目录。

5. 单击Save。

"Build"文件夹中将创建可执行文件。可以像运行任何可执行应用程序一样运行Diorama：双击它。

有关Unity支持的OpenVR的更多信息，请参见`https://docs.unity3d.com/Manual/VRDevices-OpenVR.html`。

3.4 构建Oculus Rift

要创建Oculus Rift，可以使用OpenVR。但是，如果计划在Oculus Store中发布并/或为Oculus生态系统中提供的其他高价值特性使用特定于Oculus的SDK，则需要构建Oculus SDK，如下所示：

1. 将Unity Build Settings配置为针对Standalone平台。

2. 在XR Settings下的Player Settings中，设置Virtual Keality Enabled。

3. 确保Oculus位于虚拟现实SDK列表的顶部。

4. 按照前面的指示，从Asset Store下载并安装Oculus集成包。

现在，我们将把OVR摄像机添加到场景内的`MeMyselfEye`对象中：

1. 查看项目窗口，在Assets文件夹下应该有一个名为OVR的文件夹。

2. 其中有一个名为`Prefabs`的子文件夹。将名为`OVRCameraRig`的预制件从`Assets/OVR/Prefabs/`文件夹中移到Hierarchy中，并将其作为`MeMyselfEye`的子对象。

3. 将其Transform to position设置为（`0, 1.6, 0`），将其Y位置设置为1.6。

4. 禁用 Main Camera 对象，它也在 MeMyselfEye 下。你可以通过取消选中 Inspector 窗口左上角的启用复选框来禁用对象。或者，你可以删除 Main Camera 对象。

5. 在 Hierarchy 中选中 MeMyselfEye，保存预制件，然后在 Inspector 中单击 Apply 按钮。

注意，OVR 摄像机装备应该设置为你想要的高度（在本例中为 1.6），这将在运行时根据你在 Oculus 运行时设备配置中配置的高度进行调整。

要进行测试，请确保 VR 设备已正确连接并打开。你应该在 Windows 桌面打开 Oculus 运行时应用程序。在 Unity 编辑器的顶部中心单击 Play 按钮。戴上头戴式显示器一定很棒！在 VR 中，你可以向左、右、上、下和身后环顾四周，也可以俯身向前。操纵手控制器的拇指板，让 Ethan 走、跑、跳，就像我们之前做的那样。

注意，Oculus 包在 Unity 编辑器菜单栏上安装了一些有用的菜单项。我们不会在这里详细讨论，它们可能会发生变化。我们鼓励你探索它们提供的选项和快捷方式，如图 3-2 所示。

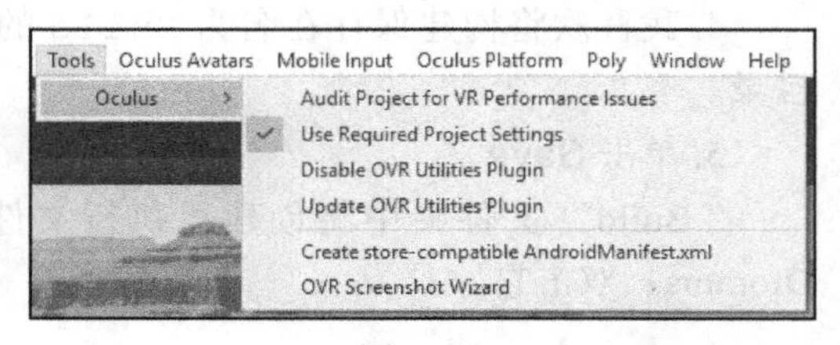

图 3-2

要包含 Oculus Dash support，必须使用 Oculus OVR 1.19 或更高版本（包含在 Unity 2017.3 或更高版本中）。然后：

1. 在 Player Settings 的 XR 面板中，打开 Oculus SDK 以获取更多设置。

2. 选中 Shared Depth Buffer 复选框。

3. 选中 Dash Support 复选框，如图 3-3 所示。

图 3-3

有关 Unity 中 Oculus Dash 支持的更多信息，请参见 https://developer.oculus.com/documentation/unity/latest/concepts/unitydash/。

现在可以使用以下步骤将游戏构建为一个单独的可执行应用程序。你以前可能已经这样做过，至少对于非 VR 应用程序是这样，其步骤基本上是一样的：

1. 从主菜单栏找到 File | Build Settings。

2. 如果当前场景尚未在 Scenes to build 列表中，则单击 Add Open Scenes。

3. 单击 Build 并将其名称设置为 Diorama。

4. 我喜欢将构建保存在名为 Build 的子目录中，如果你愿意的话，也可以创建一个目录。

5. 单击 Save。

将在 Build 文件夹中创建可执行文件。可以像运行任何可执行应用程序一样运行

Diorama：双击它。

有关对 Oculus 的 Unity 支持的更多信息，请参见 https://developer.oculus.com/documentation/unity/latest/concepts/bookunity-gsg/。

3.5 构建 Windows 沉浸式 MR

微软的 3D 媒体混合现实战略是支持从虚拟现实到增强现实的各种设备和应用程序。这本书和我们的项目都是关于 VR 的。另一端是微软的 HoloLens 可穿戴 AR 设备。我们将使用的 MixedRealityToolkit-Unity 包包括对沉浸式 MR 头戴式显示器和 HoloLens 的支持。

为了让你的应用程序使用 Windows 沉浸式混合现实（IMR）头戴式显示器，需要使用 Windows 混合现实 SDK，步骤如下：

1. 将 Unity Build Settings 配置为针对 Universal Windows Platform 平台。
2. 在 Player Settings 中的 XR settings 下，设置 Virtual Reality Enabled。
3. 确保 Windows 混合现实在虚拟现实 SDK 列表的顶部。
4. 如前所述，下载并安装 Mixed Reality Toolkit Unity。
5. 我们还建议你从相同的位置安装它的姐妹样例 Unity 包。

现在我们将把 MixedRealityCamera 添加到场景中的 MeMyselfEye 对象中：

1. 查看 Project 窗口，在 Assets 文件夹下，应该有一个名为 HoloToolkit（或 MixedRealityToolkit）的文件夹。
2. 其中有一个名为 Prefabs 的子文件夹。从 Assets/HoloToolkit/Prefabs/ 文件夹中将名为 MixedRealityCameraParent 的预制件拖动到 Hierarchy 中，将其作为 MeMyselfEye 的子对象。
3. 如果需要，将其 Transform 重置为 Position（0，0，0）。
4. 禁用 Main Camera 对象，它也在 MeMyselfEye 下。你可以通过取消选中 Inspector 窗口左上角的启用复选框来禁用对象。或者，也可以删除 Main Camera 对象。
5. 在 Hierarchy 中选中 MeMyselfEye，保存预制件，然后在 Inspector 中单击 Apply 按钮。

注意，MixedRealityCameraParent 的 y 位置应该设置为 0，因为它将实时使用玩家的真实高度设置摄像机高度。

要进行测试，请确保 VR 设备已正确连接并打开。你应该在 Windows 桌面打开 MR Portal 应用程序。单击 Unity 编辑器顶部中心的 Play 按钮。戴上头戴式显示器一定很棒！在 VR 中，你可以向左、右、上、下和身后环顾四周。你可以俯身向前。操纵手控制器的拇指板，让 Ethan 走、跑、跳，就像我们之前做的那样。

3.5.1 设置 Windows 10 开发人员模式

对于 Windows MR，必须在 Windows 10 上进行开发，并启用开发人员模式。设置开发模式：

1. 找到 Action Center | All Settings | Update & Security | For Developers。
2. 选择 Developer mode，如图 3-4 所示。

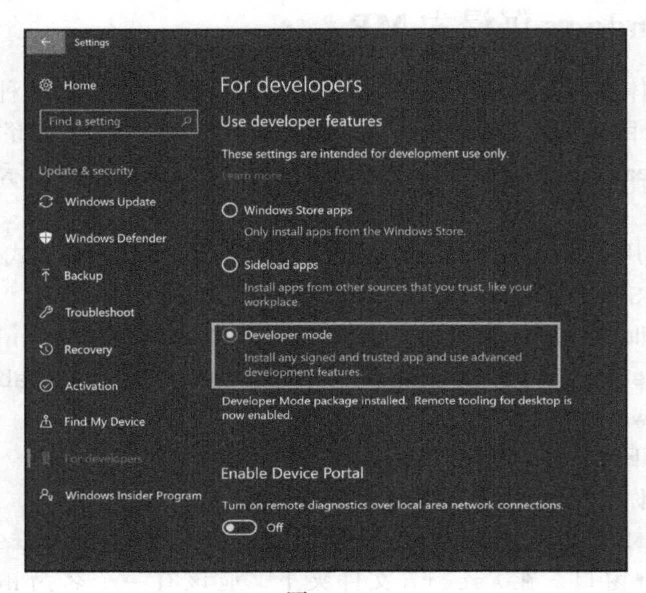

图 3-4

3.5.2 在 Visual Studio 中安装 UWP 支持

当你安装 Unity 时，可以选择安装 Microsoft Visual Studio 工具作为默认的脚本编辑器。它是一个很棒的编辑器和调试环境。但是，安装在 Unity 中的这个版本并不是 Visual Studio 的完整版本。要构建单独的 UWP 应用程序，需要使用完整版本的 Visual Studio。

Visual Studio 是一个功能强大的集成开发环境（IDE），适用于各种项目。当我们从 Unity 构建 UWP 时，实际上将构建一个 Visual Studio 就绪的项目文件夹，然后你可以在 VS 中打开它来完成编译、构建和部署过程，从而在设备上运行应用程序。

Visual Studio 有社区版、专业版和企业版三个版本，这些都是足够的。社区版本是免费的，可以从这里下载：https://www.visualstudio.com/vs/。

下载安装程序后，打开它选择要安装哪些组件。如图 3-5 所示，在 Workloads 选项卡下，我们选择：

- **Universal Windows Platform development**
- **Game development with Unity**

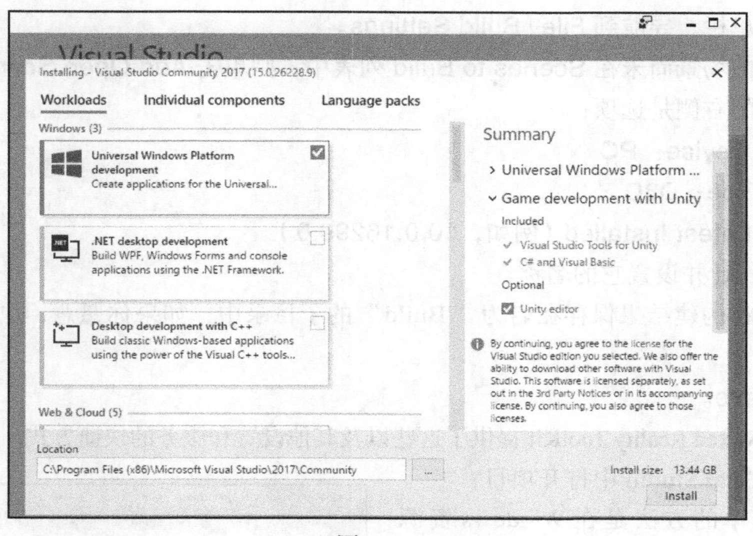

图　3-5

同时，选择 Game development with Unity 选项，如图 3-6 所示：

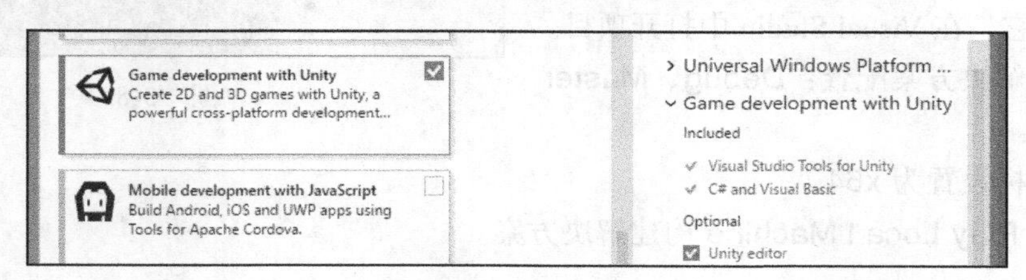

图　3-6

我们现在可以进入 Unity。首先，我们应该确保 Unity 知道我们在使用 Visual Studio：

1. 进入 Edit | Preferences。

2. 在 Externa l Tools 选项卡中，确保选择 Visual Studio 作为 External Script Editor，如图 3-7 所示。

图　3-7

3.5.3　UWP 构建

现在，可以使用以下步骤将游戏构建为一个单独的可执行应用程序：

1. 从主菜单栏，导航到 File | Build Settings。

2. 如果当前场景尚未在 Scenes to Build 列表中，则单击 Add Open Scenes。

3. 对话框的右侧是选项：

- ❑ Target Device：PC
- ❑ Build Type：D3D
- ❑ SDK：Latest Installed（例如，10.0.16299.0）

4. 单击 Build 并设置它的名称。

5. 我喜欢将构建结果保存在名为“Build”的子目录中，如果你愿意，也可以创建一个目录。

6. 单击 Save。

请注意，Mixed Reality ToolKit 提供了这些以及其他设置和服务的快捷方式，如图 3-8 所示。

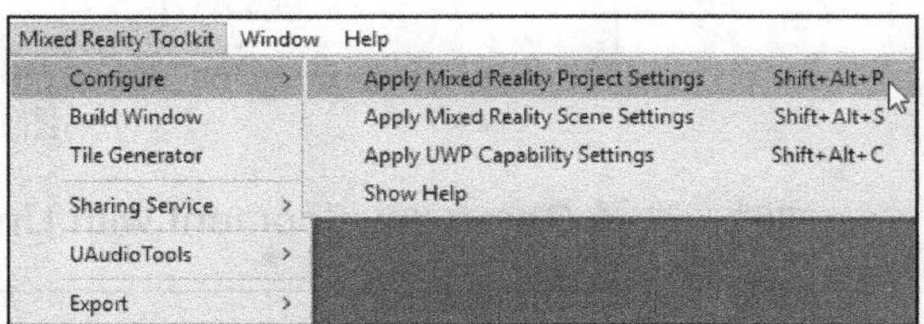

图 3-8

现在在 Visual Studio 中打开项目：

1. 一种简单的方法是在 Windows 资源管理器中找到“Build”文件夹，并查找 .sln 文件（sln 是 Microsoft VS 解决方案文件）。然后，双击它，在 Visual Studio 中打开项目。

2. 选择解决方案配置：Debug、Master 或 Release。

3. 将目标设置为 x64。

4. 单击 Play Loca l Machine 构建解决方案。

有关 Unity 支持 Windows 混合现实的更多信息，请参见 https://github.com/Microsoft/MixedRealityToolkit-Unity，其中包括指向入门页面的链接。

3.6 为 Android 设备设置

为了开发能够在 Google Daydream、Cardboard、GearVR、Oculus GO 或其他 Android 设备上运行的 VR 应用程序，我们需要为 Android 开发设置一台开发机器。

本节将帮助你设置 Windows PC 或 Mac。这些要求并不特定于虚拟现实，这些步骤对于任何构建来自 Unity 的 Android 应用都是相同的。该过程在其他地方也有很好的文档记录，包括 Unity 文档 https://docs.unity3d.com/Manual/android-sdksetup.html。

步骤包括：

- ❑ 安装 Java 开发工具包
- ❑ 安装 Android SDK
- ❑ 安装 USB 设备驱动程序并调试

- ❑ 配置 Unity 外部工具
- ❑ 为 Android 配置 Unity Player Settings

3.6.1　安装 Java 开发工具包

你的机器上可能已经安装了 Java。你可以通过打开终端窗口，并运行命令 `java-version` 进行检查。如果你有 Java 或需要升级，请按照以下步骤：

1. 浏览到 Java SE 下载页面 `http://www.oracle.com/technetwork/java/javase/downloads/index.html`，找到 JDK 按钮图标，单击进入下载页面。

2. 针对你的系统选择包。例如，对于 Windows 选择 Windows x64。下载文件后，打开它并按安装说明操作。

3. 记下安装目录的位置，以便后续参考。

4. 安装完成后，打开一个新的终端窗口，再次运行 `java-version` 来验证。

无论是刚刚安装 JDK，还是已经安装 JDK，请记下它在磁盘上的位置。你需要在稍后的步骤中告诉 Unity 这个信息。

在 Windows 中，路径可能类似这样：`C:\Program Files\Java\jdk1.8.0_111\bin`。如果找不到它，请打开 Windows 资源管理器，找到 `\Program Files` 文件夹，然后查找 Java，之后找到它的 bin 目录，如图 3-9 所示。

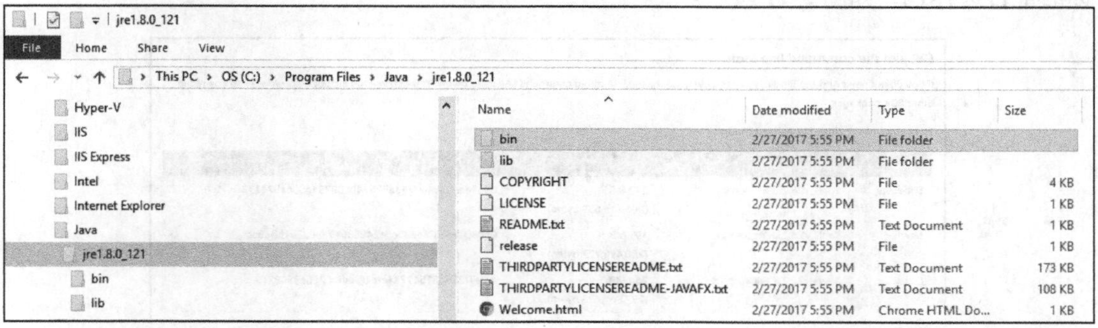

图　3-9

在 OS X 上，路径可能是这样的：`/Library/Java/JavaVirtualMachines/jdk1.8.0_121.jdk/Contents/Home`。

如果找不到，可以从终端窗口运行命令 `/usr/libexec/java_home`。

3.6.2　安装 Android SDK

你还需要安装 Android SDK，具体来说，你需要 Android SDK Manager，它本身可以作为命令行工具或完整的 Android Studio IDE 的一部分使用。如果你有足够的磁盘空间，我建议安装 Android Studio，因为它为 SDK Manager 提供了一个很好的图形界面。

要安装 Android Studio IDE，请转到 https://developer.android.com/studio/install.html。然后单击下载 Android Studio。下载完成后，打开它并按安装说明操作。

系统将提示你输入 Android Studio IDE 和 SDK 的位置，你可以接受默认位置或更改它们。请记下 SDK 路径位置，你需要在后面的步骤中告诉 Unity 这个信息，如图 3-10 所示。

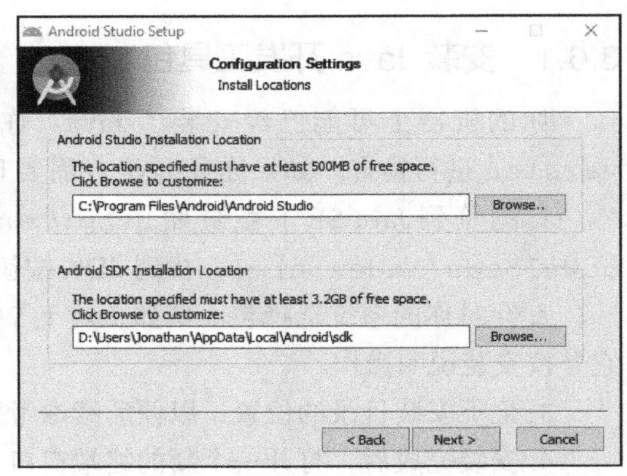

图 3-10

就我个人而言，我的 D: 盘上有更多空间，所以我将这个应用程序安装在 D:\Programs\Android\Android Studio。我喜欢把 SDK 放在 Android Studio 程序文件附近，因为这样更容易找到，所以我将 Android SDK 安装位置改为 D:\Programs\Android\ SDK。

3.6.3 使用命令行工具

Unity 实际上只需要命令行工具来为 Android 构建项目。如果你愿意，可以只安装该包并节省磁盘空间。请滚动到下载页面底部名为 Get just the command line tools 的部分，为你的平台选择包，如图 3-11 所示。

Get just the command line tools

If you do not need Android Studio, you can download the basic Android command line tools below. You can use the included sdkmanager to download other SDK packages.

These tools are included in Android Studio.

Platform	SDK tools package	Size	SHA-1 checksum
Windows	tools_r25.2.3-windows.zip	292 MB (306,745,639 bytes)	b965decb234ed793eb9574bad8791c50ca574173
Mac	tools_r25.2.3-macosx.zip	191 MB (200,496,727 bytes)	0e88c0bdb8f8ee85cce248580173e033a1bbc9cb
Linux	tools_r25.2.3-linux.zip	264 MB (277,861,433 bytes)	aafe7f28ac51549784efc2f3bdfc620be8a08213

See the SDK tools release notes.

图 3-11

这是一个 ZIP 文件，将它解压到一个文件夹中，并记住它的位置。如前所述，我喜欢在 Windows 上使用 D:\Programs\Android\sdk。这将包含一个 tools 子文件夹。

ZIP 只是工具，而不是实际的 SDK。需要使用 sdkmanager 下载所需的包，详情参见 https://developer.android.com/studio/command-line/sdkmanager.html。

要列出已安装和可用的包，请运行 sdkmanager——list。你可以通过在引号中列出多个包来安装它们，并使用分号分隔，如下所示：

```
sdkmanager "platforms;android-25"
```

在撰写本书时，Android API 的最低级别如下（请查看当前文档中的更改）：
Cardboard：API Level 19（Android 4.4 KitKat）
GearVR：API Level 21（Android 5.0 Lollipop）
Daydream：API Level 24（Android 7.0 Nougat）

3.6.4　关于 Android SDK 根路径位置

如果你已经安装了 Android，或者忘记了 SDK 安装在哪里，可以打开 SDK Manager GUI 找到根路径。当 Android Studio 打开时，找到主菜单和 Tools | Android | SDK Manager，你可以在顶部附近找到路径，如图 3-12 所示。

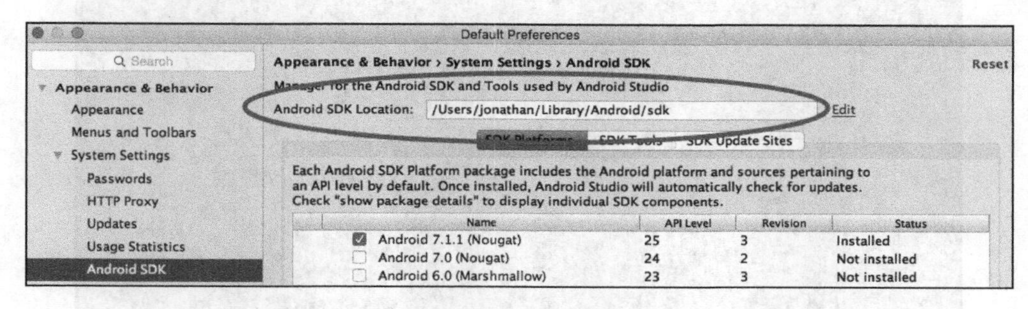

图　3-12

在 Windows 上，路径可能是这样的：

- Windows：`C:\Program Files\Android\sdk`，或者 `C:/Users/Yourname/AppData/Local/Android/Sdk`

在 OS X 上，路径可能是这样的：

- OS X：`/Users/Yourname/Library/Android/sdk`

3.6.5　安装 USB 设备调试和连接

下一步是在 Android 设备上启用 USB 调试，这是 Android 设置中的开发人员选项，但是它可能不可见，必须启用：

1. 在设备上的 Settings | About 中找到 Build number 属性。这取决于你的设备，你甚至可能需要进入另一个或两个级别（例如 Settings | About | Software Information | More | Build number）。

2. 现在是魔法咒语。单击版本号七次。将出现倒计时信息，直到开发者模式被启用，并作为另一个选项出现在设置中。

3. 转到 Settings | Developer 选项，找到 USB debugging 并启用它。

4. 现在通过 USB 线将设备连接到你的开发计算机。

Android 设备可以自动被识别。如果提示你更新驱动程序，则可以通过 Windows 设备管理器进行更新。

在 Windows 上，如果无法识别设备，则可能需要下载 Google USB 驱动程序。你可以通过 SDK 管理器在 “SDK Tools” 选项卡上执行下载。有关更多信息，请参见 `https://developer.android.com/studio/run/win-usb.html`。图 3-13 显示在 SDK Manager 的 “SDK Tools” 选项卡中 Google USB 驱动程序选中时的情形。

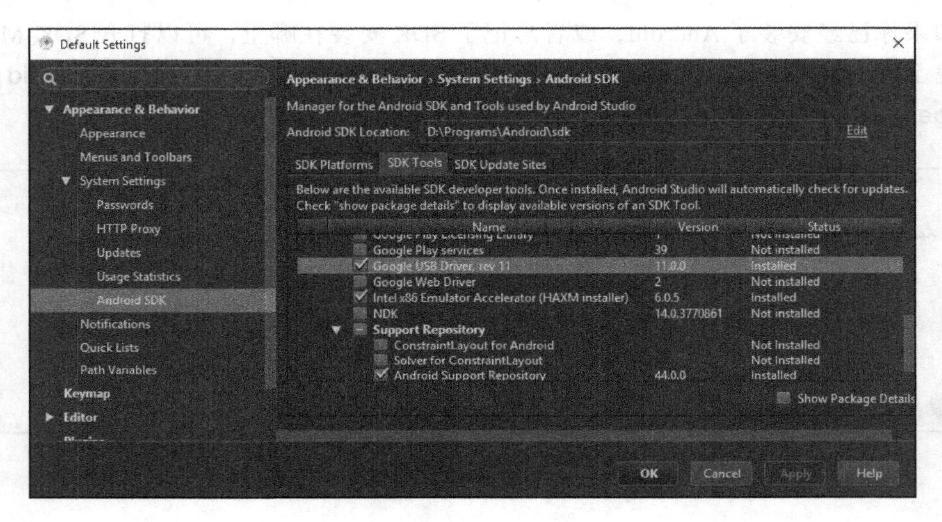

图 3-13

3.6.6 配置 Unity 外部工具

有了所有我们需要的东西和安装工具的路径，我们现在可以回到 Unity。我们需要告诉 Unity 在哪里找到所有 Java 和 Android 的东西。注意，如果跳过这一步，那么在创建应用程序时 Unity 会提示你指定文件夹。

1. 在 Windows 上，找到主菜单上的 Edit | Preferences，然后选择左边的 Externa l Tools 选项卡。在 OS X 上，它在 Unity | Preferences 中。

2. 在 Android SDK 文本框中，粘贴 Android SDK 的路径。

3. 在 Java JDK 文本框中，粘贴 Java JDK 的路径。

我的 SDK 和 JDK 的 “Unity Preferences” 如图 3-14 所示。

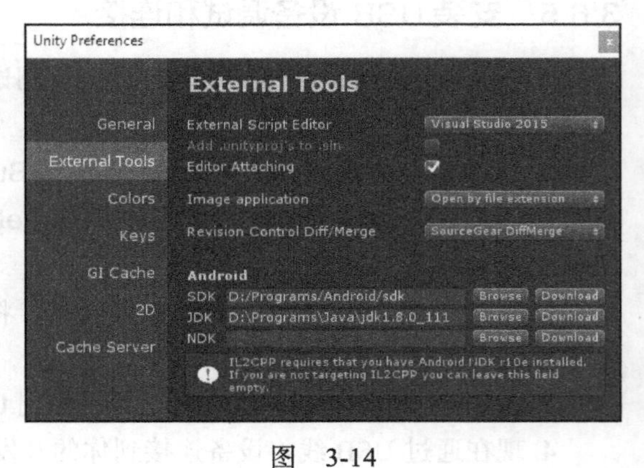

图 3-14

3.6.7 为 Android 配置 Unity Player Settings

我们现在将配置你的 Unity 来构建 Android 项目。首先，确保 Android 是 Build Settings 中的目标平台。Unity 为 Android 提供了大量的支持，包括对运行时特性和移动设备功能的配置和优化。这些选项可以在 Player Settings 中找到。我们现在只需要设置几个。构建演示项目所需的最小值是 Bundle Identifier 和最低 API 级别：

1. 在 Unity 中，找到 File | Build Settings 并检查 Platform 窗格。
2. 如果 Android 目前没有被选中，请选中它，并单击 Switch Platform。
3. 如果已打开 Build Settings 窗口，请单击 Player Settings 按钮。或者你可以从主菜单的 Edit | Project Settings | Player 找到。
4. 查看 Inspector 面板，它现在包含了 Player Settings。
5. 找到 Other Settings 参数组，并单击标题栏（如果还没有打开）来查找 Identification 变量。
6. 将 Bundle Identifier 设置为与传统 Java 包名称类似的产品唯一名称，所有 Android 应用程序都需要一个 ID，通常格式为 `com.CompanyName.ProductName`。它必须在目标设备上是唯一的，最终在 Google Play store 中也是唯一的。你可以选择任何你想要的名字。
7. 为你的目标平台设置 `Minimum API Level`（如前所述）。

同样，在“Player Settings”中还有许多其他选项，但我们现在可以使用它们的默认值。

3.7 为 GearVR 和 Oculus Go 构建

要为三星 GearVR 和 Oculus Go 移动设备构建应用程序，需要使用 Oculus SDK。二者都是基于 Android 的设备，所以必须为它们设置 Android 开发计算机，如前所述（Oculus Go 是二进制的，兼容 GearVR）。然后在 Unity 中完成以下步骤：

1. 配置你的 Unity Build Settings，以 Android 平台为目标。
2. 在 `Player Settings` 中 XR Settings 下，设置 Virtual Reality Enabled。
3. 确保 Oculus 位于虚拟现实 SDK 列表的顶部。
4. 按照前面的指示，从 Asset Store 下载并安装 Oculus 集成包。

现在我们将把 OVR 摄像机装置添加到场景内的 MeMyselfEye 对象中。这些步骤类似于前面描述的独立 Oculus Rift 设置。在本例中，你可以为 Rift 和 GearVR 使用相同的 MeMyselfEye 预制件。

1. 查看 Project 窗口，在 Assets 文件夹下，应该有一个名为 OVR 的文件夹。
2. 其中有一个名为 `Prefabs` 的子文件夹。从 `Assets/OVR/Prefabs/` 文件夹中将名为 `OVRCameraRig` 的预制件拖动到 Hierarchy 中。将其作为 `MeMyselfEye` 的子对象。

3. 将其 Transform 的 Position 设置为（0，1.6，0），将其高度设置为 1.6。

4. 禁用 MeMyselfEye 下的 Main Camera 对象。你可以通过取消选中 Inspector 窗口左上角的启用复选框来禁用对象。或者，也可以删除 Main Camera 对象。

5. 在 Hierarchy 中选中 MeMyselfEye，保存预制件，然后在 Inspector 中单击 Apply 按钮。

现在，你可以使用以下步骤将游戏构建为一个单独的可执行应用程序：

1. 从主菜单栏找到 File | Build Settings。

2. 如果当前场景尚未在 Scenes to Build 列表，则单击 Add Open Scenes。

3. 单击 Build and Run 并将其名称设置为 Diorama。

4. 我喜欢将构建结果保存在名为 Build 的子目录中，如果你愿意的话，也可以创建一个目录。

5. 单击 Save。

一个 Android APK 文件将创建在你的构建文件夹中，并上传到所连接的 Android 设备。

有关 Oculus SDK 的 Unity 支持的更多信息，请参见 https://docs.unity3d.com/Manual/VRDevices-Oculus.html。

3.8 为 Google VR 构建

Google VR SDK 支持 Daydream 和 Cardboard。Daydream 是一个高端版本，仅限于速度更快、功能更强的 Android 手机。Cardboard 是低端产品，支持包括苹果 iOS iPhone 在内的更多移动设备。你可以在 Unity 中构建针对这两个目标的项目。

3.8.1 Google Daydream

要在移动 Android 设备上构建 Google Daydream，需要使用 Daydream SDK。必须先按照上面描述的那样设置用于 Android 开发的开发计算机。然后完成以下步骤：

1. 配置 Unity Build Settings，以便以 Android 平台为目标。

2. 在 Player Settings 中的 XR Settings 下，设置 Virtual Reality Enabled。

3. 确保 Daydream 位于虚拟现实 SDK 列表的顶部。

4. 如前所述，下载并安装 Google VR SDK 包。

现在我们将为我们的场景建立 MeMyselfEye 摄像机装备。目前我们拥有的最好的例子是 Google VR SDK 提供的 GVRDemo 示例场景（可以在 Assets/GoogleVR/demo / Scenes/ 文件夹中找到）：

1. 在场景 Hierarchy 中，在 MeMyselfEye 下创建一个空游戏对象（选择 MeMyselfEye 对象，右键单击，选择 Create Empty），并命名为 MyGvrRig。

2. 通过将其 Transform 的 Position 设置为（0, 1.6, 0），将其高度设置为 1.6。

3. 从项目文件夹中找到提供的预制件（Assets/GoogleVR/Prefabs）。

4. 从 Project 文件夹中将以下预制件的副本拖拽到 Hierarchy 中作为 MyGvrRig 的子元素：

- ❑ Headset/GvrHeadset
- ❑ Controllers/GvrControllerMain
- ❑ EventSystem/GvrEventSystem
- ❑ GvrEditorEmulator
- ❑ GvrInstantPreviewMain

5. 将 Main Camera 对象放在 MeMyselfEye 下并启用它。Google VR 使用现有的 Main Camera 对象。

6. 在 Hierarchy 中选中 MeMyselfEye，保存预制件，然后在 Inspector 中单击 Apply 按钮。

GvrHeadset 是一个虚拟现实摄像机属性管理器。GvrControllerMain 提供对 Daydream 3DOF 手柄控制器的支持。我们将在后面的章节中使用 GvrEventSystem，它为 Unity 的事件系统对象提供了一个随时可用的替代品。GvrEditorEmulator 实际上并不是应用程序的一部分，但是当你单击 Play 时，它可以在 Unity 编辑器中预览场景。同样，添加 GvrInstantPreviewMain 可以让你在编辑器中单击“Play”时在手机上预览应用程序。

这些是我们知道要用的预制件。当然，可以继续研究 SDK 中提供的其他预制件，请参见 https://developers.google.com/vr/unity/reference/。

我们还建议你看看 Google Daydream Element，它提供了用于开发高质量的 VR 体验的额外的演示和脚本，我们将在下一章介绍它，请参见 https://developers.google.com/vr/elements/overview。

当你准备好了，可以使用以下步骤将你的游戏构建为一个独立的可执行应用程序：

1. 从主菜单栏找到 File | Build Settings。

2. 如果当前场景尚未出现在 Scenes to Build 列表中，则单击 Add Open Scenes。

3. 单击 Build and Run 并将其名称设置为 Diorama。

4. 我喜欢将构建结果保存在名为“Build”的子目录中，如果你愿意的话，也可以创建一个目录。

5. 单击 Save。

一个 Android APK 文件将创建在你的构建文件夹中，并上传到你的 Android 手机上。

3.8.2 Google Cardboard

为 Google Cardboard 构建应用程序与 Daydream 类似，但更简单。此外，Cardboard

应用程序也可以在 iPhone 上运行。你必须按照前面的描述为 Android 开发设置开发计算机。如果你正在为 iOS 开发，请参阅下一节了解详细信息。然后按如下步骤设置你的项目：

1. 配置你的 Unity Build Settings，以便以 Android 或 iOS 平台为目标。

2. 在 Player Settings 中的 XR Settings 下，设置 Virtual Reality Enabled。

3. 确保 Cardboard 出现在虚拟现实 SDK 列表中。

4. 如前所述，下载并安装 Google VR SDK 包。

现在我们将为我们的场景建立 MeMyselfEye 摄像机装备。

1. 在场景 Hierarchy 中，在 MeMyselfEye 下创建一个空的游戏对象（选择 MeMyselfEye 对象，右键单击，选择 Create Empty），并命名为 MyGvrRig。

2. 通过将其 Transform 的 Position 设置为（0, 1.6, 0），将其高度设置为 1.6。

3. 从 Project 文件夹中找到提供的预制件（Assets/GoogleVR/Prefabs）。

4. 作为 MyGvrRig 的子元素，从 Project 文件夹中将以下预制件的副本拖拽到 Hierarchy 中：

❑ Headset/GvrHeadset

❑ GvrEditorEmulator

5. 将 Main Camera 对象放在 MeMyselfEye 下并启用它，GoogleVR 使用现有的 Main Camera 对象。

6. 在 Hierarchy 中选中 MeMyselfEye，保存预制件，然后在 Inspector 中单击 Apply 按钮。

准备好以后，可以使用以下步骤将你的游戏构建为一个独立的可执行应用程序：

1. 从主菜单栏找到 File | Build Settings。

2. 如果当前场景尚未出现在 Scenes to Build 列表中，则单击 Add Open Scenes。

3. 单击 Build and Run 并将其名称设置为 Diorama。

4. 我喜欢将构建结果保存在名为“Build”的子目录中，如果你愿意，也可以创建一个目录。

5. 单击 Save。

一个 Android APK 文件将创建在你的构建文件夹中，并上传到你的 Android 手机上。

3.8.3 Google VR 运行模式

为 Google VR（Daydream 或 Cardboard）配置项目时，如果单击 Play，可以在 Unity 中预览场景并使用键盘按键模拟设备运动：

❑ 使用 Alt + 鼠标移动来平移并向前或向后倾斜。

❑ 使用 Ctrl + 鼠标移动将头部从一边倾斜到另一边。

❑ 使用 Shift + 鼠标控制 Daydream 手柄控制器（Daydream）。

❑ 单击鼠标选择对象。

有关更多细节，请参见 https://developers.google.com/vr/unity/get-started。

对于 Daydream，还可以选择使用即时预览，以便在你的设备上即时测试你的 VR 应用。请参考 Google VR 文档中的说明（https://developers.google.com/vr/tools/instant-preview）设置项目和设备来使用这个功能。

有关 Google VR SDK 对 Daydream 的 Unity 支持的更多信息，请参见 https://docs.unity3d.com/Manual/VRDevices-GoogleVR.html。

3.9 为 iOS 设备设置

本节将帮助你设置 Mac 计算机以便从 Unity 为 iPhone 开发 iOS 应用程序。这些要求并不只针对虚拟现实，它们对于任何使用 Unity 开发 iOS 应用程序的人来说都是一样的。这个过程在其他地方也有很好的文档，包括 https://docs.unity3d.com/Manual/iphone-GettingStarted.html。

苹果封闭生态系统的一个要求是，你必须使用 Mac 作为你的开发机器来开发 iOS。事情就是这样，好处是安装过程非常简单。

在撰写本书时，唯一能在 iOS 上运行的 VR 应用程序是 Google Cardboard。

步骤包括：

❑ 拥有 Apple ID

❑ 安装 Xcode

❑ 为 iOS 配置 Unity Player Settings

❑ 构建和运行

3.9.1 拥有 Apple ID

要开发 iOS 系统，你需要一台 Mac 计算机，以及一个苹果 ID 来登录 App Store。这将允许你构建运行在你个人设备上的 iOS 应用程序。

还建议你拥有一个 Apple Developer 账户，它每年的费用为 99 美元，但它是你获得工具和服务的入场券，包括在其他设备上共享和测试应用程序所需的设置配置文件。你可以在 https://developer.apple.com/programs/ 找到更多关于 Apple Developer 的信息。

3.9.2 安装 Xcode

Xcode 是为任何苹果设备开发的一体化工具包。可以从 Mac 应用商店免费下载：https://itunes.apple.com/gb/app/xcode/id497799835? mt=12。注意：它相当大（截至撰写本书时超过 4.5GB)。请下载它，打开所下载的 dmg 文件，并按说明安装。

3.9.3 配置 iOS 的 Unity Player Settings

现在，我们将你的 Unity 项目配置为 iOS 构建。首先，确保 iOS 是构建设置中的目标平台。Unity 为 iOS 提供大量支持，包括对运行时特性和移动设备功能的配置和优化。这些选项可以在 Player Settings 中找到，我们现在只需设置它们中的几个（构建我们的项目所需的最低成本）:

1. 在 Unity 中找到 File | Build Settings 并检查 Platform 窗格。如果当前没有选择 iOS，请选择它，然后单击 Switch Platform。

2. 如果你打开了 Build Settings 窗口，请单击 Player Settings 按钮。

或者，你可以选择主菜单 Edit | Project Settings | Player。查看 Inspector，它现在包含了 Player Settings。

3. 找到 Other Settings 参数组，并单击标题栏（如果还没有打开）来查找标识变量。

4. 将 Bundle Identifier 设置为与传统 Java 包名称类似的产品的唯一名称。所有 iOS 应用程序都需要一个 ID。通常，它的格式是 `com.CompanyName.ProductName`。它必须在目标设备上是唯一的，最终在 App Store 中也是唯一的。你可以选择任何你想要的名称。

5. 在 Xcode 中将 Automatic Signing Team ID 设置为你的 Signing Team 设置，并选中 Automatically Sign 复选框。

要使用 Xcode 配置你的 Apple ID，请在 Xcode 中选择 Preferences |Accounts 然后单击 "+" 添加一个 Apple ID。

3.9.4 构建和运行

Xcode 由托管 Xcode 项目的一个**集成开发环境**（IDE）组成。当你从 Unity 为 iOS 构建应用时，它实际上并没有构建一个 iOS 可执行文件。相反，Unity 会构建一个 Xcode 就绪的项目文件夹，然后再在 Xcode 中打开该文件夹，完成编译、构建和部署过程，之后才在设备上运行应用程序。

1. 确保设备已打开链接，并同意 Mac 访问。

2. 在 Build Settings，单击 Build and Run 按钮开始构建。

3. 系统将提示你输入构建文件的名称和位置，我们建议在项目根目录中创建一个名为 Build 的新文件夹，并根据需要在该文件夹下指定文件或子文件名。

如果一切顺利，Unity 将创建一个 Xcode 项目并在 Xcode 中打开它。它将尝试构建应用程序，如果成功，就将其上传到你的设备上。现在你的设备上有一个正在运行的 VR 应用程序，你可以向你的朋友和家人炫耀！

3.10 本章小结

在本章中，我们帮助你建立了 VR 开发系统，并为目标平台和设备构建项目。我们讨论了不同级别的设备集成软件，然后将适合你的目标 VR 设备的软件安装到你的开发机器上，并将资源包安装到你的 Unity 项目中。虽然我们总结了这些步骤，但所有这些步骤都在设备制造商网站和 Unity 手册中有很好的文档，我们鼓励你查看所有相关文档。

到这里，你应该能够在 Unity 编辑器的运行模式中预览你的 VR 场景，也应该能够构建和运行项目，并将其作为二进制文件直接安装和运行在你的设备上。

在下一章中，我们将更多地研究透视场景，并探索在虚拟现实中控制对象的技术。从第三人称的角度来看，我们将与场景中的对象交互，并实现基于凝视的控制。

Chapter 4 第4章

基于凝视的操控

到目前为止，我们的透视图还是一个第三人称的虚拟现实体验。当你进入场景中，你就像是一个观察者或者第三人称摄像机。当然，你可以四处查看，并且通过增加控制来移动摄像机的视角。然而，任何在场景中的动作都是从第三人称角度发出的。

本章我们还将保持第三人称的模式，但是会多一些亲自参与。我们会探索在你的虚拟世界中通过扫视和凝视来控制物体的技术。我们的主角是 Ethan，他将受你控制，对你看的地方做出回应。此外，我们还将开始编写 Unity 脚本程序。

在本章中，我们将讨论以下主题：

- 添加 AI 和 NavMesh 到我们的第三人称角色 Ethan 身上
- 使用 C# 进行 Unity 编程
- 使用凝视来移动 3D 光标
- 完美实现射杀僵尸 Ethan

大多数介绍 Unity 开发的材料都只是介绍简单的主题，不会更深入、更有趣，而我们将在本章引导你进入一些不同的 3D 图形主题，其中有一些很先进。如果你还是个新手，请将其视为调试教程。我们将一步一步地前进，以便你可以在乐趣中很好地跟随。

4.1 游走者 Ethan

很多 VR 的切入点都是游戏。所以，我们也不能免俗。我们将赋予角色 Ethan 一条命，他可以近似（或者不算）是一条命吧，因为他会变成一个僵尸。

我们将离开 Ehtan 出现的那个透视图。如果你的手柄配有拇指操纵杆或触摸板，则可以让他围着场景跑，但在有些 VR 设备上还无法保证。实际上，如果你使用 Google Carboard 观察一个场景，你不太可能有一个手柄控制器（即使是蓝牙游戏控制器）。在第 5 章中，我们将介绍手柄输入控制器。现在，我们将考虑用另一种方法，即在你佩戴 VR 头戴式显示器的情况下让他随着你的目光移动。

在尝试这种方法之前，我们会先把 Ethan 变成僵尸，让他不受控制地漫无目的四处游走，我们通过给他一些 AI 并写一个脚本发送给他来实现。

在 Unity 中，AI 控制器和 NavMesh 属于较高级的主题，但我们只是为了好玩而引入。此外，它并不像僵尸那样可怕。

4.1.1　人工智能 Ethan

开始之前，先用 Unity 的 AI 角色 AIThirdPersonController 替换之前的 ThirdPersonController 预制件。Unity 粗略地使用人工智能这个术语来表示脚本驱动。请执行下面的步骤：

1. 打开上一章的 Diorama 场景，然后从 Standard Assets 中导入 Character 包。
2. 在 Project 面板中，打开 Standard Assets/Characters/ThirdPersonCharacter/Prefabs 文件夹，并将 AIThirdPersonController 拖入场景，命名为 Ethan。
3. 在 Hierarchy 面板中（或者 Scene 中），选中上一个 ThirdPersonController（那个旧的 Ethan）。然后，在 Inspector 面板的 Transform 中，选择右上角的齿轮图标，并且选择 Copy Component。
4. 选中新 Ethan 对象（从 Hierarchy 或者 Scene 中）。然后，在 Inspector 面板的 Transform 中，选择齿轮图标，并且选择 Paste Component Values。
5. 现在在 Hierarchy 面板中选中旧的 Ethan，然后右键单击打开选项卡，再单击 Delete 删除它。

如果找不到要导入的 Characters 包，则可能在安装 Unity 时未安装 Standard Assets。要立即获取它们，你需要再次运行 UnityDownloadAssistant，如第 2 章的开头所述（它可能已经在你的下载文件夹中）。

注意，这个控制器拥有一个 NavMesh Agent 组件和一个 AICharacterControl 脚本。NavMesh Agent 有一些表示 Ethan 如何围绕场景移动的参数。AICharacterControl 脚本持有 Ethan 要到达的目标。我们把它们组装起来。

1. 添加一个空的游戏对象到 Hierarchy 面板中，并重命名为 WalkTarget。
2. 重置 Transform Position 值为（0，0，0）（使用 Transform 面板右上角的齿轮

图标)。

3. 选中 Ethan 并将 `WalkTarget` 拖动到 Inspector 面板的 AI Character Control 项的 Target 属性中，如图 4-1 所示。

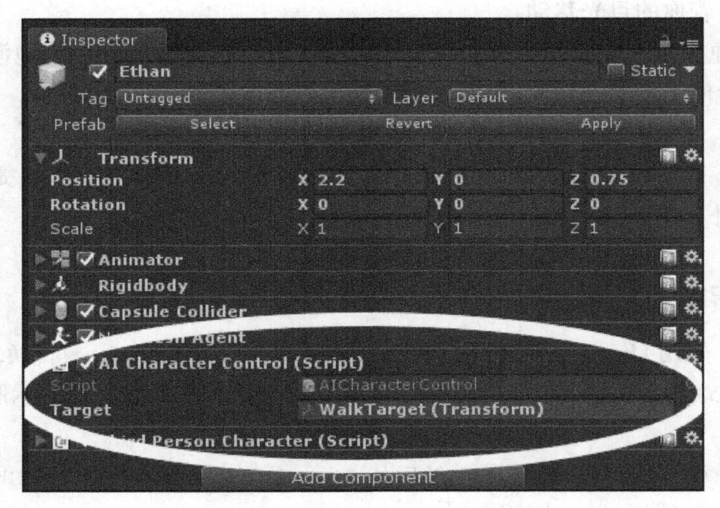

图 4-1

进行到这一步，我们的场景中就有了一个 AI 角色（`Ethan`），一个作为导航目标的空的游戏对象（`WalkTarget`）。同时，我们也告诉了 AI 角色控制器去使用这个目标对象。当我们运行游戏的时候，无论 `WalkTarget` 在哪里，Ethan 都会走到那里，但是现在还不行。

4.1.2 NavMesh 烘焙

在告诉 Ethan 哪些地点是允许他游走的目的地之前，它是不能四处走动的。我们需要定义一个“NavMesh”，这是一个简化的几何平面，它允许角色绘制出绕开障碍物的路径。

在场景中，Ethan 是一名代理人。他被允许移动的地方叫作“navmesh”。请注意，他带有一个 NavMesh Agent 组件和一个 `AICharacterControl` 脚本。NavMesh Agent 具有让 Ethan 在场景中移动的参数。

先通过识别场景中影响导航的对象并将其标记为导航静态来创建 NavMesh：

1. 选中 Navigation 面板。如果它还不在编辑器中，请通过主菜单的 Window| Navigation 添加它。

2. 选中其对象选项卡。

3. 在 Hierarchy 中选中 Ground Plane，然后在 Navigation 窗口的 Object 面板中，选中 Navigation Static 复选框（或者，也可以使用对象的 Inspector 窗口静态下拉列表）。

4. 对立方体和球体等障碍物重复第三步，以下是对球体的设置。

5. 在Navigation窗口中，选中Bake选项卡，然后单击面板底部的Bake按钮，如图4-2所示。

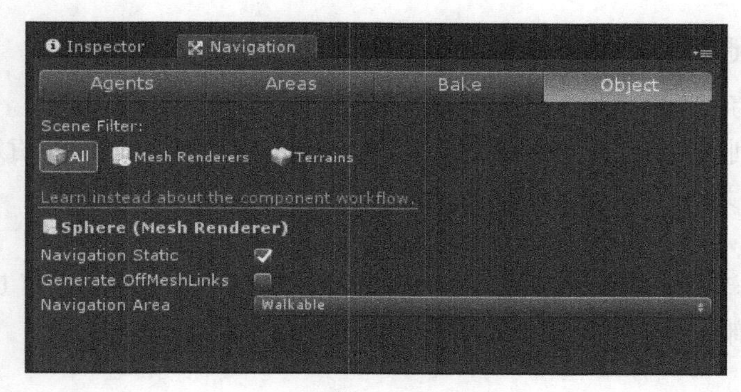

图　4-2

场景的视图现在看上去被蓝色覆盖，这个就是定义的NavMesh，如图4-3所示。

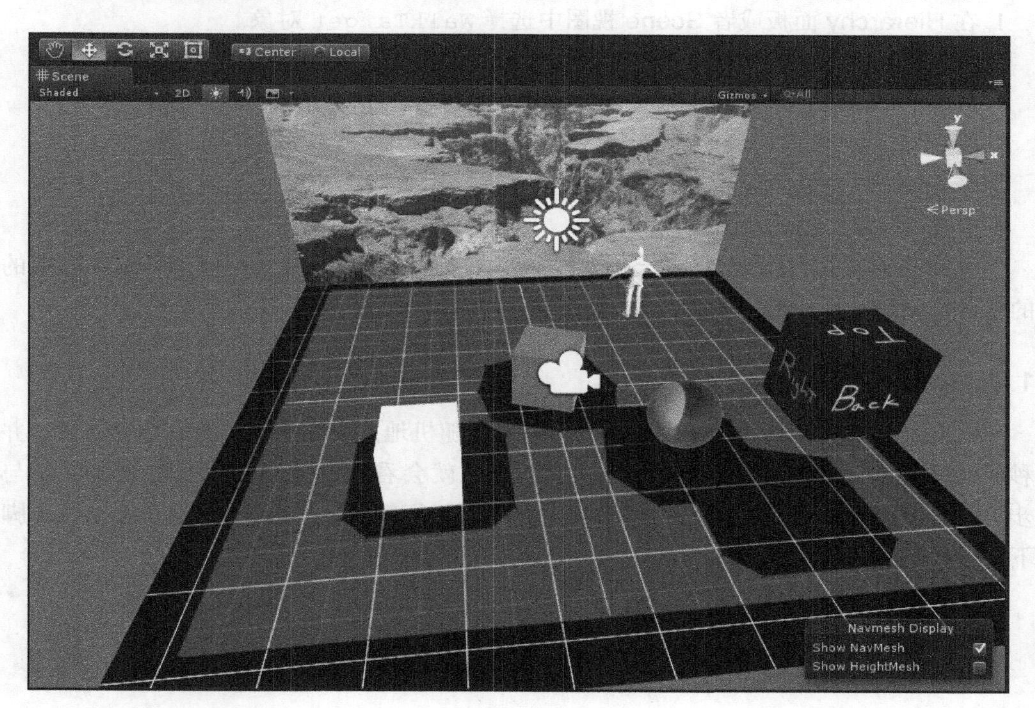

图　4-3

让我们测试一下。保证Game面板的Maximize on Play未被选中。单击Play按钮（编辑器顶部的三角形）。在Hierarchy面板中，选中`WalkTarget`对象然后确保Translate

小部件在 Scene 面板中是激活的（按键盘的 W 键）。现在拖动红色（X）及（或者）蓝色（Z）箭头操作 WalkTarget 对象使其在地板周围移动。这样做时，Ethan 将会跟随移动！再次单击 Play 停止运行模式。

4.1.3 镇上的随机游走者

现在，我们写一个脚本将 WalkTarget 移动到一个随机的地方。

编写脚本是利用 Unity 开发的重要环节。如果你以前用过 Unity，你肯定写过一些脚本。我们将使用 C# 作为编程语言。

> 如果你是新手，不要惊慌！在本章的最后，我们将更详细地介绍 Unity 脚本。你可以跳过这部分内容，随后再回来，或者跟着做。

我们会慢慢编写第一个脚本。我们会将 WalkTarget 对象与脚本进行连接，具体步骤如下：

1. 在 Hierarchy 面板或者 Scene 视图中选择 WalkTarget 对象。
2. 单击 Inspector 面板中的 Add Component 按钮。
3. 选择 New Script（你可能需要向下滚动鼠标才能找到它）。
4. 将它命名为 RandomPosition。
5. 选择 C# 作为编程语言。
6. 单击 Create and Add。
7. 这将在 WalkTarget 对象上创建一个脚本。双击 Inspector 面板中 Script 右边的槽中的 RandomPosition 脚本，在代码编辑器中打开该脚本。

4.1.4 RandomPosition 脚本

现在我们想将 WalkTarget 对象移动到一个随机地点，让 Ethan 面向那个方向，并在几秒钟之后再移动 WalkTarget 对象。这样，他就会看起来像是漫无目的地游走。与其逐步开发，倒不如首先展示完成的版本，然后再逐行解释。RandomPosition.cs 脚本如下：

```
using UnityEngine;
using System.Collections;

public class RandomPosition : MonoBehaviour {

  void Start () {
    StartCoroutine (RePositionWithDelay());
  }

  IEnumerator RePositionWithDelay() {
```

```
        while (true) {
            SetRandomPosition();
            yield return new WaitForSeconds (5);
        }
    }

    void SetRandomPosition() {
        float x = Random.Range (-5.0f, 5.0f);
        float z = Random.Range (-5.0f, 5.0f);
        Debug.Log ("X,Z: " + x.ToString("F2") + ", " +
            z.ToString("F2"));
        transform.position = new Vector3 (x, 0.0f, z);
    }
}
```

该脚本定义了一个名为 RandomPosition 的 MonoBehaviour 子类。我们定义类的第一件事是声明一些将要使用的变量。变量是值的占位符。值可以在这里初始化，或者在其他地方赋值，只要保证脚本在使用它的时候它拥有一个值就行。

这个脚本最实用的地方是下面名为 SetRandomPosition() 的方法。我们来看它做了什么。

回想一下，GroundPlane 平面是 10×10 的单位矩形，原点位于中间。所以，在该平面上的任何（X，Z）点都会位于各个轴上的 -5 ~ 5 区间。代码行 float x=Random.Range(-5.0f, 5.0f) 在给定的区间内取一个随机值并将它赋给一个新的 float x 变量。用同样的办法我们可以获得随机的 z 值。（通常，我不鼓励写一个常量值，而是像现在这样使用变量，但是为了解释原理，我会尽量保持简单。）

代码行 Debug.Log("X,Z:"+x.ToString("F2")+","+z.ToString("F2")) 会在游戏运行时将 x 和 z 的值打印到控制台面板中。你会看到类似于 X，Z:2.33，-4.02 这样的内容，因为 ToString("F2") 表示保留小数点后两位数。注意，我们使用加号将输出字符连接在一起。

实际上我们使用 transform.position=new Vector3(x, 0.0f, z) 来将目标移动到给定的地点。我们设置这个脚本连接到的对象的 transform 位置。在 Unity 中，有 X，Y，Z 的值都用 Vector3 对象表示。所以，我们创建一个有我们生成的 X 和 Z 值的新对象。Y=0 表示它躺在 GroupdPlane 上。

每一个 MonoBehaviour 类都有一个内置的变量 this，它指向脚本连接的那个对象。也就是说，当一个脚本是对象的一个组件并且出现在 Inspector 面板中的时候，这个脚本可以用 this 指向它的对象。实际上，this 是很明显的，如果你想调用 this 对象上的方法，你甚至不需要去声明。我们应该已经看到了 this.transform.position=...，但是这个 this 对象是隐式的，并且通常会被省略。另一方面，如果你有一个变量用于表示其他对象（例如，GameObject），那么你最好在设置它位置的时候这样写：that.transform.position=...。

最后一个难点是我们如何在 Unity 中使用协同例程（简称协程）来处理时间延迟。这是一种稍微高级的编码技术，但十分方便。在我们这个例子中，变换的位置应该每 5s 变化一次。可以通过这几步来解决：

1. 在 `Start()` 函数中，有一行代码是 `StartCorountine(RepositionWithDelay());` 协同例程是一小段与调用它的函数分开运行的代码。所以，这行代码会在一个协程中启动 `RepositionWithDelay()` 函数。

2. 在内部，有一个 `while(true)` 循环，你可能猜到了，它会一直运行（只要游戏在运行中）。

3. 调用 `SetRandomPosition()` 函数，重新定位对象。

4. 然后，在这个循环的底部，我们使用 `yield return new WaitForSecond（5）` 语句，它会告诉 Unity："嘿，你有 5s 的时间做你想做的事情，然后回到这里，以便让我开始下次循环"。

5. 为了让这些都能运行，`RePositionWithDelay` 协程必须声明为 `IEnumerator` 类型（因为文档中要求这样）。

这个协程 / 生成机制虽然是高级编程的话题，但在时间片程序（如 Unity）中是一个通用的模式。

我们的脚本将会保存在名为 `RandomPosition.cs` 的文件中。

现在可以继续了。在 Unity 编辑器中，单击 Play。Ehtan 会像一个疯子一样从一个地方跑到另一个地方。

4.1.5 "僵尸" Ethan

下面我们调整一下 NavMesh 的操作参数，让他慢下来采用一个类似僵尸的步速。操作步骤中。

1. 在 Hierarchy 面板中选中 `Ethan`。

2. 在 Inspector | NavMesh Agent | Steering 中，设置：

❑ Speed：`0.3`

❑ Angular Speed：`60`

❑ Acceleration：`2`

再次单击 Play。他慢下来了。

为了让他的模样像僵尸，可以用一张名为 `EhtanZombie.png` 的纹理图片（包含在本书中）执行以下步骤：

1. 在主菜单中的 Assets 中选择 Import New Asset，以找到本书中的资源文件夹。

2. 选中 `EthanZombie.png` 文件。

3. 单击 Import。为保持整洁，保证它位于 `Assets/Texture` 文件夹中。（你也可以将文件从 Windows 资源管理器中拖入 Project 面板的 Assets/Textures 文件夹。）

4. 在 Hierarchy 面板中，展开 `Ethan` 对象（单击三角形），并选择 `EthanBody`。

5. 在 Inspector 面板中，单击 Shader 左边的三角形图标，展开 EthanGray 着色器。

6. 在 Project 的 Assets/Texture 文件夹中选择 EthanZombie 纹理。

7. 将它拖动到 Albedo 纹理贴图上，它是 Main Maps 下的 Albedo 标签左边的一个小正方形。

8. 在 Hierarchy 面板中选择 EthanGlasses，再在 Inspector 面板中反选它以禁用眼镜。毕竟，僵尸是不需要眼镜的！

你也可以自己制作一个更好的，比如使用 Blender、Gimp 或 PhotoShop 并且自己上色（甚至你可以导入一个完全不同的僵尸模型替换 EthanBody）。

现在，构建项目并在 VR 中试试。

我们使用第三人称视角观看。你可以观看四周并且能看到正在发生的事情。这很有趣，也很好玩。他是被动的，让我们把他变得更主动些。

4.2 向我看的方向行走

在下一个脚本中，我们让 Ethan 走到我们正在看的地方，而不是随机走动。在 Unity 中，使用射线投射已经很完善了，类似于从摄像机中射出一束光并且能够看到它击中了什么（更多信息，请访问 http://docs.unity3d.com/Manual/CameraRays.html）。

我们将创建一个新的脚本，就像之前一样我们把它附加到 WalkTarget 中。

1. 在 Hierarchy 面板中或者 Scene 视图中选中 WalkTarget 对象。
2. 在 Inspector 面板中，单击 Add Component 按钮。
3. 选择 New Script。
4. 命名为 LookMoveTo。
5. 确保选择 C# 语言。
6. 单击 Create and Add。

这将会在 WalkTarget 对象上创建一个脚本组件，双击使其在代码编辑器中打开。

这个 LookMoveTo 脚本替换了我们之前创建的随机位置，在继续之前应禁用 WalkTarget 的随机位置组件。

4.2.1 LookMoveTo 脚本

在我们的脚本中，每当 Update() 方法被调用时，我们将会读取摄像机面向的位置（使用变换位置值和旋转值），之后在这个方向上投射一束光线，然后让 Unity 告诉我们它打在地平面的哪个位置点上，然后我们使用这个位置点来设置 WalkTarget 对象的位置。

这是完整的 LookMoveTo.cs 的脚本中。

```
using UnityEngine;
using System.Collections;

public class LookMoveTo : MonoBehaviour {
  public GameObject ground;

  void Update () {
    Transform camera = Camera.main.transform;
    Ray ray;
    RaycastHit hit;
    GameObject hitObject;

    Debug.DrawRay (camera.position,
      camera.rotation * Vector3.forward * 100.0f);
    ray = new Ray (camera.position,
      camera.rotation * Vector3.forward);
    if (Physics.Raycast (ray, out hit)) {
      hitObject = hit.collider.gameObject;
      if (hitObject == ground) {
        Debug.Log ("Hit (x,y,z): " + hit.point.ToString("F2"));
        transform.position = hit.point;
      }
    }
  }

}
```

我们逐步地看一下这个脚本：

```
public GameObject ground;
```

脚本首先为 GroundPlane 定义了一个变量。因为它为 public，所以我们可以使用 Unity 编辑器将它赋值为实际的对象：

```
void Update () {
  Transform camera = Camera.main.transform;
  Ray ray;
  RaycastHit hit;
  GameObject hitObject;
```

在 Update() 方法中，我们定义了一些局部变量：camera、ray、hit 和 hitObject，这些变量的数据类型是我们将要用到的 Unity 方法所需要的。

Camera.main 是现在正在使用的摄像机对象（也就是标记为 MainCamera 的那个）。我们获取它当前的 transform 值，并赋给摄像机变量：

```
ray = new Ray (camera.position,
  camera.rotation * Vector3.forward);
```

先暂时忽略 Debug 语句，我们首先来看使用 new Ray() 从摄像机发出的射线。

射线可以由 X、Y、Z 空间上的起点和一个方向向量来定义。方向向量可以定义成空间中的一个 3D 起点到另一个终点的相对位移。向前的方向（也即 Z 轴的正方向）是（0, 0, 1）。Unity 会帮我们计算，所以，如果我们使用一个单位向量（Vertor3.forwad）乘以 3 轴旋转（camera.rotation）并以长度（100.0f）进行缩放，我们将获得一个与摄像机相同方向射出的 100 个单位长度的射线：

```
if (Physics.Raycast (ray, out hit)) {
```

然后，我们将这束光线投射出去，然后看看它是不是遇到什么东西。如果遇到，hit 变量应该会保存着它遇到的东西的更多细节，其中包括那个对象本身（hit.collider.gameObject）。（out 关键字表示 hit 变量会被 Phisics.Raycast() 方法赋值。）

```
if (hitObject == ground) {
  transform.position = hit.point;
}
```

我们检查光线是否遇到 GroundPlane 对象，如果遇到，就把 WalkTarget 对象移动到相遇的那个点上。

"=="比较操作符与"="运算符不同，不要混淆，"="是赋值运算符。

脚本包含两个 Debug 语句，它们用于在 Play 模式下监视脚本做了什么。Debug.DrawRay() 将会在 Scene 视图中绘制出给定的射线，这样你可以真实地看到它，Debug.Log() 将会将现在的交点发送到控制台（如果有交点的话）。

保存脚本，切换到 Unity 编辑器，执行以下步骤：

1. 选中 WalkTarget，在 Inspector 面板中，LookMoveTo 脚本组件现在有一个字段用于 GroundPlane 对象。

2. 在 Hierarchy 面板中，选择并且拖动 GroundPlan 游戏对象到 Ground 字段中。

保存场景，脚本面板看起来如图 4-4 所示。

图　4-4

然后，单击 Play 按钮。Ethan 将会跟随我们的视线（以他自己的步频）移动。

在具有多个含有碰撞体的对象的项目中，为了优化光线投射性能，建议将对象放置在特定的图层上（例如命名为"Raycast"），然后将该图层添加到 Raycast 调用。例如，如果"Raycast"在第 5 层，则 int layerMask = 1 << 5，然后 Physics.Raycast(ray, out hit, maxDistance, layerMask);。请参阅 https://docs.unity3d.com/ScriptReference/Physics.Raycast.html 和 https://docs.unity3d.com/Manual/Layers.html 以获取细节和示例。

4.2.2　添加反馈光标

鉴于视线遇到平面上的哪个点并不总是很明显，我们现在要添加一个光标到场景中。

做法非常简单，因为我们刚刚做的是在一个不可见的空的 WalkTarget 周围移动。如果我们用下面的步骤给它一个网格，它将会可见：

1. 在 Hierarchy 面板中，选择 WalkTarget 对象。

2. 单击鼠标右键，选择 3D Object | Cylinder。这将会创建一个圆柱体，其父对象为 WalkTarget。（同样，你可以使用主菜单上的 GameObject 选项卡，然后拖动对象到 WalkTarget 上面。）

3. 单击 Transform 面板上的齿轮图标，单击 Reset，确保从默认的变换值开始。

4. 选中圆柱体，在 Inspector 面板中将 Scale 改为（0.4, 0.05, 0.4）。这将创建一个直径为 0.4 的平面圆盘。

5. 清空 Capsule Collider 复选框，使之不可用。

6. 在 Mesh Render 中，你同样可以禁用 Cast Shadows、Receive Shadows、Use Light Probes 和 Reflection Probes。

现在，再次试玩。指示光标盘将会跟随我们的视线移动。

如果你愿意，可以使用一个有颜色的材质来装饰圆盘。更好的方案是，选择一个合适的纹理。比如我们在第 2 章中作为网格纹理使用的 GridProjector 文件（Standard Assets/Effects/Projectors/Textures/Grid.psd）。本书提供一个 Circle-CrossHair.png 文件。可以将纹理拖动到圆柱体光标上。操作的时候，把 Shader 设置为 Standard。

4.2.3 穿透对象观察

在这个项目中，我们通过将 WalkTarget 对象移动到地平面上的某个位置，并判断交点位置来使 Ethan 跟随我们的视线移动。

你会发现当我们的视线扫过立方体和球体的时候，光标会被卡住。那是因为物理引擎检测到这些对象被首先遇到，因此射线永远到不了地平面。在我们的脚本中，在移动 WalkTarget 之前设置了条件语句 if(hitObject==ground)。如果不这么做，我们的光标将会飘在 3D 空间中射线遇到的任何对象之上。有时候这样很有意思，但在我们的例子中并不有趣。我们希望光标在地平面上。不过现在如果光线没有遇到地平面，它将不会调整位置，并且看起来像是卡住了。你可以想个办法解决它吗？可以求助于 Physics.RaycastAll。好了，我来演示给你看。请将 Update() 中的代码替换成下面的代码：

```
Transform camera = Camera.main.transform;
Ray ray;
RaycastHit[] hits;
GameObject hitObject;
Debug.DrawRay (camera.position, camera.rotation *
   Vector3.forward * 100.0f);
ray = new Ray (camera.position, camera.rotation *
   Vector3.forward);
hits = Physics.RaycastAll (ray);
```

```
for (int i = 0; i < hits.Length; i++) {
  RaycastHit hit = hits [i];
  hitObject = hit.collider.gameObject;
  if (hitObject == ground) {
    Debug.Log ("Hit (x,y,z): " +
      hit.point.ToString("F2"));
    transform.position = hit.point;
  }
}
```

在调用 RaycastAll 时，我们会得到一个由交点组成的列表或数组。然后，我们沿着光线路径循环查找每一个交点，找到地平面上的交点。现在，我们的光标将能够沿着地平面追踪，无论这中间有没有其他对象。

额外挑战：另外一个更有效的解决方案是使用激光系统。这需要创建一个新的层，将它赋值给平面，然后将它作为一个参数传递给 Physics.raycast() 方法。你知道为什么这个方法有效得多吗？

4.3　如果眼神可以杀人

我们继续。我们可能想试着击杀 Ethan（哈哈！）。下面是这个新功能的详细说明：

- ❑ 注视 Ethan 并使用我们的视线枪击杀他
- ❑ 当枪击中目标的时候发出火焰
- ❑ 击中 3s 之后，Ethan 被杀死
- ❑ 被杀死后 Ethan 将会爆炸（我们得到一个点），然后在一个新位置复活

4.3.1　KillTarget 脚本

现在，我们将脚本附加到一个新的 GameController 对象中：

1. 创建一个新的游戏对象并且命名为 GameController。
2. 使用 Add Component 附加一个新的 C# 脚本，并命名为 KillTarget。
3. 在 MonoDevelop 中打开脚本。

这是完整的 KillTarget.cs：

```
using UnityEngine;
using System.Collections;

public class KillTarget : MonoBehaviour {
  public GameObject target;
  public ParticleSystem hitEffect;
  public GameObject killEffect;
  public float timeToSelect = 3.0f;
  public int score;

  private float countDown;
```

```
    void Start () {
      score = 0;
      countDown = timeToSelect;
    }

  void Update () {
      Transform camera = Camera.main.transform;
      Ray ray = new Ray (camera.position, camera.rotation *
        Vector3.forward);
     RaycastHit hit;
     if (Physics.Raycast (ray, out hit) && (hit.collider.gameObject
        == target)) {
        if (countDown > 0.0f) {
          // on target
          countDown -= Time.deltaTime;
          // print (countDown);
          hitEffect.transform.position = hit.point;
          hitEffect.Play();
        } else {
          // killed
          Instantiate( killEffect, target.transform.position,
            target.transform.rotation );
          score += 1;
          countDown = timeToSelect;
          SetRandomPosition();
        }
      } else {
        // reset
        countDown = timeToSelect;
        hitEffect.Stop();
      }
    }

    void SetRandomPosition() {
      float x = Random.Range (-5.0f, 5.0f);
      float z = Random.Range (-5.0f, 5.0f);
      target.transform.position = new Vector3 (x, 0.0f, z);
    }
  }
```

我们逐步解释。首先，我们声明一些公有变量：

```
public GameObject target;
public ParticleSystem hitEffect;
public GameObject killEffect;
public float timeToSelect = 3.0f;
public int score;
```

像我们上个 `LookMoveTo` 脚本中做的一样，我们的目标是 Ethan。我们还添加了一个 `hitEffect` 的粒子发射器、一个 `killEffect` 爆炸体和一个计算器的初始值 `timeToSelect`。最后，我们将我们的击杀次数保存在 `score` 变量中。

`Start()` 在游戏开始时被调用，它将 score 初始化为 0，并将 `countDown` 计时器为设置其初始值。

然后，与 `LookMoveTo` 脚本一样，在 `Update()` 方法中，我们从摄像机中投射一束射线并且判断它是否击中目标 Ethan。当这些都完成后，我们检查 `countDown` 计时器。

如果计时器还在计数，则使用 Time.deltaTime 减去从 Update() 最后一次被调用时已过去的时间值，同时保证 pickEffect 向击中点射出。

如果射线还在它的目标上并且计时器已经完成了倒计时，那么 Ethan 就被杀掉，并且会爆炸，score 将会加 1，并重新设置定时器为起始值，然后将 Ethan 移动（复活）到一个随机的新位置。

我们使用 Unity 的 ParticleSystems 包中的标准资源来表现爆炸。要激活它，killEffect 应该被设置为预制件，并且命名为 Explosion，然后脚本将其实例化。换句话说，它使自己成为场景中的一个对象（以一个特定的变换值），并开启了完美的脚本和效果。

最后，如果射线没有击中 Ethan，我们将重置计数器并关闭粒子。

保存脚本并进入 Unity 编辑器。

额外挑战：依照我们在本章开始的 RandomPosition 脚本中做的那样，使用协程重构脚本来管理延迟时间。

4.3.2 添加粒子效果

现在，为了填充几个 public 变量，我们要执行以下步骤：

1. 首先，需要 Unity 标准资源中的 ParticleSystems 包。如果还没有添加，则在 Assets | Import Package | ParticleSystems 中，选择 All，然后单击 Import。
2. 在 Hierarchy 面板中，选择 GameController，然后进入 Inspector 面板中的 Kill Target (Script) 面板。
3. 从 Hierarchy 面板中，将 Ethan 对象拖动到 Target 字段中。
4. 在主菜单中，找到 GameObject | Effects | Particle System，并命名为 SparkEmitter。
5. 再次选中 GameController，然后将 SparkEmitter 拖动到 Hit Effect 字段中。
6. 在 Project 面板中，找到位于 Assets/Standard Assets/ParticleSystems/Prefabs 中的 Explosion 预制件，将 Explosion 预制件拖到 Kill Effect 字段中。

脚本面板的截图如图 4-5 所示。

Kill Target (Script)	
Script	KillTarget
Target	Ethan
Hit Effect	SparkEmitter (Particle System)
Kill Effect	Explosion
Time To Select	3
Score	0

图 4-5

我们创建了一个默认的粒子系统作为火光发射器，可以根据喜好来设置它。你可以根据自己的意愿对其进行配置。

1. 选择 Hierarchy 面板中的 SparkEmitter。
2. 在它的 Inspector 面板中，在 Particle System 的下面，设置以下值。

- Start Size：0.15

- Start Color：挑选红色或橙色
- Start Lifetime：0.3
- Max Particles：50

3. 在 Emission 中，将 Rate over Time 设置为 100。
4. 在 Shape 中，设置 Shape。将 Sphere 和 Radius 设置为 0.01。

当 Ethan 被射中时，hitEffect 粒子系统被激活。3s 之后（或者任何你设置在 TimeToSelect 变量中的值），爆炸效果被初始化，得分增加，然后他在一个新的位置重生。在第 6 章中，我们将展示如何把当前得分展示给玩家。

4.3.3 清理工作

最后一件事是清理 Assets 文件夹，并将所有脚本移入 Assets/Scripts/ 子文件夹中。请在 Project 中选择 Assets 文件夹，创建一个文件夹并命名为 Scripts，然后把你的所有脚本拖进去。

4.4 Unity C# 编程简介

我们刚刚看到，Unity 能做很多事情：管理对象、渲染对象、给对象添加动画、计算对象的物理属性，等等。Unity 本身是个程序，它也是由代码创造的。可能是一群非常聪明的人编写了非常棒的代码。作为游戏开发者，你可以访问这些内部的 Unity 代码，这需要使用我们已在操作的 Unity 编辑器界面。在 Unity 编辑器中，脚本被表现为可配置的组件。然而，这也让你可以通过 Unity 的脚本 API 进行更直接的访问。

API（应用程序编程接口）是指可以在脚本中使用的已发布的软件函数。Unity 的 API 非常丰富并且设计优良。这也是人们为 Unity 写了很多很棒的应用和插件的原因。

市面上有很多种编程语言。Unity 选择支持来自微软的 C# 语言。计算机语言有必须遵循的特殊语法，否则计算机将不能读懂你的脚本。在 Unity 中，脚本错误（和警告）将会显示在 Console 面板中，即在编辑器的底部。

默认的脚本编辑器是一个集成开发环境（IDE），称为 MonoDevelop。你可以配置其他编辑器或者 IDE（如果你想的话），像微软的 Visual Studio 也行。MonoDevelop 有一些很棒的功能（如自动补全以及弹出提示）可以帮助你理解 Unity 文档。C# 脚本是一些文本文件，以 .cs 后缀命名。

在 Unity C# 脚本中，有一些单词和符号是 C# 语言自身的一部分，一些来自微软 .NET 框架，另一些是由 Unity API 提供的，其余是你要写的代码。

一个空的默认 Unity C# 脚本是这样的：

```
using UnityEngine;
using System.Collections;
```

```
public class RandomPosition : MonoBehaviour {

    // Use this for initialization
    void Start () {

    }

    // Update is called once per frame
    void Update () {

    }
}
```

我们来剖析一下。

前两行指示这个脚本需要一些其他东西才能运行。Using 关键字属于 C# 语言。Using UnityEngine 这一行，声明将使用 UnityEngine API。Using System.Collection 意思是我们还可能会使用名为 Collections 的类库来访问集合对象。

在 C# 中，每一行代码都以分号结尾。双斜杠表示代码中的注释，任何从它开始到行末的内容都会被忽略。

这个 Unity 脚本定义了一个名为 RandomPosition 的类。类相当于代码模板，拥有自己的属性（变量）和行为（方法）。该类继承 MonoBehaviour 基类，它可以被 Unity 识别，并在游戏运行时被使用。例如，我们在本章一开始写的第一个脚本中的公共类 RandomPosition: MonoBehaviour 名为 RandomPosition，它继承了 Mono-Behaviour 这个 Unity 基类的所有能力，包括 Start() 和 Update() 函数。类的内容被一对封闭的大括号包含。

当声明为 public 的时候，它可以被这个指定的脚本文件之外的代码访问。当它是 private 的时候，它只能被这个文件引用。我们想让 Unity 能够访问 RandomPosition 类。

类定义变量及函数。变量保存特定类型的数值，比如 float、int、boolean、GameObject、Vector3 等。函数实现逻辑（逐步执行的指令）。函数可以接收参数（包含在小括号中，被函数内的代码使用），还可以在函数结束时返回一个新的值。

数值型的 float 常量（例如 5.0f）在 C# 中需要在结尾写一个 f 来保证数据类型是一个单精度的浮点型数据，而不是一个双精度浮点类型。

Unity 会自动调用某些特殊的消息方法，前提是你已经定义过。Start() 和 Upldate() 方法就是两个例子。在默认的 C# 脚本中提供了空方法体。方法名之前的数据类型表示这个方法将要返回的数据类型。Start() 和 Update() 都不返回数据，所以它们的类型是 void。

在游戏开始之前，所有的 MonoBehaviour 脚本中的 Start() 函数都会被调用，这是进行数据初始化的好地方。游戏运行过程中，在每个时间片或者帧之间 Update() 方法都会被调用，大多数操作会放在这里。

一旦在 MonoDevelop 中写下或者修改了一个脚本，请保存它，然后转到 Unity 编辑器窗口，Unity 将会自动识别脚本文件被修改并重新导入。如果发现错误，它将会在 Console 面板中立即报告出来。

这就是对 Unity 编程的一些简单介绍。随着本书内容的深入，我会在需要的时候进行详细解释。

4.5 本章小结

本章中，我们探索了 VR 摄像机和对象在场景中的关系。我们首先让 Ethan 在场景中随机走动，然后让他使用 NavMesh 移动，之后使用一个在 X、Z 平面中的 3D 光标干涉他的流浪，这个光标可以跟随我们在虚拟现实场景中的视线。最后，我们还使用视线发射了一条射线到 Ethan 身上，让他最终爆炸。

这些基于视线的技术同样可以应用在非 VR 游戏中，但是在 VR 中这很平常并且几乎是必需的。我们将在后续章节中更多地使用这些技术。

在下一章中，我们将使用双手与虚拟场景进行交互。我们将了解 Unity Input 事件以及 SteamVR、Oculus 和 Windows Mixed Reality。由于这可能变得复杂，我们将编写自己的 VR 输入事件系统，以使应用程序独立于特定的 VR 设备。

第5章 Chapter 5

便捷的交互工具

置身虚拟世界时，试图伸手触摸眼前的东西是我们的本性。虽然在前一章中我们所看到的基于凝视的选择是与虚拟场景交互的良好的第一步，但大多数人会更直觉地通过自己的双手进行触摸。大多数VR设备都提供手柄控制器来进行选择、抓取以及在虚拟场景中与虚拟对象进行交互。

在本章中，我们将介绍如何在Unity中捕捉用户的输入，并说明如何在简单的VR场景中使用它们。每个人都喜欢气球，所以在这个项目中我们将会制作气球，甚至可能会弄爆几个。接下来我们将延续上一章的做法，使用C#语言编写基本脚本，并探索几个处理用户输入的软件设计模式。

在本章中，我们将讨论以下主题：

- 循环检测输入设备的数据
- 使用可编写脚本的数据对象来存储和检索输入状态
- 调用并订阅输入事件
- 使用特定于设备的Unity软件包中的交互组件

我们将在本章中学到的很重要的知识是，处理VR应用程序的用户输入的方法不止一种，甚至并不存在最好的方法。Unity包含一些处理用户输入的机制，通常还包括对象之间的信息传输。VR设备制造商则为其SDK提供自己的输入控制器对象和脚本。

此外，VR制造商与其他公司还提供包含更高级组件和预制件的便捷框架工具包。我们建议你熟悉为目标设备所提供的工具包。正如我们将在本章末尾所做的那样，请研究演示场景，了解组件的工作原理以及其推荐实践。

也就是说，本章我们将从很简单的按钮输入开始，并逐步展开介绍各种设计模式。你不会总想自己动手，但你应该了解它们的原理。

5.1 设置场景

为了开始探索输入机制先设置场景。我们计划让玩家创造气球，因为每个人都喜欢气球！

对于该场景，应当创建一个新场景（File | New Scene）并添加在上一章创建的 MeMyselfEye 预制件。从上一章创建的 Diorama 场景开始，移除 GroundPlane 和 PhotoPlane 以外的所有东西，步骤如下：

1. 打开 Diorama 场景。
2. 移除 MeMyselfEye、Directional Light、GroundPlane 和 PhotoPlane 之外所有的对象。
3. 将 MeMyselfEye 放置在场景原点，并将 Position 设置为（0, 0, 0）。
4. 选择 File | Save Scene As 并为其命名，如 Balloons。

5.1.1 创建气球

你可以直接使用标准的 Unity 球体 3D 基元来创建气球，也可以在 Unity Asset Store 或其他地方找到合适的对象。我们使用在 Google Poly 上找到的低多边形气球对象，该对象随本章的下载文件一起提供。

无论选择哪种方式，请将该对象设置为父对象，并使其原点（轴点）位于底部，如下所示：

1. 在 Hierarchy 中，创建一个空对象（Create | Create Empty）并将其命名为 Balloon。
2. 重置其变换（Transform | **齿轮图标** | Reset），然后将其 Position 设置为（0, 1, 1）。
3. 将气球预制件拖到 Hierarchy 中作为气球的子对象（我的可以在 Assets/Poly/Assets/ 文件夹中找到它）。
4. 如果没有气球模型，请使用球体（Create | 3D Object | Sphere）代替。并添加一种材质，如我们在前一章中创建的蓝色材质（Blue Material）。
5. 将子对象的 Position 设置为（0, 0.5, 0），使其原点（轴点）在引用其父项时位于底部。

我们创建的场景类似图 5-1。

5.1.2 使之成为预制件

我们的目的是当玩家按下控制器上的按钮时，从预制件实例化新气球，而当释放按钮时，气球会被释放并浮起。

首先在场景中根据起始大小与适当的距离缩放并定位气球，我们将通过添加 Rigid-

Body 组件为其提供一些物理属性。

图 5-1

我们将在第 8 章详细探讨 RigidBody 和 Unity 物理学。

1. 在 Hierarchy 中选择气球对象。
2. 在 Inspector 中，将其 Transform Scale 设置为（0.1, 0.1, 0.1）。
3. 将其 Position 设置为（0，1，1）。
4. 使用 Add Component 添加 Rigid Body。
5. 取消选中 Use Gravity 复选框。

图 5-2 是我目前设置的气球对象的属性。

按照以下步骤使之成为一个预制件：

1. 将气球对象拖进你的 Prefabs/ 文件夹，使其成为一个预制件对象。
2. 从 Hierarchy 中删除原始气球对象。

如果你想修改预制件，请将其拖回场景中进行所需要的修改。然后，使用 Apply 按钮将更改保存回该对象的预制件。如果场景中不再需要临时实例，可从 Hierarchy 中将其删除。

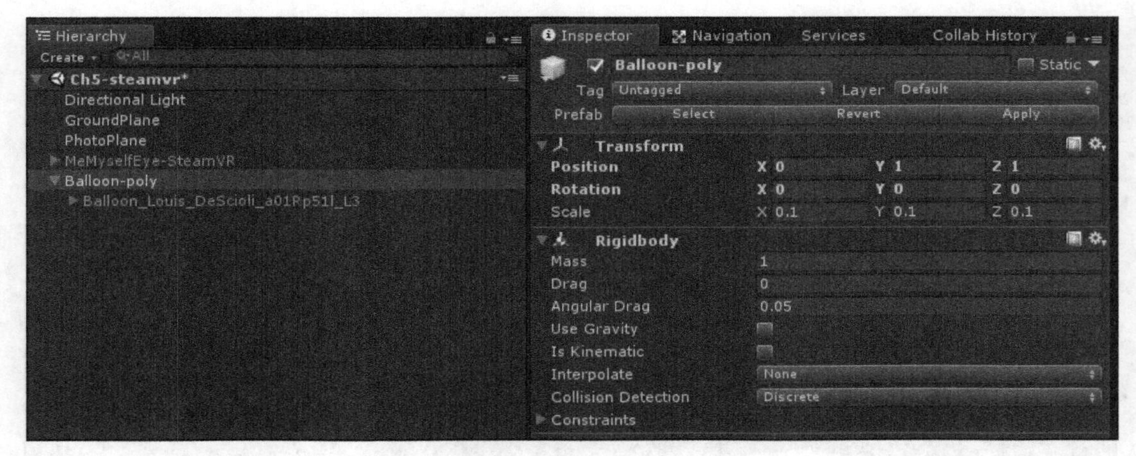

图 5-2

5.2 基本按钮输入

Unity 包含一个标准的输入管理器（Input Manager）来管理各类输入设备，包括传统的游戏控制器、键盘、鼠标和移动触摸屏，还包括特定的按钮，例如操纵杆和设备加速计。它还支持 VR 和 AR 系统的输入。

输入管理器为物理输入设备提供抽象层。例如，你可以引用映射到物理按钮的逻辑输入（如 Fire1 按钮），还可以在 Edit | Project Settings | Input 中设置和修改具体项目的输入映射。

有关 Unity 输入管理器的一般概述和详细信息，请参阅 `https://docs.unity3d.com/Manual/ConventionalGameInput.html`。有关 Input 类的脚本，请参阅 `https://docs.unity3d.com/ScriptReference/Input.html`。各种 VR 设备的输入映射可以在 `https://docs.unity3d.com/Manual/vr-input.html` 中找到。

首先，我们将编写一个测试脚本来获取特定按钮状态，并介绍 Unity Input 类的工作原理。这里有一个常见的逻辑按钮，名为“Fire1”。我们将介绍用于“Fire1”按钮的输入设备。

5.2.1 使用 Fire1 按钮

我们现在将编写一个 `MyInputController` 脚本来检测用户何时按下 `Fire1` 按钮。将脚本添加到 `MeMyselfEye`，具体步骤如下所示。

1. 在 Hierarchy 中选择 MeMyselfEye 对象。
2. 在 Inspector 中，单击 Add Component，然后单击 New Script。
3. 将新建的脚本命名为 MyInputController，并单击 Create And Add。
4. 双击 MyInputController 脚本打开它进行编辑。

按如下所示编辑脚本：

```
public class MyInputController : MonoBehaviour
{
  void Update ()
  {
    ButtonTest();
  }

  private void ButtonTest()
  {
    string msg = null;

    if (Input.GetButtonDown("Fire1"))
      msg = "Fire1 down";

    if (Input.GetButtonUp("Fire1"))
      msg = "Fire1 up";

    if (msg != null)
      Debug.Log("Input: " + msg);
  }
}
```

在该脚本中，每一帧更新时都将调用私有函数 ButtonTest。该函数创建一个名为 msg 的消息字符，用于报告 Fire1 按钮被按下或释放。Input.GetButtonDown("Fire1") 的调用将返回一个布尔值 Boolean（true 或 false)，并在 if 语句中进行判断。当出现 true 时，msg 字符就不是空值（null)，并会在 Untiy Console 窗口中输出。

1. 在 Unity 编辑器中单击 Play 按钮以运行场景。
2. 当你按下输入控制器上的 Fire1 按钮时，你将会看到 Input：Fire1 down 信息作为输出。
3. 当你松开 Fire1 按钮时，你将会看到“Input：Fire1 up”信息出现，如图 5-3 所示。

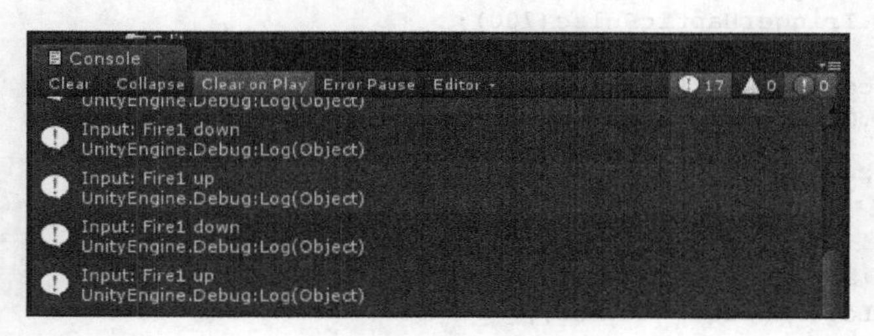

图　5-3

你甚至可以使用脚本来定义将哪个输入控制器的物理按钮映射到逻辑 Fire1 按钮。例

如，使用 Open VR 时，Fire1 由 Vive 控制器上的菜单按钮或 Oculus Touch 控制器上的 B 按钮来触发，正如 Unity 手册（https://docs.unity3d.com/Manual/OpenVRControllers.html）的 Open VR 控制器输入页面上的 Unity 输入系统映射部分所示。你可以尝试使用其他逻辑输入名称，或使用输入项目设置（Edit | Project Settings | Input）来修改该设置。

还有一种简单的方法是直接通过 SDK 组件来访问设备，而不使用 Unity 逻辑输入，我们在下一节中进行探讨。

5.2.2 OpenVR 的扳机键

如果你有 OpenVR 支持的 VR 设备（HTC Vive、Oculus Rift 或者 Windows MR），我们来看如何修改 BottonTest 函数以检查扳机键的按下与释放。

为了实现这一点，我们需要为脚本提供我们想要查询的特定输入组件。在 OpenVR 中，由 SteamVR_TrackedObject 组件来表示它，如以下脚本的变量所示：

```
public class MyInputController : MonoBehaviour
{
  public SteamVR_TrackedObject rightHand;

  private SteamVR_Controller.Device device;

  void Update ()
  {
    ButtonTest();
  }

  private void ButtonTest()
  {
    string msg = null;

    // SteamVR
    device = SteamVR_Controller.Input((int)rightHand.index);
    if (device != null &&
      device.GetPressDown(SteamVR_Controller.ButtonMask.Trigger))
    {
      msg = "Trigger press";
      device.TriggerHapticPulse(700);
    }
    if (device != null &&
      device.GetPressUp(SteamVR_Controller.ButtonMask.Trigger))
    {
      msg = "Trigger release";
    }

    if (msg != null)
      Debug.Log("Input: " + msg);
  }
}
```

保存该脚本后，需要填充 rightHand 变量，具体步骤如下所示。

1. 在 Unity 中，选中 MeMyselfEye 并在 Inspector 中找到 My Input Controller。

2. 在 Hierarchy 中，展开 [CameraRig] 对象。

3. 单击 Controller（Right）子对象，并将其拖到 Inspector 中的 My Input Controller 的 Right Hand 槽中。

对于 rightHand 对象，我们直接引用其 SteamVR_TrackedObject 组件。在 ButtonTest 函数中，我们使用右手的设备 ID 得到设备数据（rightHand.index），并专门检查扳机的按下状态。另外，我已向你展示了如何在扳机键被按下时提供触觉振动。

现在当你单击 Play 时，按下控制器的扳机键将被识别。

使用这种 SDK 组件，你可以访问 Unity 输入管理器不支持的设备所特有的其他输入。部分控制器上的扳机键并不仅仅只有按下 / 未按下，还可以返回按下的百分比，以表现为 0.0 ～ 1.0 之间的值。另一个例子是灵敏触摸握把、按钮以及 Oculus Touch 控制器和其他控制器上的触摸板。

试着修改脚本以识别控制器的 Grip 按钮或其他输入。提示：尝试使用 SteamVR_Controller.ButtonMask.Grip。

5.2.3 用 Daydream 控制器单击

在默认情况下，Android 上的 Google Daydream VR 可能无法响应 Fire1 事件。以下代码显示如何直接访问控制器触发单击：

```
private void ButtonTest()
{
  string msg = null;

  if (GvrControllerInput.ClickButtonDown)
    msg = "Button down";
  if (GvrControllerInput.ClickButtonUp)
    msg = "Button up";

  if (msg != null)
      Debug.Log("Input: " + msg);
  }
}
```

在这种情况下，我们调用 GvrControllerInput 类的静态函数 ClickButtonDown 和 ClickButtonUp。无须标识特定的控制器对象，因为 GvrControllerInput 是单例。这也是我们需要保证场景中只有一个实例的原因，因为我们可以直接引用它的数据。这是有必要的，因为在 Daydream 上只有一个手柄控制器，而在 OpenVR 上有两个。

5.3 轮询单击

获取用户输入的最简单方法是从输入组件获取当前数据。我们已经通过使用 Input 类和 VR SDK 实现这一点。现在，我们将编写自己的输入组件，以便将 Unity（或 SDK）输入映射到 MyInputController 中的简单 API。然后，我们将编写一个轮询输入的 BalloonController，如图 5-4 所示。

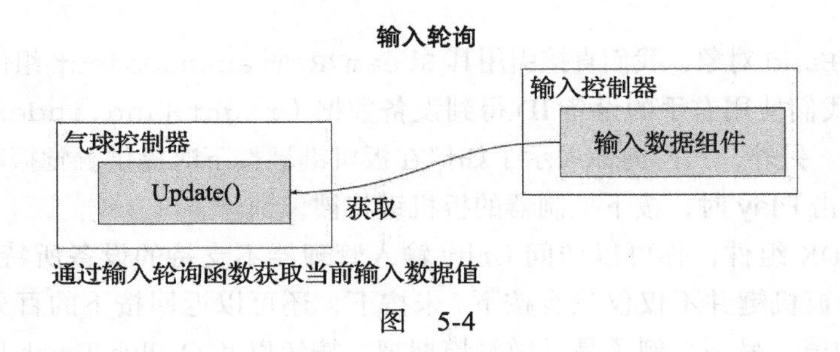

图 5-4

5.3.1 按钮界面功能

你可能还记得，MeMyselfEye 玩家装备对于特定的 VR SDK 可能有特定于设备的工具包子对象。例如，OpenVR 的版本有 [CameraRig] 预制件。Daydream 的版本有 Daydream Player 预制件。将 MyInputController 组件添加到 MeMyselfEye 是合理的，因为它可能会进行特定于设置的 SDK 调用。通过这种方式，如果你想为各种平台维护摄像机装备预制件，并在建立不同 VR 目标设备的项目时交换它们，那么提供给应用程序的其余部分的 API 将是一致的，并独立于特定设备的工具包。

我们的输入控制器将公开两个自定义 API 函数：ButtonDown 和 ButtonUp。调用这两个函数的组件无法看到其实现。例如，我们可以将其编写为预先处理 Fire1 按钮，稍后将其更改为使用扳机键，或改为不使用 Fire1 的 Daydream 版本。我们通过添加以下代码来更新 MyInputController：

```
public bool ButtonDown()
{
  return Input.GetButtonDown("Fire1");
}

public bool ButtonUp()
{
  return Input.GetButtonUp("Fire1");
}
```

或者你可以修改上面的代码以使用适合的按钮接口。例如对于 Daydream，可以使用以下代码代替：

```
public bool ButtonDown()
{
  return GvrControllerInput.ClickButtonDown;
}

public bool ButtonUp()
{
```

```
  return GvrControllerInput.ClickButtonUp;
}
```

现在，我们将使用 ButtonUp/ButtonDown 输入 API。

5.3.2 创建并释放气球

现在我们创建一个 BalloonController，它将是创建和控制气球的应用组件，并引用 MyInputController，步骤如下：

1. 在 Hierarchy 中，创建一个空游戏对象，重置其 Transform，并将其命名为 BalloonController。
2. 在该对象上创建一个新的脚本，命名为 BalloonController，并打开它进行如下编辑：

```
public class BalloonController : MonoBehaviour
{
  public GameObject meMyselfEye;

  private MyInputController inputController;

  void Start ()
  {
    inputController =
meMyselfEye.GetComponent<MyInputController>();
  }

  void Update ()
  {
    if (inputController.ButtonDown())
    {
      NewBalloon()
    }
    else if (inputController.ButtonUp())
    {
      ReleaseBalloon();
    }
    // else while button is still pressed, grow it
 }
```

这是控制器的框架。给定一个 MeMyselfEye 对象的引用，Start() 函数将获取其 MyInputController 组件，并将其分配给 inputController 变量。

在游戏运行期间，每帧都会调用 Update()。该函数将调用 inputController.ButtonDown 或 ButtonUp 以查看用户是否更改其输入，并创建或释放气球进行响应。接下来我们将编写这些函数。

请注意，在将要添加 GrowBalloon 函数的地方，我们添加了一个占位符（作为注释）。

有了气球预制件，BalloonController 可以通过调用 Unity Instantiate 函数在场景中创建其新实例。请在控制器类的顶部为气球预制件添加以下 public 变量声明：

```
public GameObject balloonPrefab;
```

并添加一个 private 变量来保存气球的当前实例：

```
private GameObject balloon;
```

现在，当玩家按下按钮时，被调用的 NewBalloon 函数会引用预制件，并按如下方式对其进行实例化：

```
private void NewBalloon()
{
  balloon = Instantiate(balloonPrefab);
}
```

当玩家释放按钮时，将调用 ReleaseBalloon 函数。它将在气球上轻轻施加一个向上的力，使气球飘向天空。我们将定义一个 floatStrength 变量并将其应用于对象的 RigidBody 上（Unity 物理引擎和 RigidBody 将在后面的章节中介绍）：

```
public float floatStrength = 20f;
```

并且

```
private void ReleaseBalloon()
{
  balloon.GetComponent<Rigidbody>().AddForce(Vector3.up * floatStrength);
  balloon = null;
}
```

请注意，我们已经清除了气球变量（将其设置为 null），以准备好下一次按下按钮。

保存文件并在 Unity 中做以下操作：

1. 将 MeMyselfEye 对象从 Hierarchy 拖到 Inspector 中的 BalloonController 的 MeMyselfEye 槽中。

2. 将 Balloon 预制件从 Project 的 Assets 文件夹拖到 Inspector 中的 BalloonController 的 Balloon Prefab 槽中。

准备好后单击 Play。在 VR 中，当单击 Fire1 按钮（或当你编辑任何一个）时，将会实例化一个新的气球。当你松开按钮时，气球将会向上飘。在图 5-5 所示的游戏窗口中，我多次按下按钮，创建了许多气球。

图 5-6 是同一个游戏状态的 Hierarchy，在 Hierarchy 中显示克隆气球（我的预制件名为 Balloon-poly）。

5.3.3 按住按钮给气球充气

接下来，我们要在你按住按钮时给气球充气。我们可以通过检查当按钮按下时是否出现气球，并根据每次刷新的增长率修改其比例来达到此目的。首先定义按住按钮每秒膨胀 150%（1.5 倍）：

```
public float growRate = 1.5f;
```

图　5-5

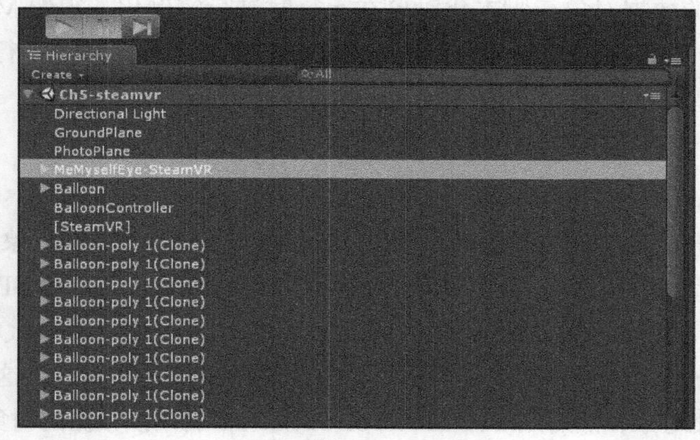

图　5-6

现在，使用第三个 `else if` 条件修改 Update 函数，如下所示：

```
else if (balloon != null)
{
  GrowBalloon();
}
```

添加 `GrowBalloon` 函数：

```
 private void GrowBalloon()
 {
   balloon.transform.localScale += balloon.transform.localScale * growRate
* Time.deltaTime;
 }
```

`GrowBalloon` 函数将按照当前大小的百分比修改气球的局部尺寸，`growRate` 是每秒的增长率。因此，我们将其乘以此帧中每秒的当前分数（`Time.delta Time`）。

在 Unity 中单击 Play。当你按下控制器按钮时，你将创建一个气球，该气球将持续充气直到你松开按钮，然后气球便会飘起来。

接下来，我们将重构代码，以便使用可编写脚本的对象来使用不同的软件模式获取用户输入。

任何代码都会被修改。编程是一个随着你重新思考、需求的增长和问题得到解决而改变的动态艺术。有时，这些修改并不一定是增添新功能或修复错误，而是使代码更清晰、更易于使用和更易于维护。当你在不需要从使用者的角度修改某些功能的工作方式的情况下修改或重写程序的某些部分时，我们称之为**重构**。

5.4 使用脚本化对象进行输入

在这个例子中，我们将使用一种称为“脚本化对象”的技术来进一步将我们的应用程序与底层输入设备分离。这些对象是用于保存诸如游戏状态、玩家偏好或任何其他不一定是图像的数据等信息的数据对象。脚本化对象在运行时进行实例化，很像 MonoBehaviour，但不存在于 Hierarchy 中，它们没有 Transform 也没有其他物理属性和渲染行为。

将脚本化对象视为项目中的数据容器十分有用。

在前面的实现中，`BalloonController` 需要对 `MeMyselfEye` 对象进行引用才能使用其 `MyInputController` 组件。虽然输入控制器组件确实能将你与底层 SDK 调用分开，但如果你修改应用程序以使用其他 `MeMyselfEye`（如从 OpenVR 到 Daydream），则需要在场景中找到并替换所有对一个 `MeMyselfEye` 的引用，并用新的引用替换它们。这里将使用输入控制器来填充一个脚本化对象，然后用 `BalloonController` 引用该数据的对象，如图 5-7 所示。

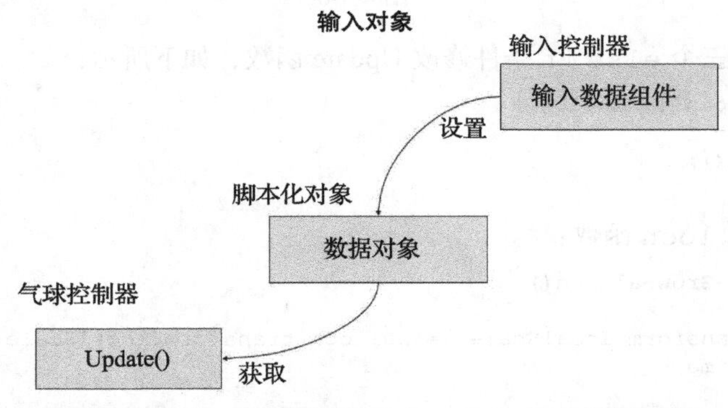

通过脚本化对象，气球控制器（Balloon Controller）从输入组件已设置的其他数据对象上获取当前的输入数据

图 5-7

实现脚本化对象的过程比带有组件的游戏对象更复杂，但并不多，让我们使用它。

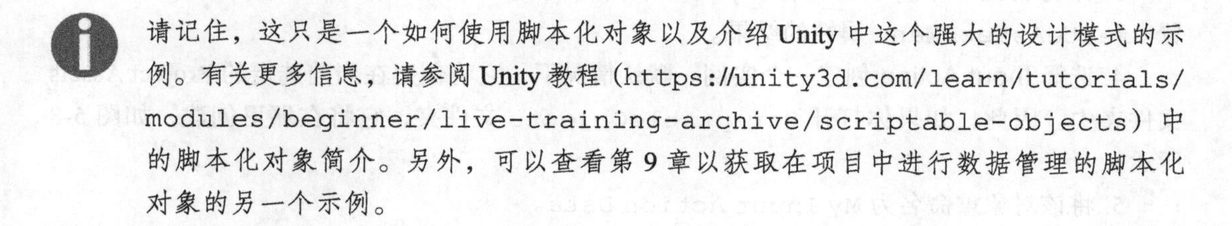

请记住，这只是一个如何使用脚本化对象以及介绍 Unity 中这个强大的设计模式的示例。有关更多信息，请参阅 Unity 教程（https://unity3d.com/learn/tutorials/modules/beginner/live-training-archive/scriptable-objects）中的脚本化对象简介。另外，可以查看第 9 章以获取在项目中进行数据管理的脚本化对象的另一个示例。

5.4.1　创建脚本化对象

在这个例子中，我们的对象只有一个变量，用于当前按钮操作。在这里，按钮可以拥有三个可能的值 PressedDown、ReleasedUp 或者 None 之一。我们将该操作定义为当前更新期间已经发生，然后清空为 None。也就是说，不记录当前的按钮状态（例如按下按钮），而是捕捉当前的按钮操作（刚才被按下），以便与本章中的其他示例保持一致。

将脚本化对象保存在 Project 中单独的文件夹内是有必要的：

1. 在 Project 窗口中，在 Assets 下创建一个新文件夹，命名为 ScriptableObjects。
2. 在新文件夹中，右击并选择 Create | C# Script。
3. 将脚本命名为 MyInputAction。
4. 打开 MyInputAction.cs 脚本进行编辑。

按如下代码编辑 MyInputAction.cs 脚本：

```
[CreateAssetMenu(menuName = "My Objects/Input Action")]
public class MyInputAction : ScriptableObject {
  public enum ButtonAction { None, PressedDown, ReleasedUp };
  public ButtonAction buttonAction;
}
```

我们将该类定义为 ScriptableObject，而不是从 MonoBehaviour 继承。我们使用枚举来表示该操作，以便将其可能的值限制在选择列表中。

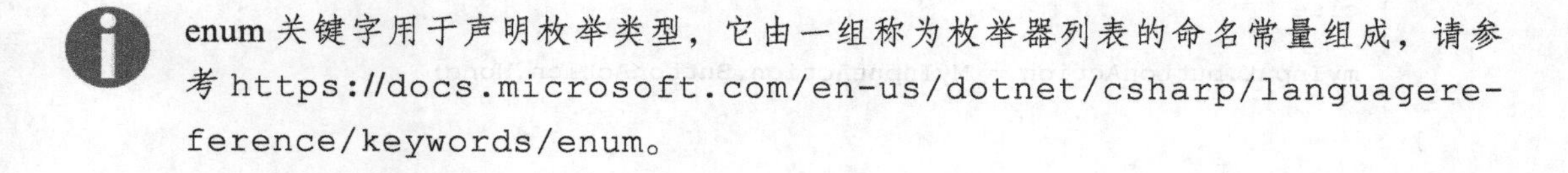

enum 关键字用于声明枚举类型，它由一组称为枚举器列表的命名常量组成，请参考 https://docs.microsoft.com/en-us/dotnet/csharp/languagereference/keywords/enum。

请注意脚本的第一行，我们在这里提供了一个属性，用于在 Unity 编辑器中为我们的对象生成一个菜单项。由于脚本化对象不会添加到场景的 Hierarchy 中，因此我们需要一种在项目中创建它们的方法，使用此属性可以轻松完成此任务，步骤如下：

1. 保存该脚本并返回 Unity。

2. 在 Unity 编辑器的主菜单中，找到 Assets | Create。

3. 你将看到一个新项目 My Objects，其子菜单包含项目 Input Action，这是脚本中设置 `CreateAssetsMenu` 属性的结果。

4. 选择 Input Action 创建一个实例。默认情况下，它将创建在当前选定的 Project Assets 文件夹中。因此，如果你打开 `ScriptableObjects` 文件夹，它将在那里创建，如图 5-8 所示。

5. 将该对象重命名为 `My Input Action Data`。

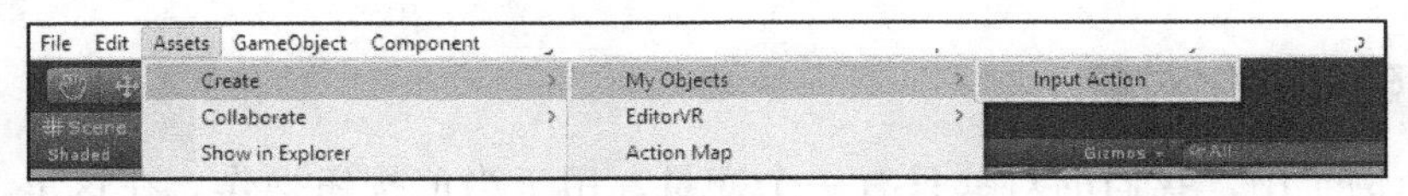

图 5-8

如果在 `ScriptableObject/` 文件夹中选中新的 `My Input Action Data` 对象，则可以在 Inspector 中查看其属性。单击 Button Action 旁边的下拉列表可以显示我们在代码中指定的可能枚举值，如图 5-9 所示。

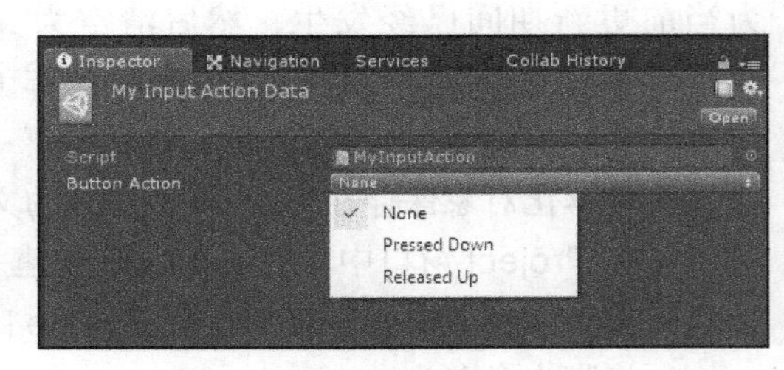

图 5-9

5.4.2 填充输入操作对象

下一步是更改 `MyInputController.cs`，以便使用对象引用来填充输入数据对象：

```
public MyInputAction myInput;

void Update ()
{
  if (ButtonDown())
  {
    myInput.buttonAction = MyInputAction.ButtonAction.PressedDown;
  } else if (ButtonUp())
  {
    myInput.buttonAction = MyInputAction.ButtonAction.ReleasedUp;
  } else
  {
    myInput.buttonAction = MyInputAction.ButtonAction.None;
  }
}
```

该脚本使用其自身的 `ButtonDown` 与 `ButtonUp` 函数来适当地设置 `buttonAction`，甚至可以将这些函数从公有改为私有，以便进一步封装它。

保存脚本，然后在 Unity 中进行以下操作：

1. 在 Hierarchy 中选择 MeMyselfEye 对象。

2. 在 `ScriptableObjects` 文件夹中找到 My Input Action Data 对象。

3. 将其拖到 My Input Controller (Script) 的 My Input 槽中，图 5-10 是我的 Steam 版本的 MeMyselfEye。

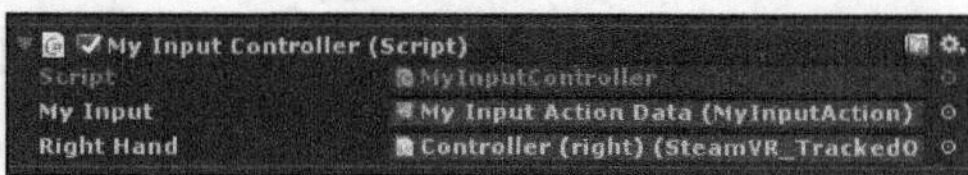

图 5-10

5.4.3 访问输入操作对象

现在，BalloonController 可以访问输入数据对象而非 MeMyselfEye，但它们十分相似，并且 MeMyselfEye 是一个简单的重构器。请按如下步骤修改 BalloonController.cs:

首先，在 BalloonController 中删除对 MeMyselfEye 的所有引用，包括公共变量和整个 Start() 函数（我们不需要 GetComponent<MyInputController>)。

在输入数据对象中添加变量：

```
public MyInputAction myInput;
```

在 Update 中引用它：

```
void Update()
{
  if (myInput.buttonAction == MyInputAction.ButtonAction.PressedDown)
  {
    NewBalloon();
  }
  else if (myInput.buttonAction == MyInputAction.ButtonAction.ReleasedUp)
  {
    ReleaseBalloon();
  }
  else if (balloon != null)
  {
   GrowBalloon();
  }
}
```

保存脚本。然后在 Unity 中，像之前为 MyInputController 所做那样：

1. 在 Hierarchy 中选中 BalloonController 对象。
2. 在 ScriptableObjects 文件夹中找到 My Input Action Data 对象。
3. 将其拖到 Balloon Controller 组件的 My Input 槽中。

单击 Play。该应用程序将像之前一样工作：单击按钮创建气球、按住按钮使气球膨胀、释放按钮以释放气球。

5.4.4 使用脚本化对象进行模拟测试

这个架构的有趣之处是其对测试的帮助。将应用程序对象与输入设备完全解耦后，我们无须使用物理输入控制器就可以模拟输入操作。例如，试试以下步骤：

1. 在 Hierarchy 中选中 MeMyselfEye，然后在 Inspector 中，通过取消选中其复选框暂时禁用 My Input Controller 组件。
2. 在 Project 的 ScriptableObjects/ 文件夹中选择 My Input Action Data 对象。

3. 单击 Play。

4. 游戏运行时，在 Inspector 中，将 Button Action 从 None 改为 PressedDown。

5. BalloonController 将认为 PressedDown 操作已发生。它会创建一个新气球并使它膨胀。

6. 在 Inspector 中，将 Input Action 改为 PressedUp。

7. BalloonController 检测到 PressedUp 操作已发生，则释放当前的气球。

测试完成后，不要忘记重新启用输入控制器组件！

随着开发项目的增多及其复杂程度的增长，这种通过手动设置开发和测试对象状态的功能十分有用。

5.5 使用 Unity 事件处理输入

我们将使用 Unity 事件探索第三种软件模式。事件允许事件源与事件的消费者分离，基本上，事件是一个信息系统，只要一个对象触发事件，该项目中的任何其他对象都可以监听该事件，还可以订阅事件发生时调用的特定函数。

你可通过 Unity Inspector 使用拖放进行设置，或者在脚本中订阅监听功能。在此示例中，我们将最小化所涉及的脚本，并使用 Unity 编辑器订阅事件。

事件是一个十分丰富的主题，我们只能在这里简单介绍它们。有关 Unity 事件的更多信息，网上有很多很好的参考，包括 Unity 教程 https://unity3d.com/learn/tutorials/topics/scripting/events 和 https://unity3d.com/learn/tutorials/topics/scripting/events-creating-simple-messaging-system。

图 5-11 说明了调用事件的输入控制器与订阅事件的气球控制器之间的关系。

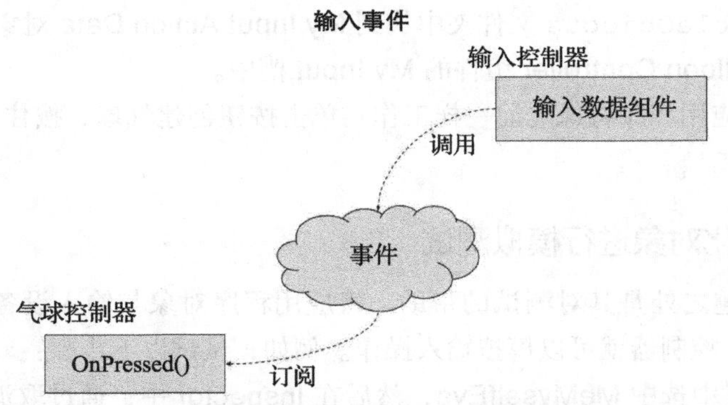
输入事件
输入控制器
输入数据组件
调用
事件
气球控制器
OnPressed()
订阅
通过 Unity 事件，当输入数据改变时输入组件将调用事件，并且订阅
事件的监听函数也会在该事件发生时被调用。

图 5-11

值得注意的是，与普通事件不同，这些事件不需要取消订阅。

如果你是开发人员并且熟悉.NET，那么了解Unity事件可能会有所帮助。正如Unity手册中所解释的那样，UnityEvent可以添加到任何MonoBehaviour中，并且是从标准的.NET委托代码执行。当UnityEvent添加到MonoBehaviour时，它会出现在Inspector中，并且可以添加持久回调。

5.5.1 调用输入操作事件

要通过事件来实现我们的实例，首先要在按钮按下时触发MyInputController事件，在释放按钮时触发其他事件。

首先需要在脚本的顶部声明正在使用的Unity事件API，然后声明将调用的两个UnityEvent。Update()函数只需在事件发生的时候调用一个事件或另一个事件。

整个MyInputController.cs脚本如下：

```
using UnityEngine;
using UnityEngine.Events;

public class MyInputController : MonoBehaviour
{
 public UnityEvent ButtonDownEvent;
 public UnityEvent ButtonUpEvent;

 void Update()
 {
   if (ButtonDown())
     ButtonDownEvent.Invoke();
   else if (ButtonUp())
     ButtonUpEvent.Invoke();
 }

 private bool ButtonDown()
 {
   return Input.GetButtonDown("Fire1");
 }

 private bool ButtonUp()
 {
   return Input.GetButtonUp("Fire1");
 }
}
```

以上即事件处理的第一部分。

5.5.2 订阅输入事件

使用事件，BalloonController不需要在每帧更新时检查输入操作，所有条件逻辑都可以跳过。只需拖放组件即可将它们订阅到事件。如果已经实例化Update函数，则只需让气球膨胀。

现在整个 BalloonController.cs 看起来像下面这样，除了代码更少以外，请注意我们将 NewBalloon 和 ReleaseBalloon 函数从 private 修改为 public，以便在 Inspector 中引用它们：

```
public class BalloonController : MonoBehaviour
{
  public GameObject balloonPrefab;
  public float floatStrength = 20f;
  public float growRate = 1.5f;

  private GameObject balloon;

 void Update()
 {
   if (balloon != null)
     GrowBalloon();
 }

 public void NewBalloon()
 {
   balloon = Instantiate(balloonPrefab);
 }

 public void ReleaseBalloon()
 {
   balloon.GetComponent<Rigidbody>().AddForce(Vector3.up * floatStrength);
   balloon = null;
 }

 private void GrowBalloon()
 {
   balloon.transform.localScale += balloon.transform.localScale * growRate
* Time.deltaTime;
 }
}
```

将输入事件连接到气球控制器：

1. 选中 MeMyselfEye 并在 Inspector 窗口中查看。

2. 你将看到 My Input Controller 组件现在有两个事件列表，正如在脚本中声明的那样。

3. 在 Button Down Event 列表中，单击右下角的加号创建新项目。

4. 将 BalloonController 从 Hierarchy 拖到空的对象槽中。

5. 在函数选择列表中，选择 BalloonController | NewBalloon。

对“Button Up Event”重复此过程，如下所示：

1. 在 Button Up Event 列表中，单击右下角的加号创建新项目。

2. 将 BalloonController 从 Hierarchy 拖到空的对象槽中。

3. 在函数选择列表中，选择 BalloonController | ReleaseBalloon。

该组件现在应如图 5-12 所示。

图　5-12

现在，当你单击 Play 并按下按钮时，输入控制器将调用一个事件，而 NewBalloon 函数正在监听这些事件并被调用。这些同样适用于 Button Up 事件。

这种连接完全可以用脚本完成，但我们不会在这里讨论它。作为开发人员，我们通常是其他人设置的事件系统的"用户"。随着体验的增加，你可能会发现你正在实施自己的自定义事件。

有关将 Unity 事件用于用户界面的另一个详细示例，请参考 *Augmented Reality for Developers*，该书由 Packt 出版社出版，由 Jonathan Linowes 和 Krystian Babilinski 共同撰写。

5.6　使用双手

本章最后将要探讨的几件事是如何让你的双手更好地融入虚拟现实。除了按钮和触摸板以外，VR 手柄控制器可以与你的头部一起在 3D 空间中被追踪。基于 PC 和控制台的 VR，例如 Rift、Vive、MR 和 PSVR，在这方面都十分优秀。它们的左手和右手手柄都有完整的定位手柄控制器。低端移动 VR（例如 Daydream），有一个追踪功能有限的单手控制器，但总比没有好。

首先，我们利用位置追踪将气球设置为手模型的子对象。在 VR 上，如果像 Daydream 一样没有实际位置追踪功能，则手柄控制器的位置由 SDK 软件估计，但足够用。

5.6.1　将气球设为手柄的子对象

我们希望：当你按下按钮，气球将会在手所处的位置被创建并变大，而不是在固定的位置上。实现此目的方法之一是将气球实例化为手柄控制器对象的子对象。

BalloonController 需要知道哪个手柄控制器按下按钮，并将气球置于该控制器之下作为子对象。具体来说，我们将手柄游戏对象传递给 NewBalloon 函数，如下所示：

```
public void NewBalloon(GameObject parentHand)
```

```
{
  if (balloon == null)
  {
    balloon = Instantiate(balloonPrefab);
    balloon.transform.SetParent(parentHand.transform);
    balloon.transform.localPosition = Vector3.zero;
  }
}
```

请注意，在该函数中我们为（balloon==null）添加了一个额外的测试，以确保我们没有在尚未释放第一个气球的情况下重复调用 NewBalloon。

像之前一样，我们从预制件中实例化一个新的气球。

然后，我们将其设置为 parentHand 对象的子对象，类似于在 Hierarchy 中拖动一个对象使之成为另一个对象的子对象。游戏对象间的父子级关系由内置的 Transform 组件处理，因此 API 函数在作用于 Transform 上。

最后，我们重置气球的局部位置。是否还记得，预制件曾被置于（0，1，1）或类似的位置。作为手柄的子对象，我们希望它直接附在手柄模型的枢轴点上。（或者，也可以根据需要将气球原点设置在其他附着点。）

值得注意的是，Instantiate 函数有多种方式可用于指定父对象，并在一次调用中转换所有内容。请参阅 https://docs.unity3d.com/ScriptReference/Object.Instantiate.html。

同样，ReleaseBalloon 在发送气球之前将气球与手柄分离，如下所示：

```
public void ReleaseBalloon()
{
  if (balloon != null)
  {
    balloon.transform.parent = null;
    balloon.GetComponent<Rigidbody>().AddForce(Vector3.up *
floatStrength);
  }
  balloon = null;
}
```

如何将手柄游戏对象传递给 NewBalloon？假设你的项目目前正在使用上一节中设置的 Unity 事件，那么它将非常简单。在 Inspector 中，我们需要更新 Button Down Event 函数，因为它现在需要游戏对象参数：

1. 在 Unity 编辑器中，选择 MeMyselfEye 对象。
2. 在 Button Down Event 列表中，该函数可能会显示 Missing BalloonController.NewBalloon。
3. 选择函数下拉菜单并选择 BalloonController | NewBalloon(GameObject)。
4. 在 Hierarchy 中展开 MeMyselfEye 对象并找到手柄模型，然后将其拖到空的 Game Object 槽中。
5. 如果正在使用 OpenVR，则该手柄将称为 Controller（right）。

6. 如果正在使用 Daydream，则该手柄将称为 GvrControllerPointer。

图 5-13 是我生成一堆气球“飞跃”大峡谷的截图，很有趣！

图　5-13

5.6.2　让气球爆炸

老实说，难以想象有人创建气球却不想将其戳爆。为了趣味性，让我们快速实现它。关于如何改进它，你可以提出自己的想法。

Unity 物理引擎可以检测两个物体的碰撞。为此，每个对象需要添加一个 Collider 组件。然后可以通过碰撞触发事件。我们可以订阅事件以使其他事件发生，例如展示爆炸效果，这将在气球预制件上进行设置。所以，当两个气球发生碰撞时它们会爆炸，步骤如下：

1. 将 Balloon 预制件的副本从 Project 中的 Assets prefabs 文件夹拖进场景 Hierarchy 中。

2. 选择 Add Component | Physics | Sphere Collider。

3. 为缩放碰撞体并将其居中到位，单击组件中的 Edit Collider 图标。

4. 在 Scene 窗口中，绿色碰撞体轮廓有可以单击以编辑的小锚点。请注意，用 Alt 键固定中心位置，用 Shift 键锁定比例。

5. 也可以直接编辑 Center（中心）和 Radius（半径）。我将气球的半径设置为 0.25，中心设置为（0，0.25，0）。

现在，我们将添加一个脚本来处理碰撞事件：

1. 添加组件以创建新的 C# 脚本。
2. 将其命名为 Poppable。
3. 打开它进行编辑。

Poppable 脚本为 OnCollisionEnter 事件提供回调函数。当另一个带有碰撞体的对象进入该对象的碰撞体时，我们的函数将被调用。那时，我们就调用 PopBalloon 以实例化爆炸并销毁气球：

```
public class Poppable : MonoBehaviour
{
 public GameObject popEffect;

 void OnCollisionEnter(Collision collision)
 {
   PopBalloon();
 }

 private void PopBalloon()
 {
   Instantiate(popEffect, transform.position, transform.rotation);
   Destroy(gameObject);
 }
}
```

你可以看到，OnCollisionEnter 获取一个 Collision 参数，其中包括与哪些游戏对象发生碰撞的信息。我们将无视这一点，但你可以通过 https://docs.unity3d.com/ScriptReference/Collision.html 进行更深入的探讨。

保存脚本，现在返回 Unity：

1. 从 Project Assets 中选择一个粒子系统预制件，例如 Assets/Standard Assets/ParticleSystems/Prefabs/Explosion（这是我们在第 4 章中用于杀死 Ethan 所使用的）。
2. 将效果预制件拖到 Poppable 的 Pop Effect 槽中。
3. 单击 Apply 将这些更改保存回预制件中。
4. 现在可以从 Hierarchy 中删除 Balloon。

好了，让我们来试试。单击 Play，创建一个气球。然后，找到并再次按下按钮，以便创建出新气球与该气球进行碰撞。它会爆炸吗？当然！

5.7 交互项目

直接与 VR 中的对象进行交互（例如，抓取项目并使用它们执行其他操作）会稍微复杂一些，而且，要正确完成操作可能会有些棘手。因此，特别在本书中，开发我们自己的交互系统是毫无意义的。遗憾的是，目前还没有一个标准的工具包。但是，可供使用的非常好的工具包有很多，尽管大多数都是针对单个目标平台的。

通常，这些解决方案的架构类似：

- 为玩家摄像机装备提供预制件。
- 摄像机装备包括用于手柄的对象，包括输入控制器组件。
- 手柄对象包括在交互发生时触发事件的组件。
- 一个可交互组件被添加到场景中的任何可以使用输入事件交互的对象。
- 其他组件与可扩展选项的可交互行为。

工具包包括一系列演示场景，这些场景提供了如何使用特定工具包的丰富示例。通常，研究示例可以了解如何使用工具包，这比实际的文档更有用，但文档中包含了更多有效的信息。

在本节中，我们将介绍如何使用工具包 SteamVR InteractionSystem 和 Daydream VR Elements 来完成抓取和抛出功能，该技术与其他平台类似。

对于 Oculus SDK（没有 OpenVR），你将需要集成 Oculus Avatar SDK（有关 Oculus Avatar 的更多信息，请参阅第 12 章）。此外，https://www.youtube.com/watch?v=sxvKGVDmYfY 有一个视频，显示了如何将 OVR Grabber 组件添加到 OVR-CameraRig 控制器。

5.7.1 使用 SteamVR 交互系统进行交互

SteamVR Unity 包包含一个交互系统，它最初是为 Steam 的令人印象深刻的 VR 演示应用程序“The Lab”（http://store.steampowered.com/app/450390/The_Lab/）中的小游戏和场景开发的。可以在 Assets/SteamVR/InteractionSystem/ 文件夹中找到它。我们建议你浏览该实例场景、预制件和脚本。

该交互系统包括它自带的玩家摄像机装备，取代了我们一直使用的默认的 [CameraRig]。Player 层次结构如图 5-14 所示。

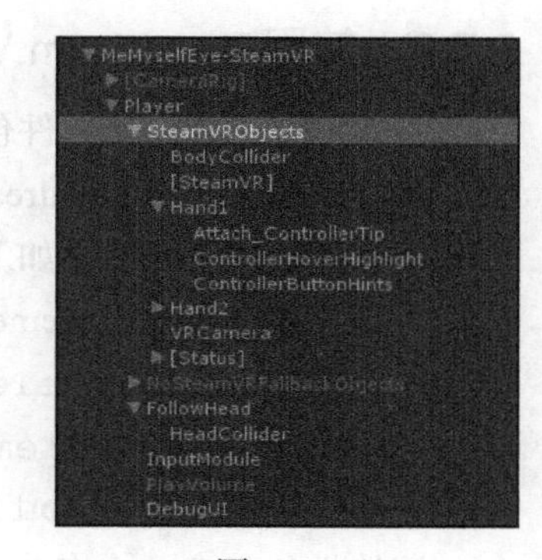

图 5-14

它包括一个 VRCamera、两个手柄（Hand1 和 Hand2）以及其他有用的对象。每个手柄包含一个附着点（Attach_ControllerTip）、一个悬停高亮显示（ControllerHoverHighlight）以及一个信息提示对象（ControllerButtonHints）。

1. 在 SteamVR/InteractionSystem/Core/Prefabs 中找到 Player 预制件，并将其作为 MeMyself-Eye 的子对象拖到场景 Hierarchy 中。

2. 删除或禁用 [CameraRig] 对象。

为了兼容当前场景，我们需要在 Button Down Event 中更新 NewBalloon 参数：

1. 在 Hierarchy 中展开 Player 对象，以便看到 Hand1 和 Hand2 对象。
2. 在 Hierarchy 中选中 MeMyselfEye。
3. 从 Hierarchy 中将 Hand2（或 Hand1）拖到 My Input Controller 组件上的 Button Down Event 的 GameObject 槽中。

接下来，可在可交互对象上使用大量组件。查看 `SteamVR/InteractionSystem/Core/Scripts` 文件夹内容，我们将使用 Throwable。

首先，我们在一个基本的立方体上试一下。然后，我们将使气球可抓取也可丢弃：

1. 在 Hierarchy 中，创建一个立方体（Create | 3D Object | Cube）。
2. 缩放并将其定位在 Player 的可触及距离内。例如，Scale（`0.3, 0.3, 0.3`）和 Position（`-0.25, 1.3, -0.25`）可能有效。
3. 选中立方体，从交互系统中添加组件 `Throwable`。
4. 请注意，这将自动添加其他所需组件，包括基本的 Interactable 和一个 RigidBody。
5. 在 RigidBody 组件中，取消选中 Use Gravity 复选框，使其在空中悬浮而不是在游戏过程中掉到地上。

现在当你单击 Play 时，可以伸手去拿立方体，这样你的控制器就会穿透（碰撞）它。然后，使用控制器上的扳机键，抓住立方体并将其扔掉。

为了使气球可投掷，我们修改预制件：

1. 将 Balloon 预制件的副本从 Project 窗口拖到场景 Hierarchy 中。
2. 添加 Steam Throwable 组件。
3. 单击 Apply 以保存预制件。
4. 从 Hierarchy 中删除气球。

单击 Play。单击 Fire1 按钮以创建气球并为它充气。释放它。然后，用扳机键抓住它，再扔掉它。如果你之前实现了 Poppable 爆炸，则当它撞击地面或照片平面之类的物体时，它甚至会像抛投物体一样爆炸！

5.7.2 使用 Daydream VR Elements 进行交互

基本的 GoogleVR 软件包不包括可交互项，但你可以在 Daydream Elements 软件包中找到。此软件包是使用 Daydream VR 的演示场景、组件和预制件的集合，由 Google 工程师开发。获取此软件包的步骤如下：

1. 访问 Daydream Elements 的 Github Release 页面，网址为：`https://github.com/googlevr/daydream-elements/releases`。
2. 下载 `DaydreamElements.unitypackage`。
3. 使用 Assets | Import Package | Custom Package 将其导入项目。

该软件包包含一个名为 `ObjectManipulationPointer` 的预制件，它是我们一直使用的 GvrControllerPointer 的替代品：

1. 在 Hierarchy 中，展开 MeMyselfEye 并找到 Player 对象。

2. 选择 GvrControllerPointer 并在 Inspector 中禁用它。

3. 在 Project 窗口中，找到 Assets/DaydreamElements/Elements/Object-ManipulationDemo/Prefabs/UI/ 文件夹。

4. 将 ObjectManipulationPointer 预制件拖到 Hierarchy 中作为 GvrControllerPointer 的兄弟项。

为了与当前的场景兼容，我们还需要在 Button Down Event 中更新 NewBalloon 参数：

1. 在 Hierarchy 中选择 MeMyselfEye。

2. 将 ObjectManipulationPointer 从 Hierarchy 拖到 My Input Controller 组件上的 Button Down Event 中的 GameObject 槽中。

接下来，对于可交互对象，我们添加一个 MoveablePhysicsObject 组件，可在 Assets/DaydreamElements/Elements/ObjectManipulationDemo/Scripts/ 中找到它。

有关 Daydream Elements 对象操作的其他信息，请访问 https://developers.google.com/vr/elements/objectmanipulation。

首先，我们在一个基本的立方体上试一下。然后，我们将使气球可抓取也可丢弃：

1. 在 Hierarchy 中，创建一个立方体（Create | 3D Object | Cube）。

2. 缩放并将其定位在 Player 的可触及距离内。例如，Scale（0.25，0.25，0.25）和 Position（-0.4，0.75，-0.3）可能有效。

3. 选中立方体，添加 MoveablePhysicsObject 组件。

4. 请注意，如果没有 RigidBody 组件，将会自动添加该组件。

5. 在 RigidBody 组件上，取消选中 Use Gravity 复选框，使其在空中悬浮而不是在游戏过程中掉到地上。

现在，当你按下 Play 时，可以使用控制器将激光束照射到立方体上。然后，按下控制器上的点击按钮抓住它。之后移动它并再次按下以释放它。

由于目前应用程序创建新气球与操纵激光使用的是相同按钮，因此每次我们使用该按钮都会得到一个气球。考虑到这个问题，我们将把这作为实现逻辑的练习，例如，当 MoveablePhysicsObject 正在移动物体时，则告诉 MyInputController 不调用事件。

提示：你可以给立方体添加一个脚本组件以检测 MoveablePhysicsObject 状态，并在选中对象时禁用 MyInputController 操作。目前还没有很好的相关文档，但请查看 MoveablePhysicsObjects.cs 的源代码及其基类 MoveablePhysicsObjects.cs。

为了使气球可投掷，我们修改预制件：

1. 将 Balloon 预制件副本从 Project 窗口拖到 Hierarchy 中。
2. 添加一个 MoveablePhysicsObject 组件。
3. 单击 Apply 以保存预制件。
4. 从 Hierarchy 中删除 Balloon。

单击 Play。单击该按钮以创建气球并为气球充气。释放它。然后尝试使用激光将其抓住。如果你之前实现了 Poppable 爆炸，则当它撞击物体时，它甚至会爆炸！

5.8 本章小结

在本章中，我们探讨了在 VR 项目中各种用于处理用户输入的软件模式。玩家使用控制器按钮创建气球、给气球充气并释放气球到场景中。首先，我们尝试使用标准输入类来检测逻辑按钮单击，例如 Fire1 按钮，然后学习了如何访问特定于设备的 SDK 输入，例如带有触觉反馈的 OpenVR 扳机键。

在我们的场景中，我们实现了一个简单的输入组件用来轮询按钮操作。然后，我们重构代码以使用脚本化对象来保存输入操作数据。在第三个实现中，我们使用 Unity 事件将输入操作发送到监听组件。我们还增强了将气球连接到虚拟手柄位置的场景，并为气球添加了爆炸的能力！最后，我们使用一个可交互框架（用于 SteamVR 和 Daydream）来实现抓取和投掷，在此过程中使用了给定工具包中提供的组件而不是尝试自己编写它。

在下一章中，我们将使用 Unity UI（用户界面）系统来实现信息画布、按钮以及其他 UI 控件，以便进一步探讨用户交互。

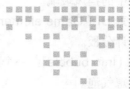

第6章 Chapter 6

世界坐标系 UI

在上一章中，我们探讨了如何在世界坐标场景中与游戏对象交互。这些对象不仅可以是球、玩具、工具和武器，也可以是用于交互的按钮和其他用户界面的小部件。此外，Unity 还包括用于构建菜单和其他 UI 的用户界面画布系统。

图形用户界面（GUI）或者说 UI 通常是指屏幕上的二维图形，它叠加在主游戏界面之上，并通过状态消息、仪表盘以及诸如菜单、按钮、滑动条等输入控件将信息呈现给用户。

在 Unity 中，UI 元素始终驻留于一个画布之上。Unity 手册如下引述画布组件：

“Canvas（画布）组件呈现 UI 布局和渲染的抽象空间。所有 UI 元素都必须是附加了 Canvas 组件的 GameObject 的子对象。”

在传统视频游戏中，UI 对象通常作为一个叠加层渲染在屏幕空间画布中。屏幕空间 UI 类似于一块粘在电视或显示器上的纸板，而游戏操作叠加于其后。

但是，这在 VR 中行不通。如果你想在虚拟现实中把屏幕空间用于 UI，你会遇到一些问题。因为虚拟现实中有两个立体摄像机，需要为双眼准备单独的视图。传统的游戏可能会把屏幕的边缘用于 UI，但是虚拟现实并没有屏幕边缘！

在 VR 中，我们使用各种途径把用户界面元素放进**世界坐标系**（World Space）而不是屏幕坐标系中。本章将详细定义这些类型并列举一些示例：

- **护目镜平视显示器**（Visor heads-up display）：使用护目镜平视显示器时，无论你的头部如何移动，用户界面画布始终在你双眼的正前方。
- **十字光标**（Reticle cursor）：与护目镜平视显示器类似，用一个十字或箭头光标选择场景中的物体。
- **挡风玻璃平视显示器**（Windshield HUD）：一个弹出面板浮动在 3D 空间之中，就像驾驶舱中的挡风玻璃。

- **游戏元素 UI（Game element UI）**：画布在屏幕中作为游戏界面的一部分，如同体育馆中的计分板。
- **信息框（Info bubble）**：一个附加到场景中对象上的 UI 消息，就像一个盘旋在角色头部的浮想气泡。
- **游戏中的仪表盘（In-game dashboard）**：一个控制面板，是游戏界面的一部分，通常位于腰部或桌面高度。
- **腕部菜单栏（Wrist-based menu palette）**：使用双手输入控制器，在一只手上显示菜单，用另一只手选择并使用所选工具。

这些 UI 技术的不同源于你在何时何地显示画布，以及用户如何与画布进行交互。本章中，我们将依次尝试这些 UI 技术。同时，我们还将继续探讨使用头部移动和手势进行用户输入以及按钮单击。

注意，本章中的有些项目使用第 4 章中完成的场景，但这些项目是独立的，并且不会被本书中的其他章节直接引用。如果你决定跳过其中的某些项目或者不保存它们，也没有关系。

6.1 学习 VR 设计原则

开始之前，我想先介绍一下设计 3D 用户界面和 VR 体验的主题。在过去几十年中这方面已有许多成果，当然过去的几年中也是如此。

随着消费级 VR 设备变得如此便宜，以及开发工具 Unity 的功能日益强大，人们开始发明并尝试新事物、不断地创新以及开发真正精彩的 VR 体验。你很可能就是其中一个。但是，如今 VR 的背景并非一片空白，而是有一段研究与开发历史造就了如今的 VR。例如，*3D User Interfaces: Theory and Practice*（Bowman 等著）是在消费者、工业、科学应用以及研究方面有关于 3D 用户界面的一本经典科学研究成果。它最初于 2004 年出版，在 2017 年出版了第二版（LaViola 等著），并且是一本实时更新学术理论与实践准则的著作。

目前关于 VR 设计的著作更容易获取。由受欢迎的 VR 物理软件包 NewtonVR 的共同创建者 Adrienne Hunter 编写的"Get started with VR—user experience design"（https://medium.com/vrinflux-dot-com/get-started-with-vr-userexperience-design-974486cf9d18）是一本易于阅读且实用的书，它是为 VR 用户体验设计的。本书定义了一些重要的核心原则，包括使 VR 像一个圆形剧场一样，利用物体、灯光、音频线索以及为空间设计的高度、可达性来引起用户的注意。

另一篇很棒的文章是"Practical VR—A Design Cheat Sheet"（https://virtualrealitypop.com/practical-vr-ce80427e8e9d），该文旨在为作者维护和更新 VR 提供设计指南、流程、工具以及其他资源。

我最喜欢的 VR 设计研究之一是 Mike Algers 在 2015 年作为研究生设计的 VR 界面设计预可视化方法。他发表的一篇易于理解的设计原则的论文，特别是针对坐式 VR 体验建立人机工程学的工作空间和视觉感受，我们将在本章中引用其中的一些想法。Algers 还探讨了 VR 的按钮设计、模型工作流程和 VR 操作系统设计的概念。（Algers 目前在 Google VR 开发小组工作）。

在他的论文中，Algers 在用户的第一人称位置周围建立了一系列舒适区域，如图 6-1 所示。

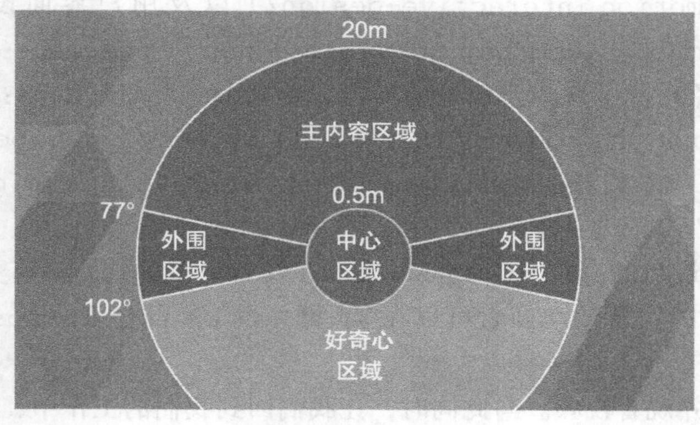

图 6-1

任何东西放在 0.5 米以内都会由于距离太近而影响舒适性，你可能不得不为了聚焦并追踪该范围内物体而交叉调焦你的双眼。超过 20 米的距离太远以至于无法进行有意义的交互，并且对于有视差的深度感知来说也太远。你的外围区域（77° ～ 102°）不应该包含主要内容和交互，但可以包含次要内容和交互。在你身后称为好奇心区域，你需要伸展（或转动你的椅子或转身）才能观察那边发生了什么，所以最好这是很重要但不紧急的区域。主内容区域是你的正常工作区域。然后，考虑到在工作空间中的手臂伸展（向前、向上和向下）和其他正常的人体动作，Algers 为坐式 VR 定义了最佳虚拟工作区域，如图 6-2 所示。

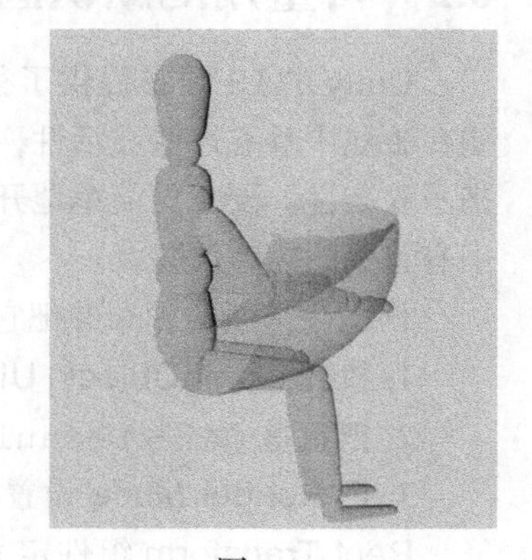

图 6-2

对于站立 VR 和房间规模 VR 而言，工作空间是不同的。站立 VR 可能更易于（并且期望）能够转身访问周围的事物。在房间规模 VR 中可以四处走动（并且跳跃、躲避和爬行）。Owlchemy 实验室的 Alex Schwartz 和 Devin Reimer（自被 Google 收购以来），在他们的 Oculus Connect 2 演讲（https://www.youtube.com/watch?v=hjc7AJwZ4DI）中讨论了为广受欢迎的工作模拟器设计站立 VR 体验的挑战，包括适应现实世界的人体工程学和各种高度体验。

一些其他优秀的虚拟现实设计资源包括：

- Oculus 关于 VR 设计最佳实践的系列文章包含对用户输入的讨论，其中涉及移动、按钮映射、菜单以及在 VR 中使用双手的建议（https://developer.oculus.com/design/latest/concepts/bp-userinput/）。
- Leap Motion（我们在本书中没有介绍其手部识别技术）有一些关于 VR 设计的精彩文章，可以在 https://developer.leapmotion.com/explorations 中找到，其中包含很棒的交互设计内容（http://blog.leapmotion.com/building-blocks-deep-diveleap-motion interactive-design/）以及用户界面设计内容（http://blog.leapmotion.com/beyond-flatland-user-interface-design-vr/）。
- Google 已经开发了许多开创性的例子，包括 Daydream Labs：Lessons Learned from VR Prototyping -Google I/O 2016（https://www.youtube.com/watch?v=lGUmTQgbiAY）和 Daydream Elements(https://developers.google.com/vr/elements/overview)。

当然，这只是最初的介绍，Google 每天都在发布更多的内容。有关用户界面设计与虚拟现实用户体验的竞选活动列表可以在 VR 网站的 UX 部分（https://www.uxofvr.com/）查看。

请愉快地阅读并观看视频。与此同时，让我们回到我们的工作中，是时候实现一些我们自己的 VR UI 了。

6.2 可重用的默认画布

Unity 的 UI 画布提供了很多的选项和参数，能够灵活适应各种图形布局。我们不仅期望在游戏中具有这些灵活性，还期望它们存在于网页和移动应用中。但是，这些灵活性也带来了复杂性。要想更简单地开发本章中的示例，我们要先构建一个可重用的预制件画布，其中有首选的默认设置。

创建一个新的画布并把它的 Render Mode 设置成 world space，步骤如下：

1. 找到 GameObject | UI | Canvas。
2. 把它重命名为 DefaultCanvas。
3. 把 Render Mode 设置成 World Space。

Rect Transform 组件定义画布自身的网格系统，就像坐标图纸上的网格线。它用于在画布中放置 UI 元素。请把它设置成方便的 640×480，宽高比为 0.75。Rect Transform 组件的宽和高不同于场景中画布的世界坐标大小。我们按照下面的步骤配置 Rect Transform：

1. 在 Rect Transform 中，设置 Width=640，Height=480。

2. 在 Scale 中，把 X，Y，Z 设置成（0.001 35, 0.001 35, 0.001 35）。这是以世界坐标系单位表示的像素大小。

3. 现在，把画布放在距地平面中央一个单位的高度上（0.325 是 0.75 的一半）。在 Rect Transform 中，把 Pos X、Pos Y、Pos Z 设置成（0, 1.325, 0）。

接下来，我们添加一个空的 Image 元素（带有白色背景）以帮助我们将画布显示出来，然后为画布制作一个不透明的背景用以备用（也可以使用 Panel UI 元素）:

1. 选中 DefaultCanvas，找到 GameObject | UI | Image（确保它是 DefaultCanvas 的子对象，如果不是的话，把它移到 DefaultCanvas 之下）。

2. 选中 Image，在 Rect Transform 面板的左上方，有一个 anchor presets 按钮（下图中可以看到）。选择它打开 Anchor Presets 对话框，按住 Alt 键不动可以查看 stretch 和 position 选项，然后选择右下角的那个选项（stretch-stretch）。现在，那张（空的）图片拉伸填充画布。如图 6-3 所示。

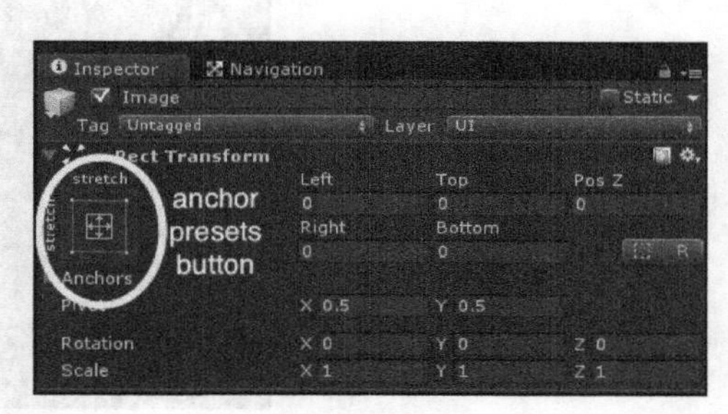

图　6-3

3. 对照图 6-3 中 DefaultCanvas 子对象 Image 的默认属性设置（如图 6-4 所示），再次检查 Image 设置。

以默认设置添加一个 Text 元素，步骤如下：

1. 选中 DefaultCanvas，找到 GameObject | UI | Text（确保它是 DefaultCanvas 的子对象，如果不是，把它拖到 DefaultCanvas 之下）。New Text 字样应该会出现在画布上。

2. 选中 Text，把 Alignment 设置成**水平居中**和**垂直居中**，把 Vertical Overflow 设置成 Overflow，把 Scale 设置成（4, 4, 4）。

3. 使用 Rect Transform 面板左上方的小窗口把其 anchor presets 按钮设置成（stretch-stretch）。

4. 对照图 6-5 中 DefaultCanvas 子对象 Text 的默认属性设置，再次检查 Text 设置。

保持选中 DefaultCanvas 并设置 Canvas Scaler | Dynamic Pixels Per Unit 为 10，增加像素的分辨率以便让文本的字体更清晰。

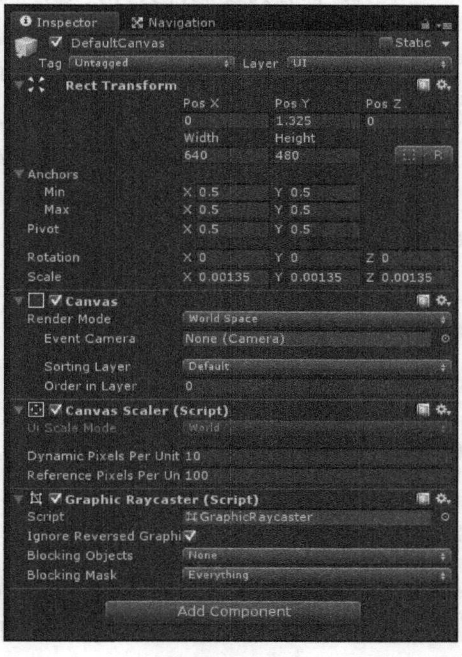

图　6-4

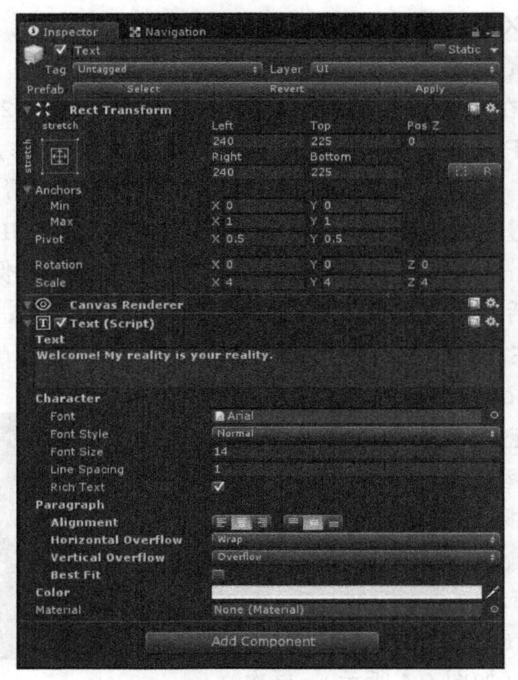

图 6-5

最后，保存为预制件资源，这样就可以在本章中重用了，步骤如下：

1. 根据需要，在 `Project Assets` 中创建一个名为 `Prefabs` 的文件夹。

2. 把 `DefaultCanvas` 对象拖进 `Project Assets/Prefabs` 文件夹下，创建成一个预制件。

3. 现在从 Hierarchy 面板中删除 `DefaultCanvas` 的实例。

很高兴我们终于完成了。现在，我们可以使用带有不同 VR 用户界面的 `DefaultCanvas` 预制件。

画布有一个 `Rect Transform` 组件，它定义了画布自身的网格系统，就像坐标图纸上的网格线。它用于摆放画布上的 UI 元素，这与世界坐标系中画布对象的位置和大小不同。

6.3 护目镜 HUD

平视显示器（或者说 HUD）是一个处于你视野中的浮动画布，它叠加在游戏界面上。在 VR 的术语中，有两个 HUD 的变种，我将这两个变种称为护目镜 HUD（visor HUD）和挡风玻璃 HUD（windshield HUD），本节讨论第一种。

在护目镜 HUD 中，UI 画布是附加到摄像机上的。它不会响应你的头部移动，当你的头部移动时，它还是附着在你的脸上。我们用一种更形象化的方式来说明它，假设你戴着一个有护目镜的头戴式显示器，而 UI 投射在护目镜的表面上。这在虚拟现实中也许效果不错，但可能会破坏沉浸感。所以，它应该一般只用于游戏界面的一部分，或者用于带你离开场景，例如用于硬件或系统的工具菜单。

我们用下面的步骤制作一个带有欢迎消息的护目镜 HUD，看看我们自己的感受如何：

1. 在 Hierarchy 面板中，展开 `MeMyselfEye` 节点并找到 `Main Camera` 对象（对于 Open VR，它可能是 `[CameraRig]/Camera(head)`；对于 Daydream，它可能是 `Player/Main Camera/`）。

2. 在 Project 面板中，把 `DefaultCanvas` 预制件拖进 Camera 对象，让它成为 Camera 的子对象。

3. 在 Hierarchy 面板中，选中画布，重命名为 `VisorCanvas`。

4. 在画布的 Inspector 面板中，把 `Rect Transform` 组件的 Pos X、Pos Y、Pos Z 值设置为（`0, 0, 1`）。

5. 展开 `VisorCanvas` 节点并选择 `Text` 对象。

6. 在 Inspector 面板中，把文本从默认文本改成 Welcome! My reality is your reality。（你可以在文本输入区换行。）

7. 把文本颜色改成某种亮色，比如绿色。

8. 通过在 Inspector 面板中取消选中 Enable 复选框禁用 `Image` 对象，使其只显示文本。

9. 保存场景，在 VR 中体验它。

图 6-6 是使用了 `VisorCanvas` 的 Rift 屏幕的截图。

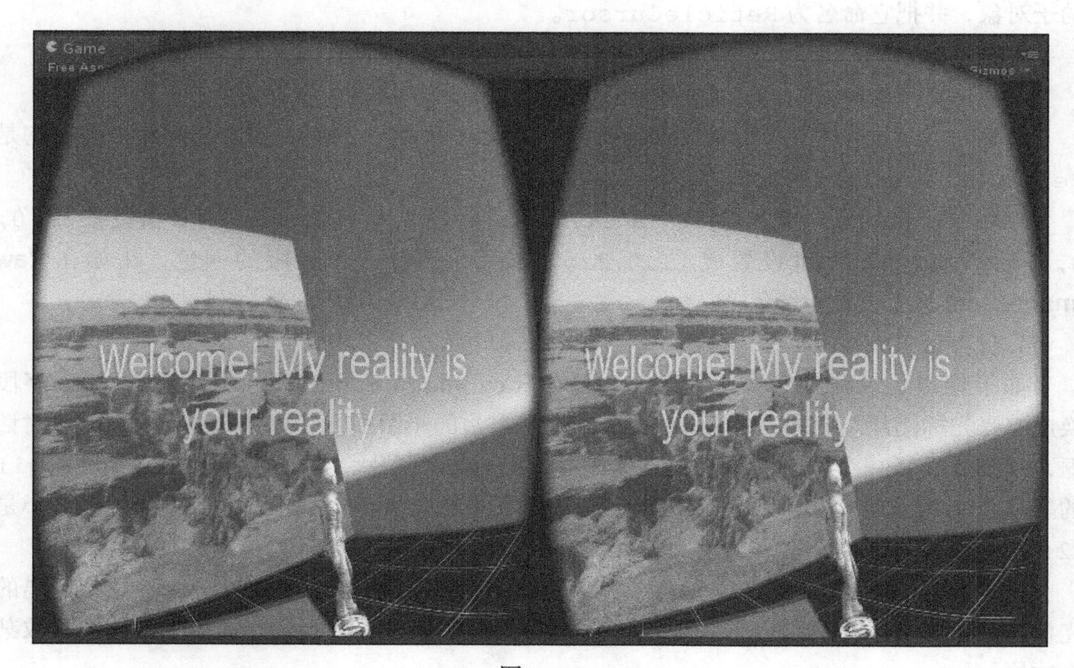

图　6-6

在 VR 中，当你向四周移动头部时，文本会随之移动，因为它附加在你的脸部正前方的护目镜上。

护目镜 HUD 和十字光标画布被设置成摄像机的子对象。

现在，要么禁用 VisorCanvas，要么删除它（在 Hierarchy 面板中，单击右键选择 Delete），因为我们将要在后面的章节中用不同的方式显示欢迎消息。接下来，我们讨论这项技术的一个其他应用。

6.4 十字光标

护目镜 HUD 的一种变体是在第一人称射击游戏中的十字线或十字光标，这是一个必需品，它类似你正看着瞄准镜或者显微镜（而不是护目镜），而且你头部的移动与枪或炮塔本身一起移动。你可以用一个普通的游戏对象制作它（比如一个四边形 + 一张纹理图片），但是本章讨论 UI，所以使用画布，步骤如下：

1. 在 Hierarchy 面板中找到 Main Camera 对象。
2. 在 Project 面板中，把 DefaultCanvas 预制件拖进摄像机对象，让它成为摄像机的子对象，并把它命名为 ReticleCursor。
3. 把 Rect Transform 组件的 Pos X、Pos Y、Pos Z 值设置为（0, 0, 1）。
4. 删除其子对象—Image 和 Text，这将会分解预制件组，但没关系。
5. 通过在主菜单栏找到 GameObject | UI | Raw Image 添加一张原始图片，确保它是 ReticleCursor 的子对象。
6. 在 RawImage 对象的 Rect Transform 中，把 Pos X、Pos Y、Pos Z 值设置为（0, 0, 0），Width 和 Height 设置成（22, 22）。然后，选择一个显眼的颜色，比如在 Raw Image(Script) 中设置为红色。
7. 保存场景，在 VR 中体验。

如果你想要一种更好看的十字线，则在 Raw Image(Script) 属性中，把 Texture 字段换成一张光标图片。比如，点击 Texture 字段最右边的小圆图标，打开 Select Texture 对话框，找到并选择一个适合的十字线，比如 Crosshair 图片。（本书中有 Crosshair.gif 的副本。）并确认将 Width 和 Height 的值设置成所选图片大小（Crosshair.gif 的大小是 22×22），确认 Anchor 被设置成 middle-center。

把 Pos Z 设置成 1.0，这样十字光标就浮动在距离你前方 1m 的位置。一个固定距离的光标在大多数 UI 情况下表现良好。例如，当你通过一块距离你固定距离的平面画布拾取某个物体。

然而，这是世界坐标系。如果另一个物体在你和十字线之间，十字线会变模糊。

另外，如果你看很远的物体，你将重新聚焦你的眼睛，而此时同时观察光标会有问题。（为了强调这个问题，试着把光标移得更近一些。例如，如果把 ReticleCursor 的 **Pos Z** 设置成 0.5 或更小，可能需要斜视才能看见它！）要解决这个问题，我们可以投射光线并把光标移动到你观察物体的实际距离，相应改变光标的大小以保持相同的大小。下面是一个比较方便的方案：

1. 选中 ReticleCurosr，单击 **Add Component | New Script**，命名为 CursorPositioner，并单击 **Create and Add**。

2. 通过双击，在 MonoDevelop 中打开以下脚本。

以下是 CursorPositioner.cs 脚本的代码：

```
using UnityEngine;
using UnityEngine.EventSystems;
using System.Collections;

public class CursorPositioner : MonoBehaviour {
  private float defaultPosZ;

  void Start () {
    defaultPosZ = transform.localPosition.z;
  }

  void Update () {
    Transform camera = Camera.main.transform;
    Ray ray = new Ray (camera.position, camera.rotation *
       Vector3.forward);
    RaycastHit hit;
    if (Physics.Raycast (ray, out hit)) {
      if (hit.distance <= defaultPosZ) {
        transform.localPosition = new Vector3(0, 0, hit.distance);
      } else {
        transform.localPosition = new Vector3(0, 0, defaultPosZ);
      }
    }
  }
}
```

脚本中的 transform.localPosition 是 **Rect Transform** 组件的 **Pos Z** 的值，如果它比给出的 **Pos Z** 的值小，脚本会把这个值改成 hit.distance。现在，你可以把十字线移动到一个更舒服的距离上，比如 **Pos Z**=2。

@eVRydayVR 有一个非常不错的教程，展示了如何实现可补偿距离和大小的世界坐标系十字线。你可以访问 https://www.youtube.com/watch?v=LLKYbwNnKDg 观看标题为“*Oculus Rift DK2-Unity Tutorial: Reticle*”的视频。

我们刚才实现了自己的十字光标，而现在很多虚拟现实 SDK 也提供了光标。例如，在 Google VR 中，GvrReticlePointer.cs 脚本是一个更完整的实例。另一个例子是 Oculus OVR 包，它包括一个可用来做指示光标的 Cursor_Timer 预制件。

6.5 挡风玻璃 HUD

术语平视显示器（Heads-up Display，HUD）原用于飞机，通过它，飞行员可以在向前平视的同时查看信息，而不用低头去看仪表板。基于这个用途，我们称之为挡风玻璃 HUD（windshield HUD）。就像护目镜 HUD 一样，其信息面板叠加于游戏界面之上，但它并不附着于你的头部，你可以认为它附着在驾驶座舱的座位上。

护目镜 HUD 就像是 UI 画布，它附着在你的头上，而挡风玻璃 HUD 像是附着在你周围的玻璃罩上。

我们用下面的步骤创建一个简单的挡风玻璃 HUD：

1. 在 Project 面板中，把 DefaultCanvas 预制件拖到 Hierarchy 面板中的 MeMyselfEye 对象之下，让它成为 MeMyselfEye 的子对象（这次不是在摄像机之下）。

2. 将其命名为 WindshieldCanvas。

3. 选中 WindshieldCanvas，把 Rect Transform 组件的 Pos X、Pos Y、Pos Z 设置成（0, 1.4, 1）。

4. 现在，设置 Text 组件。选中 WindshieldCanvas 下的 Text，将文本改成 Welcome! My reality is your reality。另外，把颜色也改成某种亮色，比如绿色。

5. 这一次，我们把面板变成半透明的。选中 WindshieldCanvas 下的 Image，选中其调色板，然后在 Color 对话框中，把 Alpha(A) 值从 255 改成 115。

相当简单，当你在 VR 中观察它时，画布就在你前方；但如果你向四周看，它的位置似乎保持静止，而且是相对于场景中的其他物体，如图 6-7 所示。

在第 7 章中，我们会知道，当一个第一人称角色穿过场景时，HUD 画布还会在你的前方，位于相对于你的身体对象 MeMyselfEye 的相同位置上。你现在可以在编辑器中试一下：

1. 在 Hierarchy 中选中 MeMyselfEye。

2. 单击 Play。

3. 在 Scene 窗口中移动 MeMyselfEye 的位置。在 VR 中，你将能看见 HUD 像你身体一部分或宇宙飞船的座舱一样跟随着你。

你也许意识到场景中的物体可能会使 HUD 画布变模糊，因为它们都占据了相同的世界坐标系。如果你想避免这种情况，则需要保证画布永远是最后渲染的，这样它就出现在所有其他对象的前面了，而不用关心3D空间的位置。在一个传统的单视场（monoscopic）游戏中，你可以通过为UI添加第二个摄像机和改变其渲染优先级做到这一点。而在立体VR中，必须用不同的方式实现这一点，并且可能需要为你的UI对象写一个自定义的着色器（shader）或将每层的遮挡剔除。（这是一个高级话题，请参阅“World Space canvas on top of everything?”主题的讨论：https://answers.unity.com/questions/878667/world-space-canvas-on-top-ofeverything.html。）

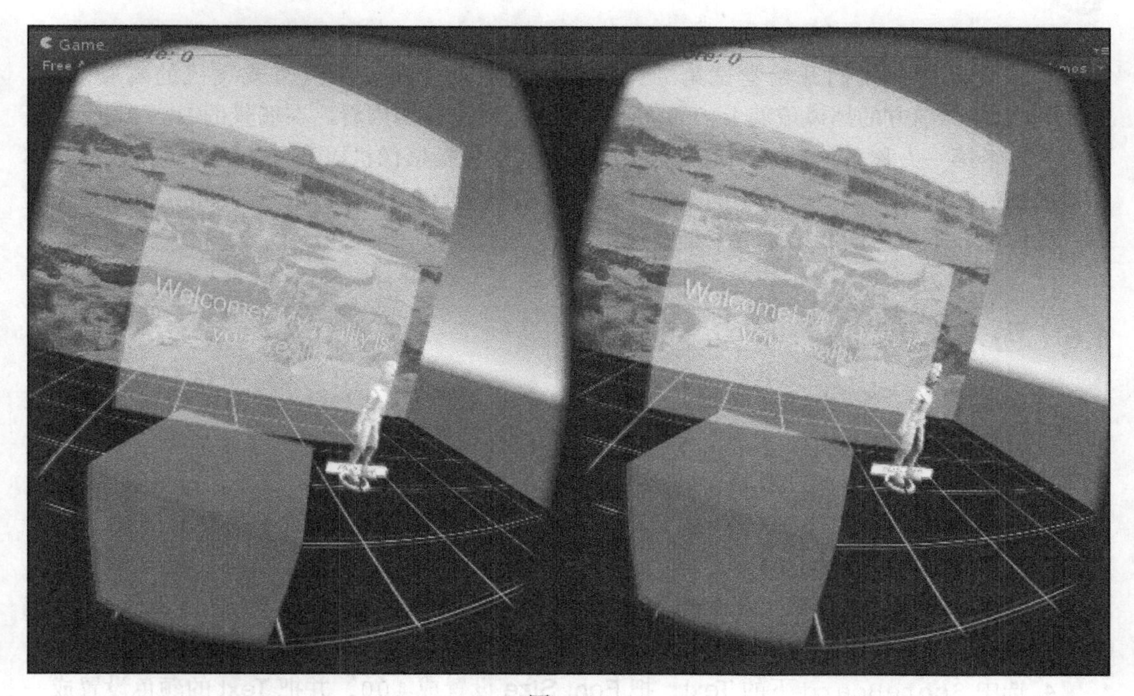

图 6-7

这种HUD的一个变种是转动画布，让它永远面对着你，这样它在3D空间中的位置就是固定的了，请参见5.8节以了解如何用代码实现它。

下面我们写一个脚本，用它在15s后移除欢迎消息的画布：

1. 选中 `WindshieldCanvas`，单击 Add Component | New Script，把脚本命名为 `DestroyTimeout`，再单击 Create and Add。

2. 在 MonoDevelop 中打开这个脚本。

`DestroyTimeout.cs` 脚本如下：

```
using UnityEngine;

public class DestroyTimeout : MonoBehaviour
{
  public float timer = 15f;
```

```
    void Start ()
    {
      Destroy (gameObject, timer);
    }
}
```

当游戏开始后，HUD 画布将会在计时器到期后消失。

挡风玻璃 HUD 画布被设置成第一人称人物角色的子对象，即摄像机的兄弟对象。

这个例子中，我们开始尝试第一人称角色。想象坐在一个汽车或飞机的驾驶舱内，HUD 投射在你前方的挡风琉璃上，而你可以自由地转头向四周看。在场景的 Hierarchy 面板中，有一个第一人称角色对象（MeMyselfEye），其中包括摄像机以及可能的虚拟角色的身体和你周围的其他装备。当游戏中的车辆移动时，整个座舱会一起移动，包括摄像机和挡风玻璃。我们会在本章后面和第 8 章中继续讨论。

6.6 游戏元素 UI

在第 4 章中，当 Ethan 爆炸时，GameContoller 对象的 KillTarget 脚本中的得分值会被更新，但是我们没有把当前得分显示给玩家。我们现在来显示它：将一个得分板添加到场景中背景图片 PhotoPlane 的左上角：

1. 在 Project 面板中，把 `DefaultCanvas` 预制件直接放进 Scene 视图。

2. 将其重命名为 `ScoreBoard`。

3. 选中 `ScoreBoard`，把 Rect Transform 组件的 Pos X、Pos Y、Pos Z 值设置成（`-2.8, 7, 4.9`），Width 和 Height 设置成（`3 000, 480`）。

4. 选中 `ScoreBoard` 下的 Text，把 Font Size 设置成 `100`，并把 Text 的颜色设置成一种显眼的颜色，比如红色。

5. 在 Text 中输入 Score: 0 作为示例字符串。

6. 清除 Enable 复选框或删除此 Image 以禁用 `ScoreBoard` 下的 Image。

这里已经将另一个画布添加到场景中，大小、位置和文本均由我们自己决定，并格式化文本用于显示，如图 6-8 所示。

图 6-8

现在，我们需要更新 `KillTarget.cs` 脚本，像下面这样：

❑ 我们可以使用 UnityEngine UI 类：

```
using UnityEngine.UI;
```

- 为 ScoreText 添加一个公共变量：

```
public Text scoreText;
```

- 在 start() 中添加一行代码以初始化得分文本：

```
scoreText.text = "Score: 0";
```

- 在 Update() 中添加一行代码以便在得分改变时修改得分：

```
score += 1;
scoreText.text = "Score: " + score;
```

保存脚本后，回到 Unity 编辑器，在 Hierarchy 面板中选择 GameController，然后从 Hierarchy 面板中把 ScoreBoard 下的 Text 对象拖到 Kill Target（Script）中的 Score Text 字段中。

在虚拟现实中运行场景，每次你消灭 Ethan（通过注视他）后得分会在 PhotoPlane 左上角的 ScoreBoard 中更新。

游戏元素 UI 画布和其他游戏对象一样是场景的一部分。

这个例子是把场景中的一个对象用来显示信息。我们的例子相当简单，你可能想要制作一个更好的模块化得分板，就像在体育馆或某些地方中看到的那种。关键是，它是场景的一部分，要看到这个得分消息你可能得转头看它。

6.7　使用文字特效插件 TextMeshPro

为了使广告牌能够像霓虹灯一样发光，可以使用 Unity 中现有的免费插件 TextMesh Pro。例如：

1. 在 Hierarchy 中选中 ScoreBoard，创建一个新的 TextMesh 文本元素（右键单击 UI | TextMeshPro-Text）。
2. 这将会替代标准 UI 文本元素，所以请禁用 Text 对象。
3. 在 TMP 文本上，设置 Font Asset 为 Bangers SDF。
4. 为 Material Preset 使用 Bangers SDF Glow。
5. 移到下面的 Glow 设置，根据你的需要调整颜色和其他设置。

你甚至可以编写一个脚本，周期性修改设置来创建一个闪烁发光的标志！

如果你选择尝试编写脚本，请确保更新 GameController 的 killTarget 脚本为使用 TMP 对象而不是 UI。Modify killTarget.cs 脚本如下：

我们可以使用 UnityEngine TextMesh Pro 类：

```
using TMP;
```

用 TMP_Text 替代 scoreText 变量的数据类型：

```
public TMP_Text scoreText;
```

在 Inspector 中将 TMP 文本项拖到空白处。因为 TMP_Text 像 UI 文本一样具有文本属性，因此脚本的剩余部分保不变。

> TextMesh Pro 是 Unity 中的一个很棒的文本格式与布局工具，可以很好地代替 Unity 的 UI 文本。它自带文本渲染、自定义着色、排印控制（比如段落间距、字距调整以及其他功能）。这是一个已经包含在 Unity 中的第三方插件，其文档可以在这里找到：http://digitalnativestudios.com/textmeshpro/docs/。

图 6-9 是一个使用 TextMesh Pro 发光效果制作的得分板及其设置的截图。

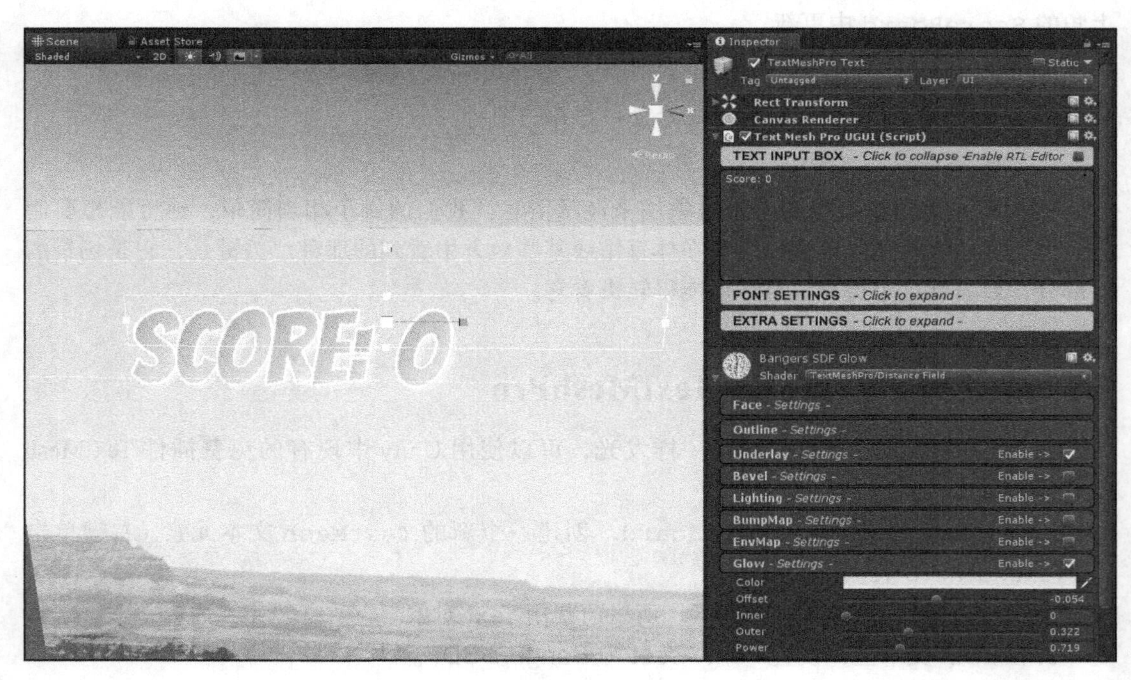

图 6-9

6.8 信息框

在漫画书中，当角色说话时内容会显示在对话框中。在很多在线 VR 社交世界中，参与者都以替身出现，如果你把鼠标停在某个人的替身上，他们的名字就会显示出来，我把这种类型的 UI 称作信息框。

信息框放在世界坐标系中某个特定的 3D 位置上，但是画布应该永远面向摄像机，我们可以用脚本确保这一点。

在这个例子中，我们显示 WalkTarget 对象的 X 和 Z 位置（上一章设置的），并通过 LookMoveTo.cs 脚本进行控制。执行下面的步骤添加信息框：

1. 在 Project 面板中，把 DefaultCanvas 预制件直接拖进 Hierarchy 视图中，让它作为 WalkTarget 的子对象。

2. 将其重命名为 InfoBubble。

3. 选中 InfoBubble，把 Rect Transform 组件的 Pos X、Pos Y、Pos Z 值设置成（0, 0.2, 0）。

4. 选中 InfoBubble 下的 Text，把 Rect Transform 组件的 Pos X、Pos Y、Pos Z 值设置成（0, 0, 0），Right 和 Bottom 设置成（0, 0）。

5. 选中 InfoBubble 下的 Image，将其 Scale 设置成（0.7, 0.2, 1）。

6. 在 Text 中输入 X:00.00, Z:00.00 作为示例字符串。

粗略地看一下画布和文本的大小和位置，并按你的想法调整文本。（在最初的场景中，有一个立方体，所以我暂时禁用它以查看 WalkTarget。）

现在，我们要修改 LookMoveTo.cs 脚本以显示当前 WalkTarget 的 X 和 Z 位置。在 MonoDevelop 编辑器中打开此脚本，添加下面的代码：

```
using UnityEngine;
using UnityEngine.UI;

public class LookMoveTo : MonoBehaviour
{
  public GameObject ground;
  public Transform infoBubble;

  private Text infoText;

  void Start ()
  {
    if (infoBubble != null)
    {
      infoText = infoBubble.Find ("Text").GetComponent<Text> ();
    }
  }

  void Update ()
  {
    Transform camera = Camera.main.transform;
    Ray ray;
    RaycastHit[] hits;
    GameObject hitObject;

    ray = new Ray (camera.position, camera.rotation * Vector3.forward);
    hits = Physics.RaycastAll (ray);
    for (int i=0; i < hits.Length; i++)
    {
```

```
        RaycastHit hit = hits [i];
        hitObject = hit.collider.gameObject;
        if (hitObject == ground)
        {
          if (infoBubble != null)
          {
            infoText.text = "X: " + hit.point.x.ToString("F2") +
                            "Z: " + hit.point.z.ToString("F2");

            infoBubble.LookAt(camera.position);
            infoBubble.Rotate (0, 180f, 0);
          }
          transform.position = hit.point;
        }
      }
    }
  }
```

using UntiyEngine.UI; 这行代码表示此脚本需要访问 Unity 的 UI API。我们定义了一个 Public Transform infoBubble 变量，将其设置为 WalkTarget/InfoBubble 对象。我们还定义了一个 private Text infoText 变量，将其设置成 InfoBubble 对象的 **Text** 对象。此脚本假设给出的 InfoBubble 有一个子 **Text** UI 对象。

不幸的是，过度使用文本文字可能会令人感到困惑。infoText 文本对象有一个文本组件，该组件具有文本字符串属性！你可以在 Unity 编辑器中查看此属性。如果你在 InfoBubble/Text 被选中时查看 Inspector 面板，你将看到它包含一个 **Text(Script)** 组件，该组件包括 **Text** 字段。这个 **Text** 字段是我们编写信息的地方。所以在 Setup() 中找到 WalkTarget/InfoBubble/Text 对象，然后在 Update() 中设置 info.Text.text 的字符串值，以便在气泡画布上显示分数。

另外，在 Update() 中，我们使用 infoBubble.LookAt() 并传入摄像机的位置以变换 infoBubble 画布，使它始终面对我们。所以，我们还需要让它绕着 y 轴旋转 180°。

保存脚本，并把 InfoBubble 对象从 **Hierarchy** 拖进 **LookMoveTo(Script)** 组件的 **InfoBubble** 槽中。如果你不为 InfoBubble 画布赋值，脚本仍然会运行，因为我们在引用 null 对象之前已对其进行测试。

一个信息框 UI 画布是附着在其他游戏对象上的，随着游戏对象移动并且始终面对着摄像机（就像一块广告牌）。

在 VR 中运行场景，你会看到 WalkTarget 有一个小的信息框告诉我们其 X 和 Z 的位置。

额外挑战：想要试一试其他功能吗？给 Ethan 实现一个生命值条。使用 KillTarget 脚本中的 countDown 变量检查其父对象的生命值，然后当它的生命值不是 100 时，在它的头部上方显示生命值（横条）。

当你需要显示属于场景中特定对象的 UI 消息并且需要 UI 消息与对象一起移动时，InfoBubble 很有用。

6.9 响应输入事件的游戏内仪表板

游戏内的仪表板或控制面板是一个集成进游戏本身的 UI 界面。典型的场景是你坐在一辆汽车或一艘太空船的座舱中，在腰部高度（桌子高度）上是一个包括一组控制器、仪表、信息显示栏等项的面板。仪表板通常在坐姿体验虚拟现实时感觉起来更自然。

前几页中，我们讨论了挡风玻璃 HUD。仪表板也差不多是一样的，有一处不同是仪表板可能更明显地是关卡中的一部分，而不是简单地作为一个附加信息或菜单。

事实上，仪表板可以作为一个非常有效的装置来控制 VR 产生的晕动症。研究人员已经发现，当 VR 用户有一个更好的着地感并在视野中有一条不变的地平线时，在虚拟空间中向四周移动时能大幅减少头晕感。而浮动的一维眼睛没有自我感和着地感，反而是自找麻烦。（参见 Oculus Best Practices 的说明和其他一些很棒的技巧：https://developer.oculus.com/documentation/intro-vr/latest/concepts/bp_intro/。）

在这个例子中，我们要用一个“开始 / 结束”按钮制作一个简单的仪表板。目前，按钮将会在场景中操作一个水管来抵御僵尸。（不错吧？）该项目同其他示例一样，使用第 4 章中创建的场景。

这个项目可能比你想象的要复杂一点儿，但是，如果你已经在 Minecraft 中构建过东西的话，你就会知道即使很简单的东西也需要组装多个部件。下面是我们要做的：

1. 创建一个带有两个功能按钮“开始”和“结束”的仪表板画布。
2. 添加一个水管到场景中，将它与两个按钮连接。
3. 写一个简单的脚本激活这两个按钮。
4. 通过注视高亮显示按钮。
5. 改进脚本，使得只有在按钮被高亮显示后才激活它。

下面是具体步骤。

6.9.1 创建带有按钮的仪表板

首先，我们创建一个带有“开始”和“结束”两个按钮的仪表板，步骤如下：

1. 在 Project 面板中，把 DefaultCanvas 预制件拖进 Hierarchy 面板中的 MeMyselfEye 对象中，使之成为其子对象。

2. 重命名为 Dashboard。

3. 选中 Dashboard，把 Rect Transform 组件的 Pos X、Pos Y、Pos Z 值设置成（0, 0.6, 0.6），Rotation 设置成（60, 0, 0）。为了更加舒适，可随时调整特定 VR 设备摄像机的位置。

4. 禁用或删除 Dashboard 的 Text 子对象。

这将把仪表板放在我们的双眼之下 1m 的位置，并且稍微向前靠一点。

为了得到一个你喜欢的外观，我提供了一个车用仪表盘的图片草图供你使用，步骤如下：

1. 把 DashboardSketch.png 文件导入 Project（比如 Assets/Textures 文件夹）。

2. 通过 GameObejct | UI | Raw Image 添加一个新的图片，作为 Dashboard 的子对象。

3. 把 DashboardSketch 纹理从 Project 面板拖进 Raw Image 组件的 Texture 字段。

4. 把 Rect Transform 组件的 Pos X、Pos Y、Pos Z 值设置成（0, 0, 0），Width 设置成 140，Height 设置成 105。

5. 它应该被锚定在 Pivot 的 X、Y 值为（0.5, 0.5）的中心位置，并且 Rotation 为（0, 0, 0）。

6. 把 Scale 设置成（4.5, 4.5, 4.5）。

接下来，我们添加"开始"和"停止"按钮。它们可以放在画布中的任何地方，但是草图中有两个不错的位置预留给它们了：

1. 添加一个新的 GameObject | UI | Button 作为 Dashboard 的子对象，命名为 StartButton。

2. 把 Rect Transform 组件的 Pos X、Pos Y、Pos Z 值设置成（-48, 117, 0），Width 和 Height 设置成（60, 60），锚定在中心（0.5），没有 Rotation，将 Scale 设为 1。

3. 在按钮的 Image（Script）组件面板中，对于 Source Image，单击右边的小圆圈以打开 Select Sprite，然后拾取并选择 ButtonAcceleratorUpSprite（你也许已经将其导入 Assets/Standard Assets/CrossPlatformInput/Sprites 文件夹中）。

4. 在按钮的 Button（Script）组件面板中，对于 Normal Color，我将 RGB 设置成（89, 154, 43），而将 Highlighted Color 设置成（105, 225, 0）。

5. 类似地，创建另一个按钮并命名为 StopButton，把 Rect Transform 组件的 Pos X、Pos Y、Pos Z 值设置成（52, 118, 0），Width 和 Height 设置成（60, 60），Source Image 选择 ButtonBrakeOverSprite，Normal Color 设置成（236, 141, 141），Highlighted Color 设置成（235, 45, 0）。

图 6-10

结果应该看起来如图 6-10 所示。

最后一件事，如果你正在使用本章之前用 CursorPositioner.cs 脚本创建的 ReticleCursor，我们想让仪表板自己有一个碰撞器。可以通过下面的步骤达到目的：

1. 选中 `Dashboard`，右键选择 3D Object | Pane。

2. 把 Position 设置成（`0, 0, 0`），Rotation 设置成（`270, 0, 0`），Scale 设置成（`64, 1, 48`）。

3. 禁用 `Mesh Renderer`（但是保持启用 `Mesh Collider`）。

现在仪表板有一个没有渲染的平面子对象，但是当 `CursorPositioner` 进行光线投射时它的碰撞体会被检测到。我们这样做是为了在你未直接看向按钮时就能检测到你正在注视仪表面板，而不是下面的地板。

用一个带有“按压”和“松开”状态的开关按钮也许比分开的两个“开始”和“结束”按钮更好。完成这个之后，我们再去了解一下是怎么做的。

我们刚刚创建了一个世界坐标系中的画布，它应该出现在虚拟现实中的腰部或桌子的高度。我们用一个仪表板草图和两个 UI 按钮装饰它。现在，我们将为按钮连接具体的事件。

6.9.2 连接水管与按钮

我们先给按钮添加一些操作，比如打开水管的动作。如果我们能瞄准，它甚至可以抵御凶猛的僵尸。巧合的是，之前在 Unity 中导入的 Standard Assets 下的 Particle Systems 有一个水管，我们可以把它加入场景中，步骤如下：

1. 如果你之前没有导入的话，那么请通过主菜单栏的 Assets | Import Package | ParticleSystems 导入 Particle Systems 标准资源。

2. 在 Project 面板中，找到 `Assets/Standard Assets/ParticleSystems/Prefabs/Hose` 预制件，把它拖进 Scene 视图中。

3. 将其 Transform 组件的 X，Y，Z 设置成（`-3, 0, 1.5`），将 Rotation 设置成（`340, 87, 0`）。

4. 确保 Hose 呈启用状态（选中 Enable 复选框）。

5. 展开 Hierarchy 中的 Hose，这样你就可以看见它的子对象 WaterShower 粒子系统，选中它。

6. 在 Inspector 中的 Particle System 属性面板中，找到 Play On Awake 并取消选中。

注意，Hierarchy 中的 Hose 对象有一个 `WaterShower` 子对象。这是我们将要用按钮控制的真正的粒子系统，它起初应该是关闭状态。

Hose 预制件本身附带由鼠标控制的脚本，我们不需要用它，所以按如下步骤禁用它：

1. 选中 Hose，禁用（取消选中）它的 Hose（Script）。

2. 禁用（取消选中）Simple Mouse Rotator（Script）组件。

现在，我们要把 `StartButton` 连接到 WaterShower 粒子系统，方法是让按钮监听

OnClick()事件，步骤如下：

1. 展开 Hierarchy 中的 Hose，显示它的子对象 WaterShower 粒子系统。

2. 在 Hierarchy 中，选择 StartButton（在 MeMyselfEye/Dashboard 下）。

3. 注意，在 Inspector 中 Button 组件 OnClick() 为空。单击面板右下角的加号（+）图标让它显示一个标签为 None（Object）的新字段。

4. 把 WaterShower 粒子系统从 Hierarchy 拖进 None（Object）字段。

5. 其函数选择器的默认值是 No Function，把它改成 ParticleSystem | Play()。

好了，StopButton 的步骤也差不多：

1. 在 Hierarchy 中，选择 StopButton。

2. 单击 OnClick() 面板右下角的加号（+）。

3. 把 WaterShower 从 Hierarchy 拖进 None（Object）字段。

4. 其函数选择器的默认值是 No Function，把它改成 ParticleSystem | Stop()。

开始和停止按钮监听 OnClick() 事件，当有事件时，它会分别调用 WaterShower 粒子系统的 Play() 和 Stop() 函数。我们需要按下按钮来执行这个操作。

6.9.3 用脚本激活按钮

在我们为用户提供按下按钮的途径之前，先来看一下如何才能用脚本按下按钮。请在 GameController 上创建一个脚本，步骤如下：

1. 在 Hierarchy 中选中 GameController，选择 Add Component | New Script，创建一个名为 ButtonExecuteTest 的脚本。

2. 在 MonoDevelop 中打开脚本。

在下面的脚本中，我们以每 5s 为间隔打开并关闭一次水管，如下：

```
using UnityEngine;
using UnityEngine.UI;

public class ButtonExecuteTest : MonoBehaviour
{
  public Button startButton;
  public Button stopButton;

  private bool isOn = false;
  private float timer = 5.0f;
  void Update ()
  {
    timer -= Time.deltaTime;
    if (timer < 0.0f)
    {
      isOn = !isOn;
      timer = 5.0f;

      if (isOn)
      {
        stopButton.onClick.Invoke();
```

```
            } else
            {
                startButton.onClick.Invoke();
            }
        }
    }
}
```

脚本管理一个布尔值 ison，这个值表示水管是打开还是关闭的。它有一个计时器可以在每次更新后从 5s 开始倒计时。我们对变量使用 private 关键字，让它只能用于此脚本内部，而 public 关键字声明的变量可以被 Unity 编辑器和其他脚本访问和修改。对于 startButton 和 stopButton，你可以在 Unity 编辑器中拖放它们。

在这个脚本中，我们引入了 UnityEngine.UI。我们在前面介绍过，事件是不同组件间进行交互的方式。当事件发生时（比如按下按钮），另一个脚本的函数可能会被调用。在这里，如同我们在 Inspector 中设置的，我们触发一个事件以对应按下开始按钮，触发另一个以对应按下结束按钮。

保存脚本，单击 Play。水管应该每 5s 打开然后关闭一次。

在测试单击按钮与水管的事件系统连接之后，我们可以在继续之前禁用该脚本：

1. 选中 GameController。

2. 通过取消选中 ButtonExecuteTest 组件的 Enable 复选框或移除该组件来禁用它。

把复杂的功能分解成小功能再分别测试它们，是一种优秀的实现策略。

6.9.4　用注视高亮显示按钮

现在，让我们检测用户何时正注视着一个按钮，然后高亮显示它。

尽管 Button 是一个 Unity 的 UI 对象，但是它需要被射线检测到。可能还有其他方法可以实现这一点，我们将在本章后面讲到，但是，在这里我们要给每个按钮添加一个球体游戏对象，并投射出一束光线去检测它。首先，通过下面的步骤添加一个球体：

1. 在 Hierarchy 面板中，选择 StartButton（MeMyselfEye/Dashboard 下），右键打开选项，然后选择 3D Object | Sphere。

2. 把 Transform 组件的 Scale 设置成（52, 52, 52），让它适合按钮的大小。

3. 通过取消选中 Mesh Renderer 复选框以禁用球体的 Mesh Renderer。

同样，对 StopButton 重复这几步操作，一种快捷办法是复制球体：

1. 右键单击球体并选择 Duplicate。

2. 将重复项（Sphere (1)）拖动到 StopButton 中。

3. 将 Position 重置为（0, 0, 0）。

现在，在 StartButton 上创建一个新的脚本：

1. 选中 StartButton，找到 **Add Component | New Script** 以创建一个名为 RespondToGaze 的脚本。

2. 打开此脚本进行编辑。

在以下 RespondToGaze.cs 脚本中，我们利用球对象的碰撞体来使按钮在你注视它时高亮显示：

```
using UnityEngine;
using UnityEngine.UI;

public class RespondtoGaze : MonoBehaviour
{
  public bool highlight = true;
  private Button button;
  private bool isSelected;

  void Start ()
  {
    button = GetComponent<Button>();
  }

  void Update ()
  {
    isSelected = false;
    Transform camera = Camera.main.transform;
    Ray ray = new Ray(camera.position, camera.rotation * Vector3.forward);
    RaycastHit hit;
    if (Physics.Raycast (ray, out hit) &&
        (hit.transform.parent != null) &&
        (hit.transform.parent.gameObject == gameObject)
    {
      isSelected = true;
    }

    if (isSelected)
    {
      if (highlight)
        button.Select();
    }
    else {
UnityEngine.EventSystems.EventSystem.current.SetSelectedGameObject(null);
    }
  }
}
```

在此脚本中，每次更新时，我们都会从摄像机中发出射线。如果射线击中这个按钮的球碰撞体，则被命中对象的父对象应该就是此按钮。所以（确认命中对象有父对象后），我们将父游戏对象与此按钮的游戏对象进行比较。

如果已通过凝视选择此按钮，则触发按钮的选中以高亮显示它。高亮显示在 Unity 的 EventSystem 中完成。虽然 EventSystem 已经完全实现了鼠标单击和触屏，我们仍然必须通过调用 button.Select() 手动告诉按钮它被选中。

对按钮取消高亮并不太明显。EventSystem 会在运行场景中保持当前选定的对象。我们通过将 null 传递给 `SetSelectedGameObject()` 来清除它。

保存脚本并运行。当你注视一个按钮时，它会高亮显示，当你的视线从按钮上离开时，它会取消高亮。

这也是一个重复利用组件脚本的例子，我们很容易在 StopButton 上使用相同的脚本：

1. 在 Hierarchy 中选中 StopButton。
2. 将 RespondToGaze 脚本从 Project Assets 拖到该按钮。
3. 选择 Add Component | Scripts | RespondToGaze。

再次测试该项目。两个按钮都应该在你注视时高亮显示。

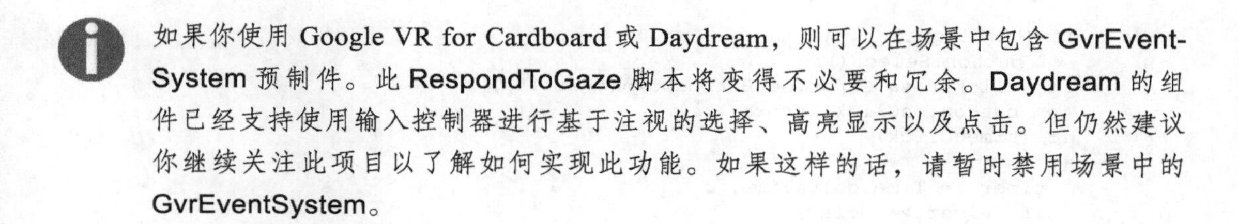

如果你使用 Google VR for Cardboard 或 Daydream，则可以在场景中包含 GvrEventSystem 预制件。此 RespondToGaze 脚本将变得不必要和冗余。Daydream 的组件已经支持使用输入控制器进行基于注视的选择、高亮显示以及点击。但仍然建议你继续关注此项目以了解如何实现此功能。如果这样的话，请暂时禁用场景中的 GvrEventSystem。

6.9.5　注视并单击选择

要成为一个功能性仪表板，按钮应该在被单击时起作用。在第 5 章中我们探索了 Unity 的输入系统，包括“Fire1”事件以及其他手柄控制器按钮。你现在可能想要回顾一下。如果不是基本的 `Input.GetButtonDown("Fire1")`，请选择要使用的代码段。

这个改变使得 `RespondToGaze.cs` 脚本变得十分简单。在该类的顶部，添加下列公共变量：

```
public bool clicker = true;
public string inputButton = "Fire1";
```

在 `Update()` 的底部做出如下更改：

```
...
if (isSelected)
{
  if (highlight)
      button.Select();
  if (clicker && InputGetButtonDown("Fire1"))
      button.onClick.Invoke();
}
```

当控制器 `Fire1` 按钮被按下时，它会触发单击 UI 按钮事件。

该组件给予你高亮显示或通过输入控制器单击按钮的选择。你还可以选择逻辑输入按钮以触发单击事件。

我们现在有一个带有能响应用户输入的按钮的游戏内仪表板，它可以在场景中控制某个对象（水管）的行为。

6.9.6 注视并聚焦选择

不使用 clicker 的话，我们还可以用一个基于时间的选择方式来单击按钮。要做到这一点，我们在注视按钮时使用一个倒计时器，它更像是我们在上一章中用来杀死 Ethan 的那个。

修改 RespondToGaze.cs 脚本，在类的顶部，添加下列变量：

```
public bool timedClick = true;
public float delay = 2.0f;

private float timer = 0f;
```

在 Update() 中，做出以下修改：

```
...
  if (isSelected)
  {
    if (highlight)
        button.Select();
    if (clicker && Input.GetButtonDown("Fire1"))
        button.onClick.Invoke();
    if (timedClick)
    {
      timer += Time.deltaTime;
      if (timer >= delay)
        button.onClick.Invoke();
  }
  else {
UnityEngine.EventSystems.EventSystem.current.SetSelectedGameObject(null);
    timer = 0f;
  }
```

现在，不仅按钮单击会涉及 Input.GetButtonDown，如果你注视按钮足够长的时间（当 timedClick 为 true 时）也会涉及它。当按钮被选中（高亮）时开始计时，当计时到规定时间时，将调用点击事件。如果在此之前取消选择该按钮，则计时器将重置为零。

所以，这是一个相对复杂的项目，目标是创建一个带有按钮的仪表板，用于打开和关闭水管。我们把它分解成几步，每次按步骤添加对象和组件，然后测试每一步的结果，确保在下一步之前运行正确。如果你想尝试不测试就一次性完成，事情（大概率）可能会变糟糕，而且更难找出问题卡在哪里。

额外挑战：这个功能可以被进一步地加强以满足不同的需求。比如，通过一个动画旋转光标，向用户显示倒计时器正在运行。另外，当执行单击事件时给出进一步的反馈。例如，Button UI 对象有一个名为 Animation 的 Transition 选项，也许会有用处。另外，考虑一下语音提示。

6.10 使用 VR 组件指向并单击

正如我们所看到的，Unity 提供了 UI 元素，例如画布文本、按钮以及其他专门针对传统屏幕空间UI和移动应用程序进行调整的控件，通过在世界坐标系中使用它们并尝试将它们与VR用户输入结合在一起，可以得到不错的效果。在世界坐标系的交互中，会使用一些物理、碰撞体和激光射线来检测交互事件。

幸运的是，VR设备专用工具包可能提供已经完成部分工作的组件。正如我们在前面的章节中看到的那样，设备制造商提供了其在Unity SDK上创建的工具包，并用便捷的脚本、预制件和演示场景来说明如何使用它们。

在这种情况下，我们应当寻找可让你在画布上使用Unity UI元素设计场景的组件，并利用其所有EventSystem交互性优势，同时使用世界坐标系3D模型以及输入控制器或激光指针。例如，考虑以下资源：

- Oculus Rift和GearVR：OVRInputModule，请参阅`https://developer.oculus.com/blog/unitys-ui-system-in-vr/`。
- SteamVR：Steam InteractionSystem，安装好SteamVR包之后请参阅`/Assets/SteamVR/InteractionSystem/`文件夹。
- Daydream：VRTK开源工具包：`https://github.com/thestonefox/VRTK`。

最后，可以考虑从Unity Asset Store购买软件包。例如，Curved UI包（25美元）可制作VR就绪的曲面画布，并支持Vive、Oculus Touch、Daydream控制器和凝视输入，如图6-11所示。

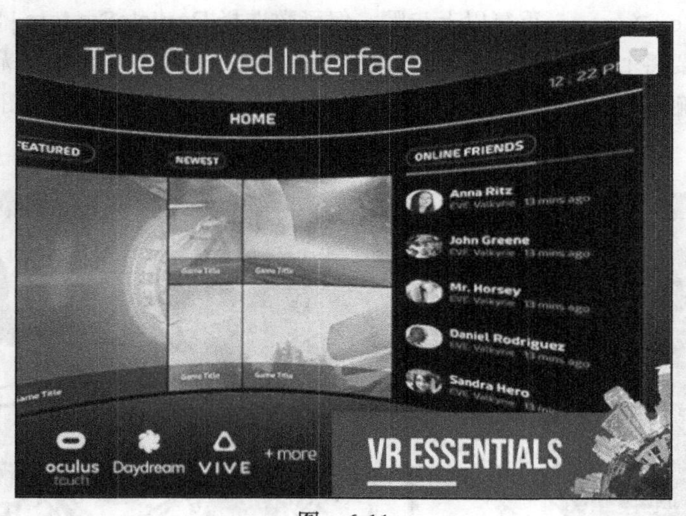

图 6-11

6.10.1 使用Unity UI和SteamVR

我们在第5章中介绍了SteamVR InteractionSystem。我们展示了如何使用SteamVR SDK的示例，此外，该SDK还包括一些非常有用的组件和演示场景。使用该交互系统，你可以非常轻松地将仪表板转化为控制面板，还可以使用定位控制器直接操作。

该交互系统包括自带的用户摄像机装备，它取代了我们一直默认使用的 [CameraRig]。它包含一个 VRCamera，两只手（Hand1 和 Hand2）以及其他有用的对象。

1. 在 Project 窗口中找到 Assets/SteamVR/InteractionSystem/Core/Prefabs 文件夹。

2. 将 Player 预制件作为 MeMyselfEye 的子对象拖到场景层次结构中。

3. 删除或禁用 [CameraRig] 对象。

为使 StartButton 和 StopButton 可交互，请添加 Interactable 组件。还要添加 UI Element 组件来处理 OnHandClick 事件，如下所示：

1. 在 Hierarchy 中选中 StartButton 对象（Dashboard 子对象）。

2. 在 Inspector 中，选中 Add Component | Scripts | Valve.VR.InteractionSystem | Interactable（提示：可使用 Search 字段寻找“Interactable”）。

3. 选中 Add Component | Scripts | Valve.VR.InteractionSystem | UI Element。

4. 在 UI Element 组件的 Inspector 中，单击加号添加一个 On Hand Click 处理器。

5. 从 Hierarchy 中将 WaterShower 粒子系统（Hose 对象的子对象）拖到 GameObject 字段，像我们对标准 Button OnClick 事件做的那样。

6. 选中 ParticleSystem | Play() 函数。

7.（可选）禁用该 RespondToGaze 组件。

同样，对 StopButton 重复以上步骤，但函数选择 ParticleSystem | Stop()。

你可能还需要将 Dashboard 移近，以便该按钮在 VR 中处于舒适的范围内。当你单击 Play 时你便可以触摸按钮，它会高亮显示。扣动扳机键可以按下它，如图 6-12 所示，它会打开水管。

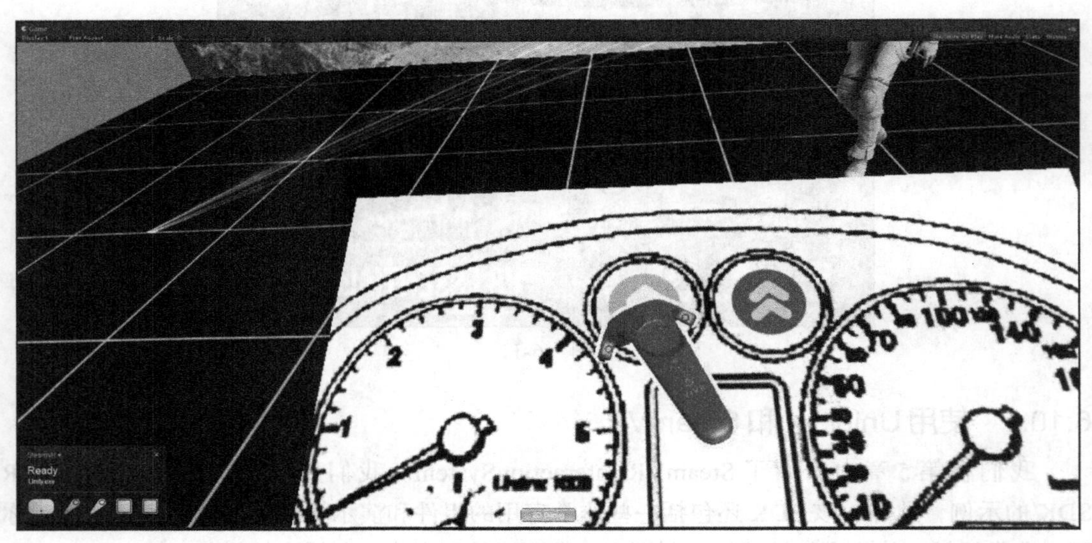

图 6-12

6.10.2　使用 Unity UI 和 Daydream

现在来看如何使用 Google Daydream 在移动 VR 设备上执行此操作。在这种情况下，我们实际上不会伸手并按下按钮，而是使用 3DOF 控制器发射激光进行单击。这个解决方案就像用 `GvrControllerPointer` 替换 `GvrReticlePointer`（如果你一直使用它）一样简单。

1. 在你的 MeMyselfEye `GVR Camera Rig/Player/Main Camera/` 下，如果有 GvrReticlePointer，请禁用它。

2. 在 `GoogleVR/Prefabs/Controller/` 文件夹中找到 GvrControllerPointer。

3. 拖动 Player 下的预制件（作为 Main Camera 的兄弟级）。

然后设置 Dashboard 画布以接收光线投射：

1. 在 Hierarchy 中选中 Dashboard 对象。

2. 添加 GvrPointerGraphicRaycaster 组件。

单击 Play。你现在可以使用 Daydream 控制器来单击这个按钮。

浏览 GvrControllerPointer 的组件选项，及其子对象 Laser 以及随包提供的其他 Gvr 对象。有一些十分有趣并有用的配置，包括设置激光颜色、结束颜色以及最大距离等。在运行模式下，甚至还有一个用于在编辑器场景窗口中绘制调试光线的复选框。

6.11　构建基于手腕的菜单栏

有一些 VR 应用程序专门为诸如 Oculus Rift、HTC Vive 和 Windows MR 等设备设计了双手设置，它们提供一个虚拟菜单栏连接到一个手腕，而另一个手则从中选择按钮或项目。让我们来看如何做到这一点。这种情况下假设你有一个双手控制器的 VR 系统，我们将使用 SteamVR 摄像机装置来描述它，包括将控制器连接到左手并使用右手来选择它们。

将仪表板转换为手腕菜单栏并不难，只需适当缩小它并将其附加到控制器上。

如果你已构建上一节中描述的场景，包括 SteamVR Player 装备（代替 [CameraRig]），我们将复制并重新调整 Dashboard 以便在左手腕上使用它：

1. 在 Hierarchy 中，右击 Dashboard 并选择“Duplicate”。

2. 将新的 Dashboard 重命名为“Palette”。

3. 禁用旧的 Dashboard。

4. 将 Palette 拖动为 Player/Hand1 对象的子对象。

现在我们将修改 Palette 图形，可以根据你的需要随意修改：

1. 在 Palette 本身上设置其 POS X、Y、Z 为（0，0.1，–0.1），Rotation 设置为（90，–150，–115），Scale（X, Y, Z）修改为 0.0005。

2. 展开 Palette 并禁用或删除原始图像（Raw Image）对象。

3. 启用 Image 子对象（如果它不见了，请创建一个 Anchor Presets 为 stretch-stretch 的

新 Image）。

4. 设置 Image 的 Scale（X, Y, Z）为 0.5。

5. 设置 Image 的 Color Alpha 为 75，使其半透明。

6. 启用 Text 子对象。设置其 Rect Transform Top 为 100，Font Size 为 18，Text 设置为 “Hose”。

7. 将 StartButton 的 Pos Y 移动到 0。

8. 将 StopButton 的 Pos Y 移动到 0。

好了！我们为 Dashboard 设置的所有单击事件都可以无变化地工作。图 6-13 显示的屏幕截图是使用连接到左手控制器的 Palette 并使用右手控制器选择开始按钮的情形。

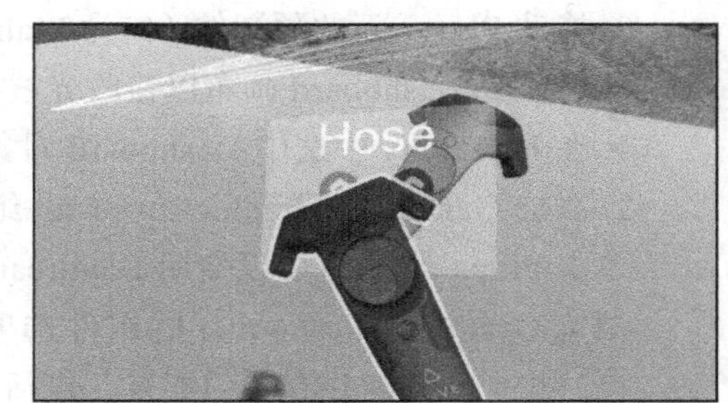

图 6-13

当然，可以使用其他按钮和输入控件扩展 Palette。如果你将多个面板排列为立方体的两侧（如 TileBrush 菜单），就可以使用拇指触摸板在各个菜单之间滚动或旋转。

6.12 本章小结

在 Unity 中，基于画布对象和事件系统的用户界面包括按钮、文本、图片、滑块和输入框，它们可以在场景中被组装并连接到对象上。

本章中，我们近距离地查看了各种世界坐标系 UI 技术，以及它们在虚拟现实项目中如何被使用。我们考查了虚拟现实中的 UI 与传统视频游戏和桌面应用中的 UI 有何不同。另外，我们实现了其中的几个 UI，演示了它们如何在项目中被构造、编码和使用。我们的 C# 脚本变得稍微有一点点高级，帮助我们深入探索 Unity 引擎的 API 和模块化编程技术。

你现在有一个在 VR 项目中有多种实现方式的 UI。本章中的有些例子可以直接应用到你的项目中，但是，不是所有代码都需要自己实现。在 VR 头戴式显示器的 SDK、开源虚拟现实中间件项目和第三方 Unity 资源商店包中，VR UI 工具被越来越多地提供。

在下一章中，我们将把一个第一人称角色控制器添加到我们的场景中。我们将学习虚拟角色和在 VR 中控制导航的方式，让我们舒服地在虚拟世界中到处移动。另外，我们将学习如何管理虚拟现实的一个负面体验：VR 晕动症。

第 7 章 Chapter 7

移动与舒适

到目前为止，玩家的视角摄像机一直为固定状态。在本章中，我们将开始四处走动，我们将考虑各种移动和传送技术。首先，我们要深入探讨 Unity 标准角色组件，然后将自己转变为可控的第一人称角色，并探索在虚拟世界中到处移动的技术。我们还将讨论在 VR 中减少晕动症以及管理自我意识的方法。

在本章中，我们将讨论以下主题：

- ❑ Unity 的角色对象和组件
- ❑ 滑行移动
- ❑ 舒适模式移动
- ❑ 传送
- ❑ VR 晕动症的相关问题

注意，本章中的项目是独立的，本书中其他章节不直接需要它们。如果你决定跳过它们或者不保存你的成果，也没有问题。

7.1 理解 Unity 角色

第一人称角色是 VR 项目中的一个关键点，值得我们彻底理解它的组件。所以，在为项目构建第一人称角色之前，最好详细了解一下 Unity 提供的内置组件和标准资源。

7.1.1 Unity 组件

你可能知道，每个 Unity 游戏对象都包含一系列相关联的组件。Unity 包含很多种内置组件，你可以通过主菜单栏上的“Component”菜单查看它们。每个组件都会为它所属的对象添加属性和行为。组件的属性可以通过 Unity 编辑器的 Inspector 面板和脚本进行访问。附加到游戏对象的脚本也是一种组件类型，在 Inspector 面板中同样可以设置它的属性。

可以用来实现第一人称角色的组件类型包括：Camera、Character Controller、RigidBody 和各种各样的脚本。让我们考查一下这些标准组件。

Camera 组件

Camera 组件指定各种观察参数，这些参数用于在每帧更新时渲染场景。拥有 Camera 组件的任何对象都被认为是一个摄像机对象。一开始场景中就有一个摄像机，而且我们已经用自己的脚本来访问过它。

一个立体 VR 摄像机对象渲染两个视区，对应两只眼睛。在 VR 中，摄像机控制器脚本从头戴式显示器的运动传感器和位置跟踪器中读取数据，以检测当前头部姿态（位置、方向和旋转），然后相应地设置摄像机的变换值。

RigidBody 组件

将一个刚体（RigidBody）组件添加到任意游戏对象时，它将会受益于物理引擎提供的计算支持。刚体拥有重力、质量、阻力等参数。在游戏运行时，物理引擎会计算每个刚体的动量（momentum）（质量、速度和方向）。

刚体会与其他刚体发生作用。例如，如果它们之间发生碰撞，它们将会相互弹开，并且可以通过带有摩擦力和弹性因子参数的物理材质控制相互作用的参数值。

刚体可以被标记为运动学的（kinematic），这通常在对象由动画或者脚本驱动时使用。碰撞不会影响运动学对象，但仍然会影响其他刚体的运动。它经常被用在一些由关节（joints）串联一起的对象上，例如一些连接人型骨骼的对象或者一个钟摆。

如果为任何刚体对象指定一个摄像机对象，它将成为一个刚性的第一人称角色。然后，你可以添加脚本来处理用户输入，以便实现移动、跳跃、向四周看等动作。

Character Controller 组件

与 RigidBody 类似，Character Controller（简称 CC）组件也用于碰撞检测和角色移动。它同样需要用脚本处理用户输入，以实现移动、跳跃、向四周看。然而，它并不自动拥有内置的物理学特征。

CC 组件是专门为角色对象设计的，因为通常我们并不真的希望游戏中的角色表现得像其他基于物理学的对象那样。它可以用于替代或补充刚体。

CC 组件拥有一个内置的 Capsule Collider 行为来检测碰撞。然而，它并不能自动使用物理引擎来响应碰撞。

例如，如果一个 CC 对象撞击了一个刚体（如一堵墙），它将会停止，而不是被反弹回来。如果一个刚体（例如一个飞行的砖块）撞击了一个 CC 对象，砖将会根据其属性获得偏移（反弹），但是 CC 对象不会有任何影响。当然，如果你想要在 CC 对象上包含这样的行为，可以通过在你的脚本中编写代码达到目的。

CC 组件在它的脚本 API 中为重力提供了极好的支持。通过内置的参数，可以让对象的脚保持在地面上。例如，**Step Offset** 参数定义角色可以跃上多高的台阶，而不被阻挡前进。同样，**Slope Limit** 参数表示一个坡有多陡，从而判断它是否可以被认为是一堵墙。在你的脚本中，你可以使用 `Move()` 方法和 `IsGrounded` 变量来实现角色的行为。

除非你为 CC 对象编写脚本，否则它不会动并一直待在原地。它非常精确，但是这同样会导致一些不稳定的位移。相反，Rigidbody 对象会感觉更容易动，因为它们拥有动量、加速度或减速度，并且遵循物理规律。在 VR 中，我们喜欢两者的结合。

运用物理学在 VR 场景中移动自己并不总是最好的做法。正如我们将看到的，有些移动技术可能根本不使用物理学，例如传送。

7.1.2　Unity 的 Standard Assets

在 Unity 中，**Standard Assets** 下面的 **Character** 包中带有一系列第三人称和第一人称预制件对象。图 7-1 是这些预制件对象的对比。

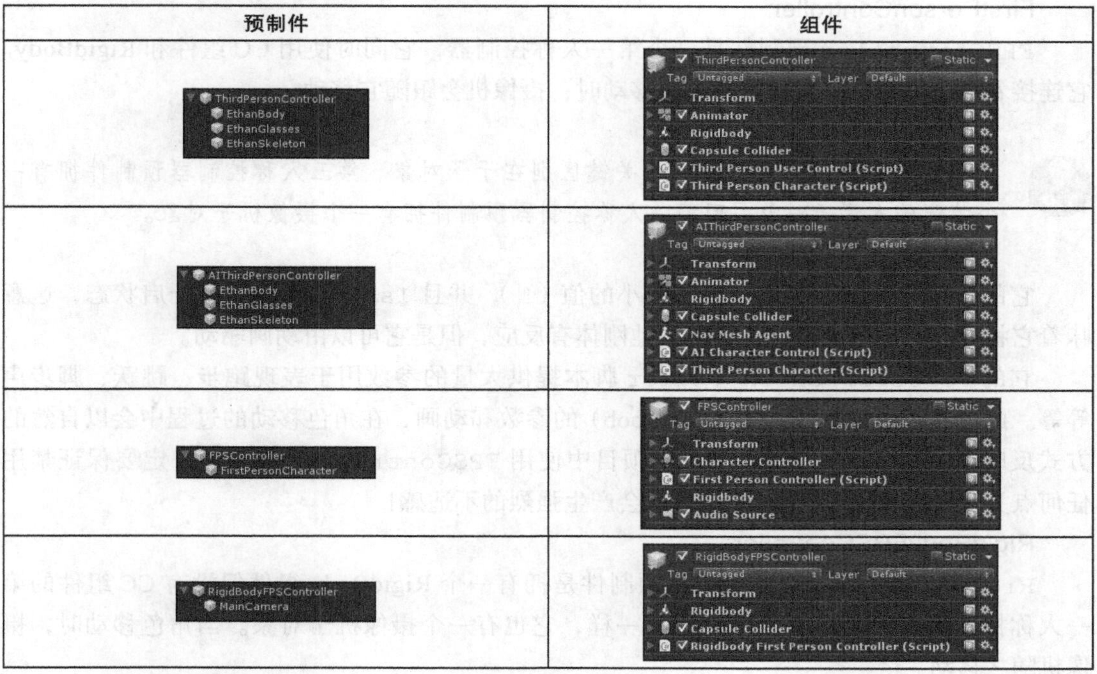

预制件	组件
ThirdPersonController EthanBody EthanGlasses EthanSkeleton	ThirdPersonController Tag Untagged　Layer Default　Static Transform Animator Rigidbody Capsule Collider Third Person User Control (Script) Third Person Character (Script)
AIThirdPersonController EthanBody EthanGlasses EthanSkeleton	AIThirdPersonController Tag Untagged　Layer Default　Static Transform Animator Rigidbody Capsule Collider Nav Mesh Agent AI Character Control (Script) Third Person Character (Script)
FPSController FirstPersonCharacter	FPSController Tag Untagged　Layer Default　Static Transform Character Controller First Person Controller (Script) Rigidbody Audio Source
RigidBodyFPSController MainCamera	RigidBodyFPSController Tag Untagged　Layer Default　Static Transform Rigidbody Capsule Collider Rigidbody First Person Controller (Script)

图　7-1

下面详细讨论一下这些预制件：

ThirdPersonController

我们在第 2 章和第 4 章中已经分别使用两个第三人称预制件：ThirdPerson-Controller 和 AIThirdPersonController。

ThirdPersonController 预制件拥有一个子对象，它定义角色的身体，也就是我们的朋友 Ethan。他是一个装配而成的虚拟角色（在 .fbx 文件中），这意味着人型动画可以应用到他的身上，使他走动、跑步、跳跃等。

ThirdPersonController 预制件使用 Rigidbody 来表现物理学行为，并使用 Capsule Collider 来执行碰撞体检测。

ThirdPersonController 包含两个脚本。ThirdPersonUserControl 脚本获取用户的输入，例如按下拇指杆，然后通知角色移动、跳跃等。ThirdPersonCharacter 脚本实现物理移动，并调用于表现跑动、蹲下等的动画。

AIThirdPersonController

AIThirdPersonController 预制件与 ThirdPersonController 预制件一样，但是前者多了一个 NavMeshAgent 和一个 AICharacterControl 脚本，用于约束角色在场景中的移动。回想一下，在第 4 章中我们使用 AICharacterController 让 Ethan 在场景中四处游荡并且避免碰到物体。

FirstPersonController

FPSController 预制件是一个第一人称控制器，它同时使用 CC 组件和 RigidBody。它连接着一个摄像机子对象。当角色移动时，摄像机会跟随它移动。

第三人称和第一人称预制件的关键区别在于子对象。第三人称控制器预制件拥有一个装配的人形子对象，而第一人称控制器预制件拥有一个摄像机子对象。

它的身体质量被设置成一个非常小的值（1），并且 IsKinematic 呈开启状态，这意味着它将拥有有限的动量，不会对其他刚体有反应，但是它可以由动画驱动。

它的 FirstPersonController 脚本提供大量的参数用于表现跑步、跳跃、脚步声等等。此脚本还包含用于点头（head bob）的参数和动画，在角色移动的过程中会以自然的方式反映在摄像机上。如果你在 VR 项目中使用 FPSController 脚本，一定要保证禁用任何点头（head bob）功能，不然可能会产生强烈的不适感！

RigidBodyFPSController

RigidBodyFPSController 预制件是拥有一个 RigidBody 组件但没有 CC 组件的第一人称控制器。像 FPSController 一样，它也有一个摄像机子对象。当角色移动时，摄像机随之移动。

RigidBodyFPSController 预制件的身体质量更大，被设置为 10，并且没有动力学属性。也就是说，它在跟其他对象碰撞时会被弹开。它有一个单独的带 ZeroFriction

物理材质的 Capsule Collider 组件。`RigidBodyFirstPersonController` 脚本不同于 `FPSController`，但是前者有很多相似的参数。

为什么进行这么详细的介绍?

如果你用 Unity 构建过任何非 VR 项目，那么你肯定已经使用过这些预制件了。然而，你可能没有太关注过它们是如何被组装起来的。虚拟现实是第一人称角度的体验，我们的实现工具是 Unity，了解 Unity 的工具从而管理和控制第一人称体验是至关重要的。

7.2　使用滑行移动

本章的移动功能使用敏捷（agile）方式进行开发（在某种程度上）这意味着我们首先用一些需求定义我们的新功能，或者说故事，然后，我们通过不断迭代和打磨以增量的方式构建和测试这些功能，一次处理一个需求。试验不仅被允许，而且是被鼓励的。

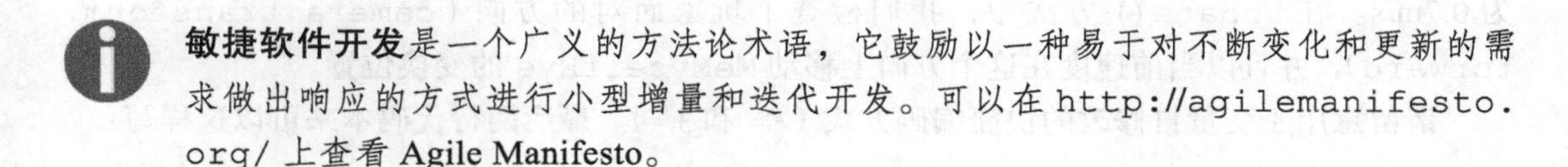

敏捷软件开发是一个广义的方法论术语，它鼓励以一种易于对不断变化和更新的需求做出响应的方式进行小型增量和迭代开发。可以在 `http://agilemanifesto.org/` 上查看 Agile Manifesto。

想要实现的功能：作为第一人称角色，当我开始走动时，我将沿我的视线方向走过场景，直到我决定要停下来。

以下是这个功能的需求：

- 沿你的视线方向移动。
- 保持脚在地面上。
- 不要穿过固体对象。
- 不要从世界边缘掉下去。
- 跨越小型对象和崎岖路面。
- 单击输入设备来开始或者停止移动。

这听起来是合理的。

首先，如果你保存了第 4 章的场景，则可以将其作为起点。你也可以构建一个类似、简单的新场景，其中包括地面、作为障碍物的 3D 对象以及 `MeMyselfEye` 预制件的副本。

7.2.1　沿视线方向移动

我们已经有一个 `MeMyselfEye` 对象包含摄像机装置，我们要把它变成一个第一人称控制器。我们的第一个需求是沿着你的视线方向移动。请添加一个名为 `Glide-`

Locomotion 的脚本。为了保持简单性，首先执行下面的步骤：

1. 在 Hierarchy 面板中，选中 MeMyselfEye 对象。

2. 在 Inspector 面板中，选择 Add Component | New Script，并且命名为 Glide-Locomotion。

然后，打开脚本并输入以下代码：

```
using UnityEngine;

public class GlideLocomotion : MonoBehaviour
{
  public float velocity = 0.4f;

  void Update ()
  {
    Vector3 moveDirection = Camera.main.transform.forward;
    moveDirection *= velocity * Time.deltaTime;
    transform.position += moveDirection;
  }
}
```

人类的正常步速大约为 1.4m/s，但在 VR 中这会使人感到不适，所以请把速度减半为 0.7m/s。在 Update() 方法中，我们检查了玩家面对的方向（camera.transform.forward)，并且以当前速度在这个方向上移动 MeMyselfEye 的变换位置。

请留意用于变量自修改的快捷编码方式（*= 和 +=）。最后两行代码本来可以这样写：

```
moveDirection = moveDirection * velocity * Time.deltaTime;
transform.position = transform.position  + moveDirection;
```

这里，我使用 *= 和 += 操作符替代它们。

请保存脚本和场景并在 VR 中尝试。

当你向前看时，你会向前移动。向左看，就会向左移动。向右看，就会向右移动。它工作得很好！

向上看……哇！！你能想到这一点么？我们正在飞翔！你可以像超人或者无人机驾驶员一样向各个方向移动。现在，MeMyselefEye 没有质量和物理，并且不响应重力。尽管如此，它还是满足了我们的需求，即沿视线方向移动。

7.2.2 保持脚着地

下一个需求是让你的脚保持在地面上。我们知道 GroundPlane 是平面并且位于 Y=0 的位置。那么，我们把这个简单的约束条件添加到 GlideLocomotion 脚本中：

```
void Update ()
{
  Vector3 moveDirection = Camera.main.transform.forward;
  moveDirection *= velocity * Time.deltaTime;
  moveDirection.y = 0f;
  transform.position += moveDirection;
}
```

请保存脚本并在 VR 中试试。

还不错。现在，我们可以在 Y=0 的平面上移动了。

另一方面，你可以像个幽灵，轻易地穿透立方体、球体和其他对象。

7.2.3 不要穿透固体对象

第三个需求是不要穿透固体对象。这里有个方案，即给它添加一个 Rigidbody 组件和一个碰撞体，让物理引擎起作用，步骤如下：

1. 在 Hierarchy 面板中，选中 `MeMyselfEye` 对象。
2. 在 Inspector 面板中，单击 Add Component | Physics | Rigidbody。
3. 然后单击 Add Component | Physics | Capsule Collider。
4. 设置 Capsule Collider 的 Height 为 2。
5. 如果角色控制器的 Capsule Collider（场景窗口中显示为绿色网格）延伸穿过地平面，请调整其中心 Y 为 `1`。

在 VR 中尝试。

哇！这是什么？只有不到 1s 是正常的，但当你撞上立方体，你便不受控制地旋转起来，就像在电影中的太空漫步出错一样。这是因为 Rigidbody 的力作用在各个方向上。下面添加一些约束：

在 Inspector 的 Rigidbody 面板中，取消选中 Freeze Position:Y 和 Freeze Rotation: X 和 Z 的复选框。

再在 VR 中尝试。

现在效果很好！你可以沿视线方向移动，但不会飞行（Y 轴位置被约束），而且也不会穿透固体。你可以滑过它们，因为只有 Y 旋转被允许。

假设你的 `KillTarget` 脚本仍然在运行（第 2 章中），你可以一直注视 Ethan 直到他爆炸。就这么做吧，让 Ethan 爆炸……哇！我们被爆炸弹出来，并且再次失控地旋转。也许我们还没有准备好这个强大的物理引擎。我们应该可以在脚本中找到，但我们暂时先丢掉 Rigidbody 这个想法。我们将在下章继续讨论它。

你可能会想起 CC 包含一个 Capsule Collider，并且支持受碰撞约束的移动。我们将尝试用它来替代，步骤如下：

1. 在 Inspector 面板中，单击 Rigidbody 栏中的齿轮图标，然后选择 Remove Component。
2. 移除其 Capsule Collider 组件。
3. 在 Inspector 面板中，找到 Add Component | Physics | Character Controller。
4. 如果角色控制器的 Capsule Collider（在场景窗口中显示为绿色网格）穿过了地平面，请将其 Y 中心调整为 `1`。

修改 `GlideLocomotion` 脚本：

```
using UnityEngine;

public class GlideLocomotion : MonoBehaviour
{
  public float velocity = 0.4f;

  private CharacterController character;

  void Start ()
  {
    character = GetComponent<CharacterController>();
  }

  void Update ()
  {
    Vector3 moveDirection = Camera.main.transform.forward;
    moveDirection *= velocity * Time.deltaTime;
    moveDirection.y = 0.0f;
    character.Move(moveDirection);
  }
}
```

这里没有直接更新 `transform.position`，而是调用内置的 `CharacterController.Move()` 函数来满足我们的目的。它知道角色的行为有某些约束。

保存脚本并在 VR 中尝试。

这一次，当我们碰到对象（立方体或者球体）的时候，差不多可以越过它然后悬浮于空中。Move() 函数没有把重力应用到场景中，我们需要把它添加到脚本中，这并不难（请查看 Unity API 文档 http://docs.unity3d.com/ScriptReference/Character-Controller.Move.html）。

然而，还有一个更简单的方法。`CharacterController.SimpleMove()` 函数可以在移动时应用重力。只要用下面的一行代码替换整个 `Update()` 方法即可：

```
void Update ()
{
  character.SimpleMove(Camera.main.transform.forward * velocity);
}
```

`SimpleMove()` 函数可以应用重力并处理 `Time.deltaTime`。所以，我们只需将移动方向矢量提供给它。同样，由于它引入了重力，我们也不需要 Y=0 约束。这样就更简单了。请保存脚本并在 VR 中尝试。

太棒了！我想我们快要完成所有需求了。但现在不要走出边缘……

本节中的练习假设你仅在站立模式或坐式模式下使用 VR，而不是在房间规模模式。我们移动玩家时修改整个 MeMyselfEye 装备。在房间规模模式中，这也是游戏区域的一部分。由于我们将碰撞体连接到 MeMyselfEye 位置，如果你离开了游戏区域的中心，则碰撞体不会与你的实际身体位置对齐。稍后，我们将讨论房间规模 VR 的移动问题。

7.2.4　不要在边缘坠落

现在我们拥有重力了，当我们走出地平面边缘的时候，你会陷入被遗忘的角落。修复这个问题并不涉及第一人称角色，只需在场景中添加一些栏杆。

使用立方体，把它们缩放到希望的厚度和长度，然后将它们移动到指定位置。请自己来做，我不会一步步地详细介绍。例如，我使用这些变换值：

- Scale：`0.1, 0.1, 10.0`
- 栏杆 1，Position：`-5, 1, 0`
- 栏杆 2，Position：`5, 1, 0`
- 栏杆 3，Position：`0, 1, -5`；Rotation：`0, 90, 0`
- 栏杆 4，Position：`0, 1, 5`；Rotation：`0, 90, 0`

在 VR 中尝试，试着穿越栏杆。哈！现在安全了。

7.2.5　跨越小物体并处理崎岖路面

在这里，需要先在地面上添加一些物体用于行走和跨越，例如一个斜坡和其他障碍物。结果看起来如图 7-2 所示。

图　7-2

在 VR 中尝试，走上斜坡并且走下立方体。嘿，有趣！

CC 组件完成了跨越小物体和处理崎岖路面的需求。你可能需要通过它的坡度限制（Slope Limit）和步进偏移（Step Offset）设置来调整它。

注意：滑行移动可能会引起晕动症，特别是对易受影响的玩家，请在应用中小心使用。当你向上滑行到滑板上，再跳到地面时，晕动症可能会很明显。但另一方面，却有些人会喜欢过山车 VR。此外，通过按下按钮这样简单的机制，可以让玩家控制移动以减少恶心和晕眩，我们接下来会对其进行补充。

7.2.6 开始与停止移动

下一个要求是通过单击一个输入按钮来开始或停止移动。我们将使用逻辑 Fire1 按钮来查找按钮按下操作。如果你想要使用不同的按钮，或者针对没有映射到 Fire1 的平台，请参阅第 5 章中的相关内容。

按如下内容修改 GlideLocomotion 脚本：

```
using UnityEngine;

public class GlideLocomotion : MonoBehaviour
{
  public float velocity = 0.7f;

  private CharacterController controller;
  private bool isWalking = false;

  void Start()
  {
    controller = GetComponent<CharacterController> ();
  }

  void Update () {
    if (Input.GetButtonDown("Fire1"))
        isWalking = true;
    else if (Input.GetButtonUp("Fire1"))
        isWalking = false;

    if (isWalking) {
      controller.SimpleMove (Camera.main.transform.forward * velocity);
    }
  }
}
```

在 Daydream 上，可以调用 GvrControllerInput.ClickButtonDown 和 Click-ButtonUp 来代替。

通过添加一个布尔值 isWalking 标志，我们可以通过按下按键发出信号，将向前移动切换为打开或关闭。

7.3 添加舒适模式移动

我们已经在本章以及本书前面多次提到了晕动症的可能性。一般来说，给予玩家在 VR 中移动的控制越多，他的感受就越好，感到恶心的风险也就越低。正如我们刚刚看到的，提供一个按钮来控制开始 / 暂停动作是一个方法，另一个方法就是我们常说的舒适模式。

人们已经发现在曲线周围使用滑行移动比在直线上滑行移动更加糟糕。因此，在 VR 场景中四处走动的一种方法是无论玩家看向哪个方向，在使用拇指操纵改变方向时，都只允许向前运动。并且，与其允许拇指操作连续改变方向角度，不如将其限制为（例如30度）固定角度补偿。我们将这个方法添加到我们的GlideLocomotion脚本中。

在该类的顶端，添加以下变量：

```
public float comfortAngle = 30f;
private bool hasRotated = true;
```

然后在Update()中，添加以下语句：

```
void Update()
{
  if (Input.GetButtonDown("Fire1"))
    isWalking = true;
  else if (Input.GetButtonUp("Fire1"))
    isWalking = false;

  if (isWalking)
    character.SimpleMove(transform.forward * velocity);

  float axis = Input.GetAxis("Horizontal");
  if (axis > 0.5f)
  {
    if (!hasRotated)
      transform.Rotate(0, comfortAngle, 0);
    hasRotated = true;
  }
  else if (axis < -0.5f)
  {
    if (!hasRotated)
      transform.Rotate(0, -comfortAngle, 0);
    hasRotated = true;
  }
  else
  {
    hasRotated = false;
  }
}
```

现在，当按下Fire1按钮并且isWalking为真时，我们将MeMyselfEye向前移动到其Transfom所指示的方向，而不是摄像机面对的方向，从而将这行代码改成character.SimpleMove(transform.forward * velocity)。

当用户用拇指将操纵杆向右推，即逻辑水平轴为正时，我们将顺时针旋转30°（舒适角度）。将操纵杆向左推时，我们逆时针旋转。我们检查其是否大于0.5而不是恰好为1.0，这样玩家就不需要一直将操纵杆推到边缘。

我们不希望在每次按下操纵杆时都一次又一次地旋转，因此我们设置一个标志has-Rotated，然后忽略它的轴直到它停在零位置。然后，我们将允许玩家再次按下操纵杆。

这是一个很舒适的导航机制：其中一个按钮向前移动，另一个按钮允许你以较大的增量改变方向。

本机制中使用的一些按钮映射如下：

- ❑ 在 HTC Vive 的 OpenVR 中，`Fire1` 是其中一个控制器上的菜单按钮，`Horizontal` 是另一个控制器的触摸板。
- ❑ 在 Oculus 的 OpenVR 中，`Fire1` 是右侧控制器的 B 按钮，`Horizontal` 是左控制器的拇指操纵杆。
- ❑ 在 Daydream 上，你应该修改代码以使用 `GvrControllerInput`。要检测触摸板上的水平单击，需要调用返回 `Vector2` 的 `GvrControllerInput.TouchPosCentered`，并检查 X 的值是否介于 –1 ～ 1 之间。例如，使用以下内容替换对 GetAxis 的调用：

```
Vector2 touchPos = GvrControllerInput.TouchPosCentered;
float axis = touchPos.x;
if (axis > 0.5f) ...
```

我们鼓励你扩展第 5 章开头使用的 `ButtonTest()` 函数以确定哪些按钮的映射、轴和 SDK 函数最适合你的目标 VR 设备。

我们刚刚实现了沿你的视线方向顺利向前移动，或在你身体朝向的方向上以舒适模式向前的滑行移动，同时你的头可以环顾四周。舒适模式可以让你在 30° 范围内改变你所面对的方向，从而减少头晕恶心的概率。但即使这样也可能不够舒服，而且一些开发者（和玩家）根本不喜欢滑行，而喜欢从一个地方传送到另一个地方。

其他移动考虑因素

如果你想为玩家提供 VR 骑行，那么你可以定义一个预定义的轨道，就像带领他人参观建筑物或艺术画廊一样。轨道可以是 3D 的，利用重力来使你上下移动，例如 VR 过山车，也可以没有重力，例如太空之旅。除了对很想追求刺激的人，否则我们不推荐这种机制，因为它很可能导致恶心晕眩。

另一种使移动过程舒适的技术是隧道。在移动过程中，摄像机被渲染成晕影和简单的背景（例如网格），并显示在玩家的周边视觉中，因此用户只能看到他们面前的内容。移动时减少周边视觉区可以减少晕眩恶心的可能性。

对于垂直移动，已经实现了所有攀爬的应用程序。使用双手触及物体，并抓住它让自己向上移动；登山模拟游戏，例如 The Climb（`http://www.theclimbgame.com/`），将这个想法提升到一个新的水平（字面意思！）。它提供了许多不同的伸展力学和抓地类型。

其他应用程序也试过使用手，不是用于攀爬，而是用于步行。例如，像绳子一样伸展并拉动，或者像跑步者一样摆动双臂，或者像操作轮椅一样进行圆周拉动运动。

当然，也有硬件设备，例如使用双脚走路和跑步来实现移动机制。例子包括：

- ❑ VR 跑步机，例如 Virtuix Omni（`http://www.virtuix.com/`）与 VR Virtualizer（`https://www.cyberith.com/`），你可以在上面用脚和腿走路和跑步。
- ❑ 运动自行车，例如 VirZoom（`https://www.virzoom.com/`），你可以骑自行车，甚至可以在 VR 中滑行。
- ❑ 身体追踪传感器不仅可以用于用户移动，也可以用于创建角色动画的运动捕捉。其设备包括 Optitrack（http://optitrack.com/motion-capture-virtual-reality/）、Perception Neuron（https://neuronmocap.com/）、ProVR（http://www.vrs.org.uk/virtualreality-gear/motion-tracking/priovr.html）等。

你可能需要专门为这些设备编写应用程序，因为这些身体追踪传感器没有标准，但它们确实十分有趣。

7.4 传送技术

光束传送是一种机制，你可以通过指向你想去的地方而到达那里。没有滑行的过程，而是直接被传送到新的位置。可以绘制激光束或者弧线以及传送位置接收器以指示你想去哪里。

正如我们在前面章节中看到的，我们可以创建自己的脚本。但是由于这是 VR 应用程序的核心功能，因此远程传送组件通常附带在设备 SDK 工具包中。我们将自己编写并参考一些现成的脚本。

首先，如果你从第 4 章中得到已保存的版本，则可以从它开始。你可以禁用一些我们不需要的对象，包括 Ethan 和 WalkTarget。或者你可以创建一个类似的简单新场景，其中包含地平面、一些作为障碍物的 3D 对象以及 MeMyselfEye 预制件的副本。

7.4.1 凝视传送

下面将实现的我们自己的远程传送机制，它将适用于任何 VR 平台。该机制使用基于凝视的指向。类似于我们在第 4 章中控制僵尸 Ethan，我们将从用户的摄像机实现中发射光线投到地平面，以选择移动位置。

在我们的脚本中，如果你选择了有效的位置，我们将使用按钮按下以启动传送，并跳转到那里。或者，你也可以考虑其他输入，例如使用 Input.GetAxis（垂直）向前推动拇指操作杆。

首先，按如下步骤创建一个传送标记（类似于 WalkTarget 标记）：

1. 添加一个空游戏对象到 Hierarchy 面板，并将其重命名为 TeleportMarker。

2. 重置其 Transform 的 position 值为（0，0，0）（使用 Transform 窗口右上角的齿轮图标）。

3. 右键单击鼠标找到 3D Object | Cylinder，这将创建一个由 TeleportMarker 为父级对象的圆柱形对象。

4. 重置其变换值并将 Scale 改为（0.4，0.05，0.4），这将创建一个直径为 0.4 的平盘。

5. 禁用或删除其 Capsule Collider。

至此，我们将使用默认材质。或者，你也可以使用其他材质来设计你的标记点。（例如，如果你安装了 Steam 的 InteractionSystem，请尝试 TeleportPointVisible 材质。

如果你安装了 Daydream Elements，请尝试 TeleportGlow 材质）。

现在开始编写脚本：

1. 在 Hierarchy 面板中选中 MeMyselfEye 对象。
2. 如果 GlideLocomotion 组件存在的话，禁用或删除它。
3. 选择 Add Component | New Script 并将其命名为 LookTeleport。

编写脚本：

```
using UnityEngine;

public class LookTeleport : MonoBehaviour
{
    public GameObject target;
    public GameObject ground;
    void Update()
    {
        Transform camera = Camera.main.transform;
        Ray ray;
        RaycastHit hit;

        if (Input.GetButtonDown("Fire1"))
        {
          // start searching
          target.SetActive(true);
        }
        else if (Input.GetButtonUp("Fire1"))
        {
          // done searching, teleport player
          target.SetActive(false);
          transform.position = target.transform.position;
        }
        else if (target.activeSelf)
        {
          ray = new Ray(camera.position, camera.rotation *
Vector3.forward);
          if (Physics.Raycast(ray, out hit) &&
              (hit.collider.gameObject == ground))
          {
            // move target to look-at position
            target.transform.position = hit.point;
          }
          else
          {
            // not looking a ground, reset target to player position
            target.transform.position = transform.position;
          }
        }
    }
}
```

该脚本将按如下方式运作：

- 当玩家单击时，开始定位，并使目标标记可见（SetActive()）。
- 在定位时，我们会识别玩家正在看什么（Raycast）。如果是地面，我们将目标定位在那里（hit.point）。否则，目标将重置为玩家所处的位置。

- 当玩家停止按下按钮时，目标将被隐藏，我们将定位玩家到目标的当前位置以完成传送。

请注意，我们正在使用 TeleportMarker 目标以便在目标模式下存储我们的传送机制状态。当目标处于激活状态时，我们会定位。当我们退出定位时，我们将目标位置当作玩家的新位置。

保存脚本并在 Unity 中：

1. 将 GroundPlane 对象拖到 Ground 槽中。
2. 将 TeleportMarker 对象拖到 Target 槽中。

单击 Play。按下输入按钮将激活目标标记点，该标记将随你的视线移动。释放按钮时，你将会被传送到该位置。你可以通过看向地面以外的其他地方并释放按钮来取消传送。

7.4.2 在表面之间传送

在上一个脚本中，我们使用简单的 Raycast 以确定 TeleportMarker 的位置，这实际上只适用于 Plane 对象。对于任何其他 3D 对象，传送点可能是任何表面，而不仅仅是可以行走的顶部。

另一种方法是使用 NavMesh 识别可以在场景内传送到的表面。回到第 4 章，我们为 Ethan 的 AIThirdPersonController 生成了一个 NavMesh 来控制允许他漫游的位置。这次，我们同样使用 NavMesh 来确定我们（MeMyselfEye）的可到之处。请随时返回并查看我们关于 NavMesh 的讨论。

这种方法的优点是可用的远距离传送位置可以是地平面的子集，场景内可以存在多个其他物体表面，甚至是复杂的地形，而传送位置将仅限于有效的平面，或略微倾斜的表面。

如果你跳过了该部分，或者已经重新排列场景中的对象，我们将重新生成 NavMesh：

1. 选择 Navigation 面板。如果它还不是编辑器中的选项卡，请找到 Window | Navigation 打开 Navigation 窗口。
2. 选中其 Object 选项卡。
3. 在 Hierarchy 中选中 Ground Plane，然后在 Navigation 窗口的 Object 窗格中，选中 Navigation Static 复选框。（或者使用对象的 Inspector 窗口的 Static 下拉列表。）
4. 对那些可能会阻止可能的远距离传送的每个对象重复步骤 3，这些对象包括立方体、球体等。

为了演示，我们将添加第二个故事平台：

1. 在 Hierarchy 中，创建一个新的 3D 立方体，并将其命名为 Overlook。
2. 将其 Scale 设置为（2.5, 0.1, 5），Position 设置为（4, 2.5, 0.5）。

3. 在 Navigation 窗口中，选中 Object 选项卡，然后查看 overlook 的 Navigation Static。

4. 选择 Bake 选项卡并单击面板底部的 Bake 按钮。

现在平台的高度（Y Scale）大于 Navigation Bake 设置中的 Agent Height（2）。这将确保玩家能够同时进入平台下方以及其顶部。在 Scene 窗口中，你可以看到 NavMesh 定义的蓝色区域，包括第二层平台上的漂亮的瞭望区域，如图 7-3 所示。

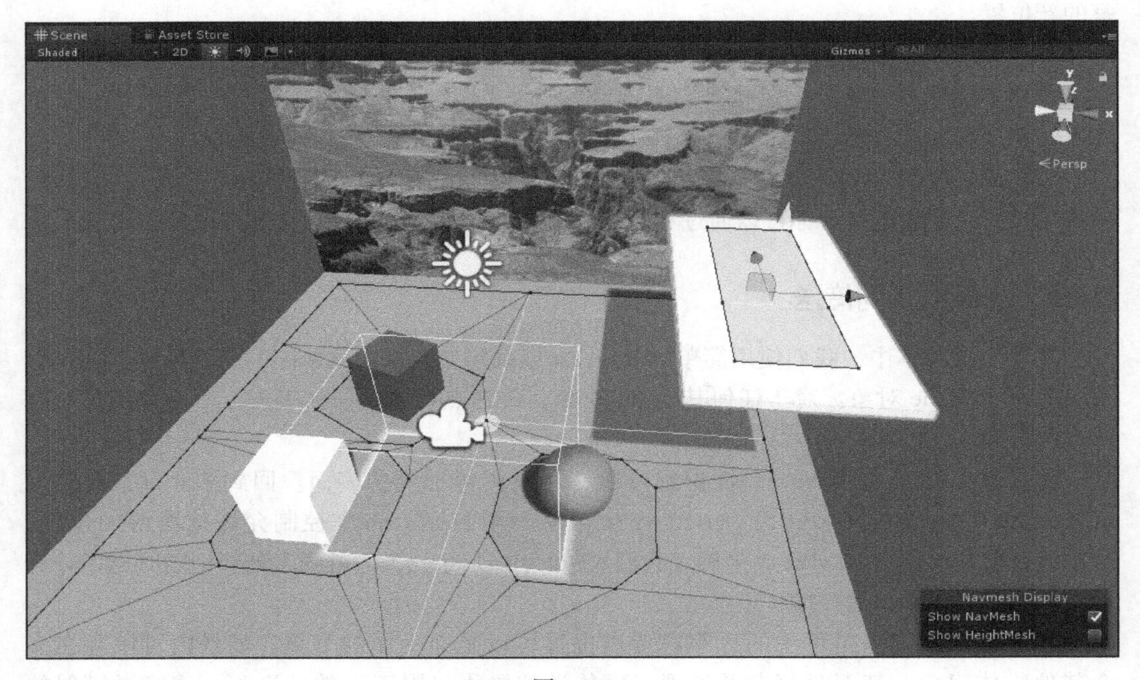

图 7-3

可以修改脚本以在 NavMesh 中找到要传送的目标位置。但是，Unity 没有提供 `Raycast` 函数以直接在 NavMesh 上找到传送点。相反，如往常一样使用物理碰撞体（可能在物体的侧面或底部，不仅仅是可行走表面）找到传送点，然后调用 `NavMesh.SamplePosition` 以在 NavMesh 上找到传送点位置。修改 `LookTeleport` 脚本如下。

在脚本顶部添加以下行访问 NavMesh API：

```
using UnityEngine.AI;
```

现在，修改 `Update()` 如下：

```
  if (Physics.Raycast(ray, out hit))
  {
    NavMeshHit navHit;
    if (NavMesh.SamplePosition(hit.point, out navHit, 1.0f,
NavMesh.AllAreas))
      target.transform.position = navHit.position;
  }
```

对 NavMesh.SamplePosition 的调用获取了 hit.point，并在给定半径内找到 NavMesh 上最近的点（我们给的是 1.0）。

单击 Play。不仅可以将 TeleportMarker 设置在 GroundPlane 的可行走表面上，还可以设置在 Overlook 的顶部。

另外，做一个 Physics.Raycast 会非常昂贵，尤其是在多物体场景中。可以通过提供图层蒙版来限制 Raycast 搜索。例如，创建一个名为 Teleport 的图层，并设置为 GroundPlane 与 Overlook 游戏对象的图层。然后，修改 Raycast 调用如下：

```
if (Physics.Raycast(ray, out hit, LayerMask.GetMask("Teleport")))
```

这将限制 Raycast 仅识别 NavMesh 覆盖的表面，即 GroundPlane 与 Overlook。

下一个场景我们将用有限的传送位置代替自由漫游。

7.4.3 传送生成点

在 VR 应用中将传送限制到场景内特定位置是十分常见的。在这种情况下，不需要自由漫游的滑行移动或任意传送目标。相反，定义特定传送生成点。

首先，创建一个 TeleportSpawn 预制件以标记位置：

1. 在 Hierarchy 中，创建一个 3D Sphere 并命名为 TeleportSpawn。
2. 重置 Transform（齿轮图标 |Reset）。
3. 设置 Scale 为 0.4，0.4，0.4。
4. 设置 Position 为（2，0，3）。
5. 从 Inspector | Layers | Add Layer 中创建一个名为 TeleportSpawn 的新图层，并在空槽中填上名字。
6. 在 Hierarchy 中选中 TeleportSpawn 对象，并设置其图层（Layers | Teleport-Spawn）为我们刚定义的材质：

1. 在 Material 文件夹中，右击创建一个新的 Material，并将其命名为 Teleport Material。
2. 设置 Rendering Mode 为 Transparent。
3. 设置 Albedo 颜色并给定一个低 alpha 值（如 30），以使其为半透明，比如为淡绿色（70，230，70，30）。
4. 将该材质拖到 TeleportSpawn 对象上。

在本练习中，使用新的 LookSpawnTeleport 替换 MeMyselfEye 上的 LookTeleport 组件：

1. 在 Hierarchy，选中 MeMyselfEye。
2. 如果存在，禁用 LookTeleport 组件。
3. 添加 Component | New Script，并将命名为 LookSpawnTeleport。

编写新的脚本如下：

```
using UnityEngine;

public class LookSpawnTeleport : MonoBehaviour
{
  private Color saveColor;
  private GameObject currentTarget;

    void Update()
    {
        Transform camera = Camera.main.transform;
        Ray ray;
        RaycastHit hit;
        GameObject hitTarget;
        ray = new Ray(camera.position, camera.rotation *
        Vector3.forward);
        if (Physics.Raycast(ray, out hit, 10f,
              LayerMask.GetMask("TeleportSpawn")))
        {
            hitTarget = hit.collider.gameObject;
            if (hitTarget != currentTarget)
            {
                Unhighlight();
                Highlight(hitTarget);
            }

            if (Input.GetButtonDown("Fire1"))
            {
                transform.position = hitTarget.transform.position;
            }
        }
        else if (currentTarget != null)
        {
            Unhighlight();
        }
    }
}
```

Update() 函数执行 Raycast 以查看是否选择生成点对象。如果是，该对象将被高亮（不高亮任何先前的对象）。然后，按下 Fire1 按钮，则传送玩家至该位置。

添加几个私有帮助函数，Highlight() 与 Unhighlight()。首先通过修改材质颜色来高亮对象，使其更不透明（alpha 0.8）。当看向其他地方时，Unhighlight 恢复原始颜色：

```
private void Highlight(GameObject target)
{
    Material material = target.GetComponent<Renderer>().material;
    saveColor = material.color;
    Color hiColor = material.color;
    hiColor.a = 0.8f; // more opaque
    material.color = hiColor;
    currentTarget = target;
}

private void Unhighlight()
{
```

```
    if (currentTarget != null)
    {
      Material material =
currentTarget.GetComponent<Renderer>().material;
        material.color = saveColor;
        currentTarget = null;
      }
    }
```

现在在场景周围放一些标记：

1. 从 Hierarchy 中将 TeleportSpawn 对象拖到 Project Assets 中的 Prefabs 文件夹中。

2. 复制 TeleportSpawn 3 次。

3. 将其中一个的 Position 设置为（0, 0, -1.5）(默认的 MeMyselfEye 位置)。

4. 将其他的 TeleportSpawn 移动到合适的位置，例如（2, 0, 3）、(-4, 0, 1)，如果有 Overlook，还有（3.5, 2.5, 0）。

单击 Play。当看向一个生成点时，它将高亮。当按下 Fire1 按钮，将被传送至该处。

在摄像机视图中心添加一个十字光标（小光标），可以帮助将玩家的注意力集中在传送对象上，就像 6.4 节中讲的那样。

虽然传送能够运行，但如果它适应视线方向可能会更好。有一种方法是将 TeleportSpawn 对象面向玩家面向的方向，并设置玩家的旋转变换以及位置。

为了给生成点面向的方向提供视觉线索，我们在本书中加入了一个图像文件（flip-flops.png）。或者使用其他可指示方向的工具，执行下述操作：

1. 拖动该 flip-flops.png 纹理到 Project Textures 文件夹，以将其导入。

2. 在材质文件夹中创建一个新的材质，并将其命名为 FlipFlops。

3. 将 flip-flops 纹理拖到 FlipFlops 材质的 Albedo 贴图上，然后选择 Rendering Mode 为 Cutout。

4. 在 Hierarchy 中选中 TeleportSpawn 对象。

5. 创建一个子 Quad 对象（右键单击 Create | 3D Object | Quad）。

6. 将 FlipFlops 材质拖动到 Quad 上。

7. 将 Quad 的 Transform Position 设置为（0, 0.1, 0），Rotation 设置为（90, 0, 0），使其平放在地平面上。

8. 选中父级 TeleportSpawn 对象，然后在 Inspector 中，单击 Apply 以保存这些更改到预制件中。现在所有生成都将有落脚点。

9. 对于 Overlook 上的，可以调整其 Quad，使其从下方可见，例如将 Position 和 Rotation 分别设置为（0, -0.2, 0）和（-90, 0, 180）。

对脚本进行修改以应用旋转：

```
if (Input.GetButtonDown("Fire1"))
{
```

```
        transform.position = hitTarget.transform.position;
        transform.rotation = hitTarget.transform.rotation;
    }
```

这是一个基于注视的远程传送系统，带有预定义的生成点，如 Scene 窗口中所示（见图 7-4）。

图 7-4

7.4.4 其他传送考虑因素

传送可以说和做的事还有很多。你可能更喜欢用控制器而不是凝视来选择位置。通常使用弧形激光束（使用 Bezier 曲线）显示传送指针。传送生成点通常使用发光或火焰效果进行渲染。其中许多功能已使用更高级别的 VR 工具包构建和提供（请参阅下一主题）。

Blink 传送是一种玩家位置变换时淡入淡出的技术，据说它提升了舒适度。在这里不会显示代码，但有几种技术可用于实现 VR 的淡入淡出。例如，创建一个用黑色面板覆盖整个摄像机的屏幕空间画布，在其淡入淡出时渲染其 Alpha 值（请参阅 https://docs.unity3d.com/ScriptReference/Mathf.Lerp.html）。有些文字闪烁效果从上到下迅速淡出，从底部到顶部淡化，就像眼睑闭合打开一样自然。

另一种技术是从上方提供场景的第三人称视图，称之为**迷你地图**、**上帝视图**或**玩偶屋视图**。从这个角度玩家可以指向一个新的传送位置。该场景的迷你版本可以是玩家在主场景视图使用工具的对象，或是在传送选择过程中转换到此视图模式。

还可以传送到不同的场景。结合闪烁淡入/淡出效果，调用 SceneManager.LoadScene("OtherScene|name")，而非简单地更改变换位置。请注意，必须将其他场景添加到 Build Settings Scenes 的 Build 列表中（请参阅 https://docs.unity3d.com/ScriptReference/SceneManagement.SceneManager.LoadScene.html）。

灵活的使用远距传送和玩家的朝向可以有效地利用游戏空间，并使玩家感受到的 VR 空间比实际中大得多。例如，在房间规模 VR 中，如果玩家走向游戏空间的边缘并进入电梯（传送），他可能会面向电梯后部并在门到达新的位置时转身以向前走。实际上，无限走廊和连通房间可以通过这种方式实现，并保持玩家的沉浸感。

7.5 传送工具包

我们已经探索了一些不同的移动和传送机制，都是使用凝视来进行选择。这有时会是一个好的选择，但有时不是。这是各种 VR 设备之间最基本的共同点，从高端的 HTC Vive 和 Oculus Rift 到低端的 Google Cardboard，只需要点一下即可选择基于凝视的选择。

你可能会更喜欢用控制器进行选择。高端系统包括两个含有位置追踪的控制器，每只手一个。较低端的设备，如 Google Daydream，有一个 3DOF“激光指针”控制器。到目前为止，避免使用控制器的另一个原因是编程因设备而异。此外，特定于设备的工具包通常带有实现此机制的组件和预制件，针对其特定平台进行了优化，包括用于渲染弧形激光束和远距传送标记的高性能着色器。

在本节中，展示了如何使用更高水平组件实现传送，例如使用 SteamVR Interaction System 以及 Google Daydream Elements。如果不使用它们，请参阅目标设备的工具项目，或考虑使用通用工具包（VRTK）(https://github.com/thestonefox/VRTK)。

7.5.1 使用 SteamVR 交互系统传送

我们在第五章中首次介绍了 SteamVR 交互系统中易于使用的远程端口组件。如果你正在使用 SteamVR SDK，则可以在 Assets/SteamVR/InteractionSystem/Teleport/ 文件夹中找到。该传送工具包括许多附加功能，包括材质、模型、预制件、脚本、着色器、声音、纹理、触觉等。

- Teleporting 预制件：传送控制器，每个场景添加一个。
- TeleportPoint 预制件：想要传送到达的位置，每个场景添加一个。
- TeleportArea 组件：添加到一个游戏对象，例如一个平面，以允许在该区域内传送到任何位置。

交互系统包含自带的 Player 摄像机设备，可以代替默认的 [CameraRig]，如下：

1. 在 SteamVR/InteractionSystem/Core/Prefabs 中找到 Player 预制件。
2. 在场景 Hierarchy 中将其拖到 MeMyselfEye 下作为子对象。

3. 删除或禁用 [CameraRig] 对象。

4. 从 Project 中 的 Assets/SteamVR/InteractionSystem/Teleport/Prefabs 中拖动一个 Teleporting 预制件的副本作为 MeMyselfEye 的子对象（该控制器可以到达场景的任何位置）。

5. 在 Hierarchy 中选中 Player，并将其父对象 MeMyselfEye 拖动到其 Tracking Origin Transform 槽中。

最后一步很重要。该工具包的传送组件默认修改 Player 对象的位置。当传送时，我们会想要传送 Player 的父对象 MeMyselfEye。这也许可用于游戏中。例如，玩家坐在车辆的驾驶舱中，要传送的是整个车辆而非仅仅玩家本身，便适用此功能。

如果按照前面章节的内容进行操作，请禁用此处不会使用的内容：

1. 在 MeMyselfEye 上，禁用或删除 Look Teleport 和 Look Spwan Teleport 组件。

2. 禁用或删除每个 TeleportSpawn 对象。

现在，对每个传送位置：

1. 从 Project 的 Assets/SteamVR/InteractionSystem/Teleport/Prefabs 中拖出 TeleportPoint 预制件的副本到 Hierarchy 中。

2. 在场景所需的位置上放置一个副本，如前所述，使用（0, 0, -1.5），（2, 0,3），(-4,0,1)，并且 Overlook 为（3.5, 2.5, 0）。

单击 Play，该传送点不会显示，直到按下控制器上的按钮，然后发光并显示一个虚线激光弧以供选择并传送到选择点。图 7-5 显示了 Game 窗口中传送到 Overlook 位置。

图 7-5

查看 Teleport 组件上的选项，可以修改或替换用于高亮传送点的材质、声音和其他效果。Teleport Arc 组件具有渲染激光弧的选项，TeleportPoint 本身可以单独修改。

7.5.2 使用 Daydream Elements 传送

在第 5 章中首次介绍的 Google Daydream Elements 包含了一些传送组件。如果目标设备是 Google Daydream，则可以从 GitHub（https://github.com/googlevr/daydreamelements/releases）安装单独的 Daydream Elements 下载。该文档可以在 Elements 网站上找到（https://developers.google.com/vr/elements/teleportation）。

导入项目后，可以在 Assets/DaydreamElements/Elements/Teleport/ 文件夹中找到。里面有一个演示场景：Teleport，包含相关的材质、模型、预制件、脚本、着色器和纹理。

这些工具十分通用，可以自定义。主要的预制件是 TeleportController，可以完成所有工作。用于触发远程端口行为的用户输入可以通过填充组件插槽在 Unity 编辑器中进行配置，如图 7-6 所示。

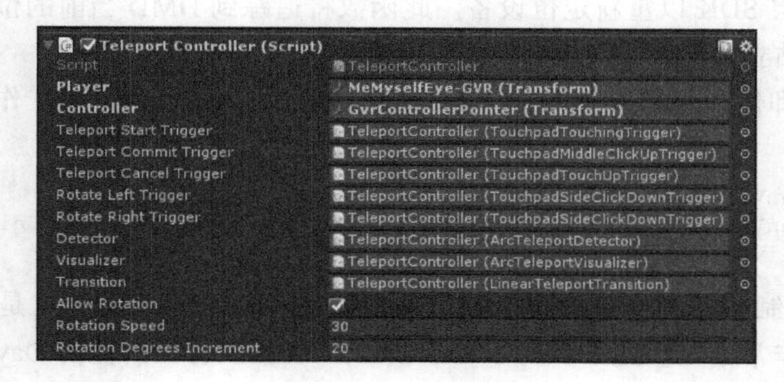

图　7-6

可以通过更改其探测器、可视化器以及转换类来扩展远程传送器。

- **探测器**：如 `ArcTeleportDetector`，做一个弧形的 Raycast 来查找场景中的对象并以足够空间来“适应”玩家以限制其集中在水平表面。所以玩家不会被传送到墙上。
- **可视化器**：如 `ArcTeleportVisualizer`，当触发传送时渲染弧。
- **转换**：如 `LinearTeleportTransition`，在新的位置赋予玩家生命。例如，这可以用来实现闪烁效果。

为了将其添加到场景中：

1. 在 Hierarchy 中将 `TeleportController` 预制件拖到 Player 下作为子级对象（对我们是 `MeMyselfEye` | GVRCameraRig | Player）。
2. 如果需要的话，重置 Transform。
3. 将 `MeMyselfEye` 对象拖到 `TeleportController` 组件的 Player 变换槽中。
4. 将 `GvrControllerPointer`（或任一个正在用的游戏对象控制器）拖动到 Controller 变换槽中。

单击 Play，可以传送到场景的任何位置。没有必要放置特定的传送目标。

默认情况下，`TeleportController` 将通过着陆在场景中任一个带有碰撞体的对象上来运行。可以通过指定图层来限制检测器 Raycast 考虑的对象。此外，如果想要任意形状的目标区域，不一定是场景中的游戏对象，可以添加一系列仅具有碰撞体而不添加渲染器的对象。这就是在 Daydream Elements 传送演示中实现在岛屿上传送的方式。

7.6　重置中心和位置

有时在 VR 中，头戴式显示器显示的视图与身体的方向不完全同步。设备 SDK 提供了重置其相对于真实世界空间的方向功能，通常称为视图的**重新定位**。

Unity 提供了一个 API 调用：`UnityEngine.VR.InputTracking.Recenter()`，该调用映射到底层 SDK 以重新定位设备。此函数将追踪到 HMD 当前的位置和方向。但它只适用于坐式和站立体验，房间规模的体验不受影响。

在本文中，即使为坐式进行配置，Recenter 也无法在 SteamVR 中工作。解决方案是调用以下代码：

```
Valve.VR.OpenVR.System.ResetSeatedZeroPose();
Valve.VR.OpenVR.Compositor.SetTrackingSpace(Valve.VR.ETrackingUniverseOrigi
n.TrackingUniverseSeated);
```

Daydream 控制器已经重置内置于底层的系统（按住系统按钮），这是因为漂移现象在移动 VR 设备上非常常见。此外，对于 Cardboard（以及没有控制器的 Daydream 用户），应该在玩家装备（如第三章中所述）中包含标准的地板画布菜单，其中包含重置与重新定位按钮。

在其他系统中，可以按需选择触发调用 `Recenter` 的按钮。

支持房间规模的远程传送

如上所述，Unity Recenter 功能对房间规模设置没有任何影响。假设房间规模的玩家是站立并移动的，所以它们可以让自己在 VR 场景中面向前方。

然而，在传送时，将玩家移动到新的位置，并且可能会移动到不同的场景。当重新定位 MeMyselfEye 或其他任何位置追踪摄像机的父级时，玩家不需要位于该装备的原点。如果玩家传送去新的位置，他的整个游戏空间应该被移植，并且玩家最终应该站在他所选择的虚拟位置上。

以下函数将将传送变换补偿到游戏区内玩家的相对姿势。如上所述，假设是 MeMyselfEye 玩家根对象上的一个组件：

```
private void TeleportRoomscale( Vector3 targetPosition )
{
    Transform camera = Camera.main.transform;
    float cameraAngle = camera.eulerAngles.y;
    transform.Rotate( 0f, -cameraAngle, 0f);
    Vector3 offsetPos = camera.position - transform.position;
    transform.position = targetPosition.position - offsetPos;
}
```

为了在之前的传送脚本实例中使用，请替换 `transform.position = target.transform.position` 为调用 `TeleportRoomscale(target.transform.position)`。

7.7 对付 VR 晕动症

VR 晕动症（motion sickness）或模拟器综合征（simulator sickness），是一种真实的症状

并且对于虚拟现实是一个常见的问题。研究人员、心理学家和大量专业技术专家正在研究这个问题，以便更好地理解底层原因并找到解决方案。

VR 晕动症的一个原因是当移动头部时屏幕的更新存在卡顿或延迟。大脑期待周围的世界同步的准确变化，任何可以感知的延迟都能让人感觉到不适。

延迟可以通过快速渲染每一帧，保持建议的帧率而减少。设备厂商把它当成自己在硬件和设备驱动程序软件中的问题去解决。GPU 和芯片厂商把它作为处理器的性能和吞吐问题。毫无疑问，未来几年将见证它们的飞速发展。

同时，作为 VR 开发者，需要知晓延迟和 VR 晕动症的其他原因。开发者也需要把它看成自己的问题，因为最终它可以归结为性能和人类工程学的问题。对于移动 VR 和桌面 VR 的持续分歧，将一直会存在在玩家使用到的设备的性能上限。在第 13 章中，将深入研究渲染管道和性能的技术细节。

真实的世界中在坐过山车时会感觉到恶心，那么，为什么 VR 不能有类似的效果呢？因为要玩家的舒适感和安全感，包括游戏机制与用户体验设计，需要考虑的事情如下。

- **别移动太快**：当移动或让第一人称角色活动时，别移动太快。高速的第一人称射击游戏在控制台和桌面 PC 游戏上可行但在 VR 中效果不好。
- **向前看**：当在场景中穿过时，如果看着侧面而不是前方，更容易感觉到恶心。
- **别太快地转动头部**：不鼓励用户戴着 VR 头戴式显示器时快速地转动头部。由于在更短的时间中要在视角中处理更大的变化，HMD 屏幕的更新延迟会加重。
- **提供舒适模式**：当某个场景需要快速地多次转身时，提供一个棘轮旋转机制，也被称之为舒适模式，让你以更大的增量改变你看的方向。
- **在传送或场景转换时使用淡入淡出或闪烁**：当淡入淡出时，使用深色为宜，因为白色可能会让人受到惊吓。
- **在移动期间使用隧道或其他技术**：通过遮挡摄像机来减少周边视觉中除了面前以外的东西。
- **使用一个第三人称摄像机**：如果有高速动作而并不需要给用户一种刺激感，使用第三人称视角。
- **着地**：提供视觉提示帮助用户着地，比如横线、视野中附近的物体和相对固定位置的对象，比如仪表板和人体部位。
- **提供一个重定位视图中心的选项**：尤其是移动 VR 设备，受制于漂移并且偶尔需要被重定位。使用有线的 VR 设备，它帮助避免在 HMD 线中错乱。作为一个安全性问题，重定位视图中心相关联的真实世界可以帮助避免撞到物理空间中的家具和墙。
- **别使用过场动画**：在传统游戏（和电影）中，一项可以用于在多个场景中过滤的技术是展示一个 2D 过场动画。如果头部动作捕捉被禁止的话，在 VR 中是行不通的。它会破坏沉浸感并且会引起呕吐。一个简单的替代是淡出到黑色然后打开新的场景。
- **优化渲染性能**：有必要让所有 VR 开发者理解延迟的底层原因，尤其是渲染性能以及如何优化它，比如降低多边形数量并谨慎选择光照模型。学习使用性能监测工具以便保持帧率在期待和可接受的范围内。第10章中将会讨论更多。
- **鼓励用户休息**：另外，可以在游戏中提供一个呕吐袋！

7.8 本章小结

在本章中，我们探讨了在虚拟环境中移动的许多不同的方法。首先检查了支持传统第三人称和第一人称角色的Unity组件，并很快意识到这些功能的大多数在VR中并不太有用。例如，不希望在走路时上下摇头，也不想从高楼上跳下。四处走动很重要，但玩家的舒适感更重要。没有人想感受晕动症。

在场景中平稳且线性地移动，类似于行走。使用基于凝视的机制，实现了向用户正看向的方向移动，并使用输入按钮来开始和停止。然后，将移动与头部方向分开，始终向前移动并使用单独的输入（触摸板）来改变身体朝向。有了这种舒适的模式，可以在移动的同时环顾四周。

跳到一个新的位置称为远程传送。再次以凝视为基本机制，让你看向某个方向以选择传送的位置。使用NavMesh和传送生成点实现了两种限制传送地点的方式。然后，本章还讨论了一些来自SteamVR和Google Daydream的传送工具包，这些工具包提供了丰富的功能以及丰富的用户体验。如果你的目标是不同的平台，如Oculus，也有类似的工具。

在下一章中，将进一步探索Unity的物理引擎，并实现一些交互式游戏。

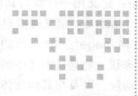

第8章 Chapter 8

使用物理引擎

在本章中，我们将使用物理组件和其他 Unity 功能来构建一个交互式的球类游戏。在这一过程中，我们将学习如何管理对象、刚体的物理属性以及如何为虚拟体验添加更多交互性。你将学到如何把物理属性和材质添加到对象中，以及更多相关的 C# 脚本、粒子效果和音乐的内容。

本章中，我们将讨论以下主题：

❑ Unity 物理引擎、Unity Rigidbody 组件和物理材质。
❑ 使用速度和重力。
❑ 管理对象的生命周期和对象池。
❑ 使用头和手与 VR 中的对象进行交互。
❑ 使用粒子效果构建火球。
❑ 与音乐同步。

注意本章中的项目都是独立的，且不与本书中的其他章节直接关联。如果跳过或不保存本章的某些工作步骤也没有关系。

8.1 Unity 的物理组件

在 Unity 中，一个基于物理的对象的行为是由其网格（形状）、材质（UV 纹理）和渲染属性单独定义的。有关物理的选项包括：

❑ Rigidbody：使物体能够在物理引擎的控制下运动，接收力和扭矩以实际方式移动。

- Collider：定义用于计算与其他对象的碰撞的近似形状。
- Physic Materia：定义碰撞对象的摩擦和反弹效果。
- Physic Manager：3D 项目的物理全局设置。

从根本上来说，物理（本文中的）是由影响物体的位置和旋转的作用力定义的，比如重力、摩擦力、动量，以及与其他物体碰撞产生的力。并不需要完美地模拟真实世界中的物理属性，因为这是对性能进行的优化以及对关注点的分离，以便实现动画效果。另外，虚拟世界也许就需要它们自己的物理法则，这种法则在我们的宇宙中无法找到！

Unity 集成了 NVIDIA PhysX 引擎，这是一个实时的物理计算中间件，为游戏和 3D 应用程序实现了经典牛顿力学。这个多平台的软件已经优化过，在表现效果时可以利用快速硬件处理器。可以通过 Unity 脚本 API 访问它。

物理的关键是添加到物体上的 Rigidbody 组件。Rigidbody 中有一些参数，其中包括重力、质量和阻力。Rigidbody 可以自动对重力和与其他物体的碰撞做出反应，而不需要额外的脚本。在游戏中，引擎计算每个 Rigidbody 的动量，然后更新其位移和旋转。

有关 Rigidbody 的细节详见 `http://docs.unity3d.com/ScriptReference/Rigidbody.html`。

Unity 项目中都有一个全局的重力设置，可通过在项目的 Physics Manager 中单击 `Edit | Project Settings | Physics` 找到它。默认的重力设置值 `Vector3` 为（0，-9.81，0），它将一个向下的作用力添加到所有刚体上，重力单位是 m/s^2。

要检测碰撞，发生碰撞的两个物体必须要有 Collider 组件。基本的几何体有内置的碰撞体，比如立方体、球体、圆柱体和胶囊体。网格碰撞体可以假设一个任意的形状。如果可以的话，最好使用一个或多个接近于真实物体的碰撞体形状，而不是使用一个网格碰撞体，以减少在游戏过程中计算真实碰撞的开销。（如果用了网格碰撞体，网格碰撞体必须被标记为凸面体（convex），且必须小于 255 个三角形。）

当刚体发生碰撞时，在碰撞中与每个物体有关的作用力会被应用到其他物体上。合力的值是基于物体当前的速度和质量计算的。其他因素也会被考虑进来，比如重力和阻力。另外，可以选择添加约束条件以固定物体在 x、y、z 轴上的位置值或旋转值。

当 Physic Material 被指定到物体的碰撞体上时，将进一步影响计算，会调整碰撞物体的摩擦力和弹性效果。这些属性只会被应用到拥有 Physic Material 的物体上。（注意，因为某些历史原因，拼写真的是 Physic Material，而不是 Physics Material。）

假如对象 A（球体）碰撞对象 B（砖），如果对象 A 有弹性而对象 B 没有，那么对象 A 在碰撞中将会被施加一个推动力，但是对象 B 没有。然而，可以选择它们的摩擦力和弹力如何组合，我们后面将会讲解。不需要精确地模拟真实世界的物理属性。它是一个游戏引擎，而不是一个计算机辅助的项目模型。

从脚本的视角来看，当对象碰撞时 Unity 将触发事件 OnTriggerEnter（也叫作消息），对象碰撞时每一帧都触发 OnTriggerStay，当碰撞停止时触发 OnTriggerExit。

8.2　弹力球

我们这里要实现的效果是，当一个小球从半空中落下并撞击地面时，它会反复弹跳，弹跳高度随着时间的推移而逐渐减弱。

简单地创建一个包含一个地平面和一个球体的新场景。然后，添加物理属性到场景中，一点一点地添加，步骤如下：

1. 单击 File | New Scene 创建一个新的场景；
2. 单击 File | Save Scene As 将场景命名为 BallsFromHeaven；
3. 单击 GameObject | 3D Object | Plane 创建一个新的平面，通过 Transform 组件的齿轮图标 | Reset 重置它的位置；
4. 单击 GameObject | 3D Object | Sphere 创建一个新的球体，重命名为 BouncyBall；
5. 设置 Scale 为（0.5，0.5，0.5），设置 Position 为（0，5，0），让它位于平面的中心；
6. 把 Red 材质从 Project 中的 Assets 文件夹中（第 2 章中创建的）拖到球体上，让它看起来像一个弹力球。

新的 Unity 场景默认带有 Directional Light 和 Main Camera，暂时使用这个 Main Camera 也是可以的。

单击 Play 按钮，你会发现什么都没有发生，球体还在半空中并没有移动。

现在，给它一个 Rigidbody，步骤如下：

1. 选中 BouncyBall，在 Inspector 面板中，单击 Add Component | Physics | Rigidbody；
2. 单击 Play 按钮，球体会像铅球一样下落。

让它变得有弹性，步骤如下：

1. 在 Project 面板中，选择 Assets 文件夹的根目录，单击 Create | Folder，重命名为 Physics；
2. 选中 Physics 文件夹，单击 Assets | Create | Physic Material 创建一个材质；
3. 命名为 Bouncy；
4. 把 Bounciness 值设置成 1；
5. 在 Hierarchy 中选中 BouncyBall 球体，把 Bouncy 从 Project 面板中拖到球体在 Inspector 面板的 Collider 材质字段中。

单击 Play 按钮，它会发生弹跳但不会弹到很高。给 Bounciness 使用的最大值是 1.0。是什么使它变慢的呢？不是 Friction 设置，而是设置为 Average 的 Bounce Combine，它决定了球体（1）与平面（0）的弹力。所以，它的值随着时间的推移迅速变小。想让球体仍然有弹力，步骤如下：

1. 把 Bouncy 对象的 Bounce Combine 设置为 Maximum；

2. 单击 Play 按钮。

球体保持弹回到原来的高度，忽略重力了。现在，把 Bounciness 的值设置为 0.8，使弹力变小，球体会逐渐停止。

在虚拟现实中验证一下，步骤如下：

1. 从 Hierarchy 根目录中删除默认的 Main Camera；

2. 从 Project Assets 中把 MeMyselfEye 预制件拖进场景，把 Position 值设置成（0, 1, -4）。

在虚拟现实中运行，相当不错！甚至最简单的东西在虚拟现实中看起来也很棒。

Unity 的标准资源包包括一些示例的物理材质，如 Bouncy、Ice、Meta、Rubber 和 Wood。

让球体像雨一样落下，要实现这样的效果，就要把球体制作成预制件，再写一个脚本实例化新的球体，让它们在随机的位置下落，步骤如下：

1. 把 BouncyBall 从 Hierarchy 中拖进 Project 中的 Assets/Prefabs 文件夹里，让它成为预制件；

2. 在 Hierarchy 中删除 BouncyBall，因为我们要用代码实例化它；

3. 单击 GameObject | Create Empty 创建一个空的游戏对象以附加脚本，重命名为 GameController；

4. 在 Inspector 中，单击 Add Component | New Script，命名为 BallsFromHeaven，打开脚本以便编辑。

编辑脚本如下：

```
using UnityEngine;

public class BallsFromHeaven : MonoBehaviour
{
  public GameObject ballPrefab;
  public float startHeight = 10f;
  public float interval = 0.5f;

  private float nextBallTime = 0f;

  void Update ()
  {
    if (Time.time > nextBallTime)
    {
      nextBallTime = Time.time + interval;
      Vector3 position = new Vector3( Random.Range (-4f, 4f),
```

```
          startHeight, Random.Range (-4f, 4f) );
        Instantiate( ballPrefab, position, Quaternion.identity );
      }
    }
}
```

这段脚本以 Interval 的速度（0.5 的间隔意味着每半秒就有一个新的球体掉落）从 startHeight 掉落一个新的球体。新的球体掉落的位置是 X-Z 坐标中 -4 到 4 的值。Instantiate() 函数添加一个新的球体到场景 Hierarchy 中。

保存脚本。需要把 BouncyBall 预制件放进 Ball 字段中，步骤如下：

1. 在 Hierarchy 中选中 GameController，把 BouncyBall 预制件从 Project Assets/Prefabs 文件夹拖到 Inspector 中的 Balls From Heaven（Script）面板的 Ball 槽中；
2. 确认使用的是 Project Assets 中的 BouncyBall 预制件，让它可以被实例化；
3. 保存场景，在虚拟现实中运行。结果如图 8-1 所示。

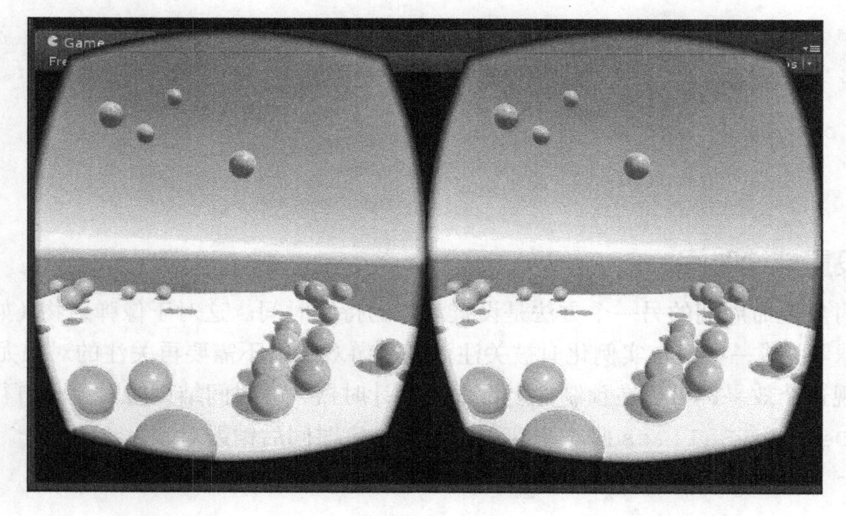

图 8-1

我们创建了一个带有 Rigidbody 组件的球体，并为其添加了物理材质，设置 Bounciness 属性为 0.8，设置 Bounce Combine 属性为最大。然后，将 BouncyBall 保存为预制件并编写一个脚本，以从半空中随机实例化新球体。

8.3 管理游戏对象

每当编写一个实例化对象的脚本时，必须了解对象的生命周期，并在不需要对象时将其销毁。例如：对象在场景中不再可见后，到了对象的特定生命时间，或场景限制了最大对象数量，都可以销毁游戏对象。

8.3.1 销毁坠落的对象

场景是一个有限大小的平面，当落下的球体相互撞击时，有些会从平面边缘上掉落下来。这时就可以销毁掉落的球体。在实例化新球时观察 Hierarchy 面板，请注意，球体最终会在平面上停止反弹，但仍在 Hierarchy 面板中。我们需要添加一个脚本来消除游戏中不再弹起的球体，如下所示：

1. 在 Project Assets/Prefabs 文件夹中选择 BouncyBall 预制件；
2. 单击 Add Component | New Script，并将其命名为 Destroy Ball。

下面是 DestroyBall.cs 脚本，当球体的 Position 的 Y 值在地平面（Y = 0）以下时脚本会销毁它。

```
using UnityEngine;
using System.Collections;

public class DestroyBall : MonoBehaviour
{
  void Update ()
  {
    if (transform.position.y < -5f)
    {
      Destroy (gameObject);
    }
  }
}
```

8.3.2 设置持续时间

管理对象生命周期的另一个方法是设置对象的持续时间。这对于像弹射物（如子弹、箭头、弹力球等）或一些只在实例化时被关注而随着游戏进行不需要再关注的对象尤为有效。

要实现这个效果，可以在预制件上设置一个计时器，在时间结束时对象会自行销毁。

修改 DestroyBall.cs 脚本来实现在延迟一定时间后销毁对象：

```
public float timer = 15f;

void Start ()
{
 Destroy (gameObject, timer);
}
```

当运行的时候，平面将没有之前拥挤。每个球体将在 15 秒后或从平面上掉落时被销毁，以先到者为准。

8.3.3 实现一个对象池

如果 GameController 生成小球的间隔是 0.5 秒，而销毁小球的间隔是 15 秒，那么理论上平面上最多有 30 个球。如果有些球从平面边缘掉落，就会更少。这种情况下，不需要让应用程序不断地为新的球体分配新内存，只需要在 15 秒后删除该对象。太多的实例化和对象的销毁会导致内存碎片化。Unity 要定期进行清理，这是一个计算成本很高的过程，称为**垃圾收集(GC)**，请尽可能避免。

对象池是指在游戏中创建可重用对象的列表，而不是连续实例化新对象。也就是说，不断激活 / 停用对象，而不是实例化 / 销毁对象。

为了实现这一功能，编写一个通用的对象池脚本并将其添加到场景中的 GameController 上。

为此，这里介绍 C# 中的列表概念。顾名思义，列表是对象的有序集合，如数组。可以对列表进行检索、排序等操作（详情请参阅 https://msdn.microsoft.com/en-us/library/6sh2ey19.aspx）。我们简单地使用列表来保存预先实例化的对象，把新建的脚本命名为 ObjectPooler，步骤如下：

1. 在 Hierarchy 面板里选中 GameController 对象；
2. 单击 **Add Component | New Script** 新建脚本，并将其命名为 ObjectPooler。

打开脚本进行编辑，首先声明几个变量：

```
using System.Collections.Generic;
using UnityEngine;

public class ObjectPooler : MonoBehaviour
{
    public GameObject prefab;
    public int pooledAmount = 20;
   private List<GameObject> pooledObjects;

}
```

prefab 变量将获得想要实例化的预制体对象，即 BouncyBall。pooledAmount 变量表示最初实例化的对象数量。实际列表保存在 pooledObjects 变量中。

当场景开始运行后，按下面的方式初始化列表：

```
  void Start () {
      pooledObjects = new List<GameObject>();
      for (int i = 0; i < pooledAmount; i++)
      {
          GameObject obj = (GameObject)Instantiate(prefab);
          obj.SetActive(false);
          pooledObjects.Add(obj);
      }
}
```

分配一个新列表并在 for 循环中填充它，循环体是实例化预制件，最初使其处于非激活状态，并将其添加到列表中。

现在，当想要一个新对象时，可以调用 GetPooledObject 函数，它在列表中查找当前未激活的对象。如果所有对象都已激活，没有可重用的，则函数返回 null：

```
public GameObject GetPooledObject()
{
    for (int i = 0; i < pooledObjects.Count; i++)
    {
        if (!pooledObjects[i].activeInHierarchy)
```

```
            {
                return pooledObjects[i];
            }
        }

        return null;
    }
```

过程如上所述。

还可以增强脚本以加长列表，使它永远不会返回 null。在顶部添加以下选项：

```
public bool willGrow = true;
```

在 for 循环后将以下语句添加到 GetPooledObject 函数里：

```
        ...
        if (willGrow)
        {
            GameObject obj = (GameObject)Instantiate(prefab);
            pooledObjects.Add(obj);
            return obj;
        }

        return null;
    }
```

保存脚本，将其附加到 GameController 对象上，然后将 BouncyBall 预制件拖到脚本的 Prefab 字段上。

现在修改 BallsFromHeaven 脚本以从 ObjectPooler 而不是 Instantiate 调用 GetPooledObject 函数。更新的 BallsFromHeaven 脚本如下：

```
using UnityEngine;

[RequireComponent(typeof(ObjectPooler))]
public class BallsFromHeaven : MonoBehaviour
{
    public float startHeight = 10f;
    public float interval = 0.5f;

    private float nextBallTime = 0f;
    private ObjectPooler pool;

    void Start()
    {
        pool = GetComponent<ObjectPooler>();
        if (pool == null)
        {
            Debug.LogError("BallsFromHeaven requires ObjectPooler
component");
        }
    }

    void Update()
    {
        if (Time.time > nextBallTime)
        {
```

```
            nextBallTime = Time.time + interval;
            Vector3 position = new Vector3(Random.Range(-4f, 4f),
startHeight, Random.Range(-4f, 4f));
            GameObject ball = pool.GetPooledObject();
            ball.transform.position = position;
            ball.transform.rotation = Quaternion.identity;
            ball.GetComponent<RigidBody>().velocity = Vector3.zero;
            ball.SetActive(true);
        }
    }
}
```

注意，添加了一个指令 [RequireComponent (typeof(ObjectPooler)]，以确保对象具有 ObjectPooler 组件（我们还会在 Start 函数中仔细检查它）。

还要注意的是，由于我们没有实例化新对象而只是不断重用它们，因此需要将对象的属性重置为初始值。在这种情况下，不仅要重置变换而且要将 RigidBody 的速度归零。

代码的最后一部分是修改 DestroyBall 来禁用对象，而不是直接销毁它。之前的脚本里，处理掉落到地面的对象的代码如下：

```
using UnityEngine;

public class DestroyBall : MonoBehaviour {

    void Update () {
        if (transform.position.y < -5f)
        {
            DisableMe();
        }
    }

    private void DisableMe()
    {
        gameObject.SetActive(false);
    }
}
```

这里没有调用 Destroy 函数，而是将 Update 函数更改为调用一个新函数 DisableMe，它只是停用对象，将其返回到可用对象池。

有许多不同的方法来实现定时销毁对象。之前，我们是在 Start() 函数里调用 Destroy (gameObject, timer) 函数。现在，我们可以使用 OnEnable 函数而不是 Start 函数来做类似的事情，OnEnable 函数可以在这个对象启用的时候调用，而它调用 Invoke() 函数，而不是直接销毁对象：

```
void OnEnable()
{
    Invoke("DisableMe", timer);
}

void OnDisable()
{
    CancelInvoke();
}
```

这里还提供了一个 OnDisable 函数来取消 Invoke 函数的调用，如果在计时器计时结束并且可能重新启用对象之前，球体正好落在平面边缘，则应该禁用该对象，我们应该确保它不会同时被调用两次。

现在，当单击 Play 按钮时，就可以在 Inspector 面板中看到新的 BouncyBall 对象以初始化列表被实例化，随着程序的进行，对象被不断禁用和激活，即它们不断返回到对象池并被重新激活，如图 8-2 所示（比较暗的部分是禁用的 BouncyBall 对象，而比较亮的部分是激活的 BouncyBall 对象）。

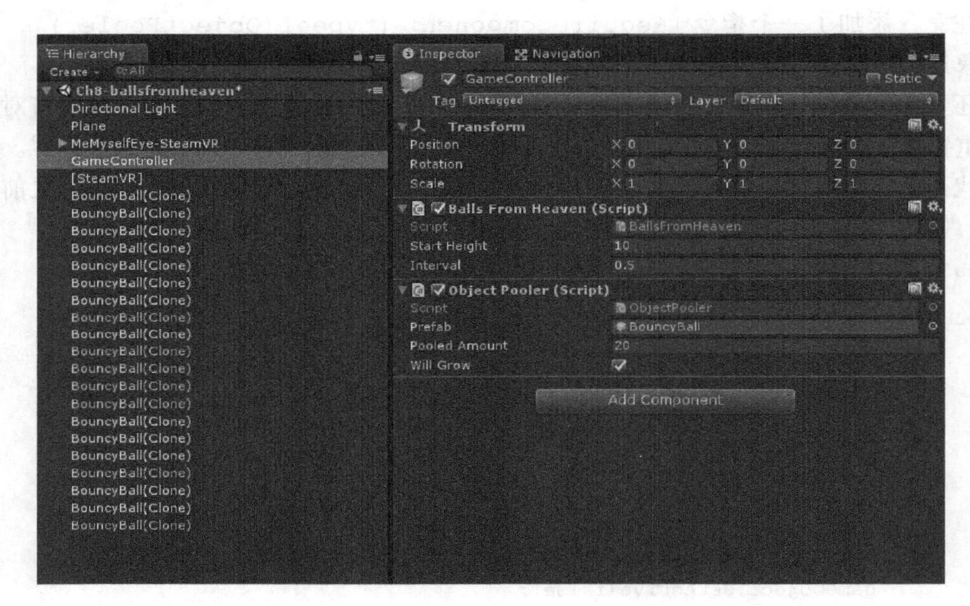

图 8-2

8.4 用头部射击游戏

我们来制作一个游戏——试着用头部动作把球体当作瞄准目标。对于这个游戏，球体每次从上面下落并弹到前额（脸部）高度，把它作为瞄准目标。

在游戏里要实现的功能是，一个球从头顶上方掉落，弹回到脸部时，你可以瞄准它。

要实现这个游戏，把一个立方体碰撞体放在 MeMyselfEye 头上（就像第 6 章中对光标所做的一样），VR 摄像机作为其父结点，让头部动作能够移动立方体的表面。对于这个游戏来说，立方体形状的碰撞体比球体和胶囊体要好，因为它提供了一个平的表面（像一只划桨），让弹力的方向更准确。球体将从空中消失。对于一个目标，我们将使用一个平整的圆柱体，还将添加声音提示新的球体已经释放，以及提示球体击中了目标。

创建一个新的场景，然后按下面的步骤来创建这个头部：

1. 单击 File | Save Scene As，并将其命名为 BallGame；

2. 单击 Remove Component 删除附加到 GameController 的 BallsFromHeaven 脚本组件，我们不再需要它了；

3. 在 Hierarchy 面板中，展开 MeMyselfEye，找到 Camera 对象，并选中它（在 OpenVR 中是 [CameraRig]/Camera (head)，在 Daydream 中是 Player/Main Camera/）；

4. 创建一个新的 3D Object/Cube；

5. 选中 GameController，单击 Add Component | Audio | Audio Source；

6. 单击 Audio Source 的 AudioClip 字段最右边的小圆形图标以打开 Select AudioClip 对话框，然后选择名为 Jump 的片段；

7. 选中 GameController，单击 Add Component | New Script，命名为 BallGame，在 MonoDevelop 中打开它以便编辑。

你可以决定是否禁用立方体的 Mesh Renderer，但运行时在场景窗口中观看它会很酷。由于摄像机位于立方体内，因此玩家并不会看到它（因为在游戏视图中只渲染向外的表面）。

当新球体被抛出时，将播放 Jump 音频片段（该片段会随 Unity 资源的 Characters 包一起提供）进行提示。也可以尝试用另一种音频，可能会产生更有趣的效果。

以下是 BallGame.cs 脚本，它看起来跟 BallsFromHeaven 脚本很像，只有一点区别：

```
using UnityEngine;

public class BallGame : MonoBehaviour
{
    public Transform dropPoint;
    public float startHeight = 10f;
    public float interval = 3f;

    private float nextBallTime = 0f;
    private ObjectPooler pool;
    private GameObject activeBall;
    private AudioSource soundEffect;

    void Start()
    {
        if (dropPoint == null)
        {
            dropPoint = Camera.main.transform;
        }
        soundEffect = GetComponent<AudioSource>();
        pool = GetComponent<ObjectPooler>();
    }

    void Update()
    {
        if (Time.time > nextBallTime)
        {
            nextBallTime = Time.time + interval;
            soundEffect.Play();
```

```
            Vector3 position = new Vector3(
                dropPoint.position.x,
                startHeight,
                dropPoint.position.z);

            activeBall = pool.GetPooledObject();
            activeBall.transform.position = position;
            activeBall.transform.rotation = Quaternion.identity;
            activeBall.GetComponent<RigidBody>().velocity = Vector3.zero;
            activeBall.SetActive(true);
        }
    }
}
```

我们每隔 3 秒实例化一个新的球体，位置值是 startHeight，在当前的 head 位置之上。

根据 VR 摄像机的定义，小球的生成点默认位于玩家头部的上方。但这可能会让玩家的脖子不舒服，所以让它再向前稍微增加 0.2 个单位：

1. 创建一个新的游戏对象并命名为 Drop Point，把它设置为 MeMyselfEye 对象的子物体（或者作为玩家头部或摄像机的子物体）；

2. 将 Drop Point 的 Position 值设置为（0, 0, 0.2）；

3. 将此 Drop Point 对象拖到 GameController 的 Ball Game Drop Point 槽中。

在实现位置追踪的 VR 装备上，如果设置的落点是摄像机的子物体，则它将跟随玩家。如果是 MeMyselfEye 子物体，那么当玩家四处移动时，它将跟随游戏空间运动。

现在，在虚拟世界里试一试吧。

当你听见声音时，向上看并以某个角度瞄准在你面前弹起的球体。

现在，我们需要目标，执行下面的步骤：

1. 为目标创建一个平的圆柱体，单击 GameObject | 3D Object | Cylinder，并将其命名为 Target；

2. 设置 Scale 为（3, 0.1, 3），设置 Position 为（1, 0.2, 2.5），让它位于你面前的地面上；

3. 把 Blue 材质（第 2 章中创建的）从 Project Assets/Materials 文件夹拖到它上面；

4. 注意，它默认的胶囊碰撞体是半球形的，这样不行。在 Capsule Collider 上，单击它的齿轮图标 | Remove Component；

5. 单击 Add Component | Physics | Mesh Collider；

6. 在新的 Mesh Collider 中，勾选 Convex 复选框和 Is Trigger 复选框；

7. 单击 Add Component | Audio | Audio Source 添加一个声音源；

8. 选中 Target，单击 AudioClip 字段最右边的小圆形图标，以打开 Select AudioClip 对话框，然后选择名为 Land 的片段；

9. 取消选中 Play On Awake 复选框；

10. 添加一个新的脚本，单击 Add Component | New Script，命名为 TriggerSound，在 MovoDevelop 中打开。

由于启用了 Is Trigger，当物体进入碰撞体的触发区域时，OnTriggerEnter 和其他事件处理程序将在目标对象上进行调用。当击中目标时，下面的 TriggerSound.cs 脚本将播放音频片段：

```
using UnityEngine;
using System.Collections;

public class TriggerSound : MonoBehaviour {
  public AudioSource hitSound;

  void Start() {
    hitSound = GetComponent<AudioSource> ();
  }

  void OnTriggerEnter(Collider other) {
    hitSound.Play ();
  }
}
```

球体进入目标对象的碰撞体触发区域内，物理引擎调用触发输入事件。该脚本使用 OnTriggerEnter() 处理程序播放音频片段。

有关碰撞体属性和触发事件的完整列表，包括 OnTrggerEnter 函数和 OnTrigger-Exit 函数，请参阅 https://docs.unity3d.com/ScriptReference/Collider.html 上的相关文档。

在 VR 里运行一下。这是一个 VR 游戏！图 8-3 的场景是一个主角碰撞器和从立方体碰撞器弹向目标的球。

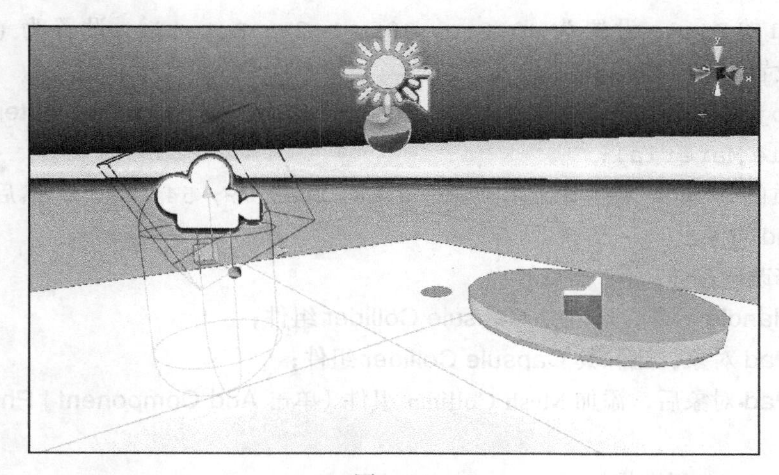

图　8-3

使游戏具有挑战性：投球得分。添加一个瞄准光标和一个篮板，甚至可以添加其他功能来使游戏更具挑战性，例如，更改发射间隔或提高球的初始速度。

到目前为止，我们给小球对象附加了物理材质，使其具有反弹效果。当小球与另一个对象碰撞时，Unity 物理引擎会计算这种反弹来确定小球的新速度和新方向。在下一节中，我们将研究如何将反弹力从一个对象传递到另一个对象。

8.5 球拍游戏

接下来，添加手控的球拍来击球。为了保证通用性，游戏中将 VR 手柄变为球拍。将目标移动到墙上而不是地板上，然后将球放置在头部面前稍远一点的地方，这样它们就可以被球拍击打到。

对当前场景重新命名，从此处继续制作游戏，将场景命名为 PaddleBallGame。

1. 单击 File | Save Scene As，将场景重新命名为 PaddleBallGame；

2. 禁用之前设置为摄像机子物体的立方体，如果它还在的话。

首先，创建一个球拍模型，使用圆柱体来创建这个简单的模型，也可以去网上找个形状和纹理更好看的球拍模型。

1. 在 Hierarchy 的根目录中，单击 Create| Create Empty，将创建的空物体命名为 Paddle，然后重置其 Transform；

2. 创建一个圆柱体作为 Paddle 的子物体（单击 Create | 3D Object | Cylinder），并将其命名为 Handle；

3. 将 Handle 的 Scale 设置为（0.02, 0.1, 0.02）；

4. 添加另一个圆柱体，与 Handle 同级别，并命名为 Pad；

5. 将 Pad 的 Scale 设置为 (0.2, 0.005, 0.2)，Rotation 设置为 (90, 0, 0)，Position 设置为 (0, 0.2, 0)；

6. 在 Project Material 文件夹中，新建一个材质（单击 Create | Material），并将其命名为 Paddle Material；

7. 给材质的 Albedo 属性赋予木质颜色，如（107, 79, 54, 255），然后将材质拖到 Handle 和 Pad 对象上。

现在来修改碰撞体：

1. 选择 Handle 对象，删除其 Capsule Collider 组件；

2. 选择 Pad 对象，删除其 Capsule Collider 组件；

3. 选中 Pad 对象后，添加 Mesh Collider 组件（单击 Add Component | Physics | Mesh Collider）；

4. 选中 Convex 复选框。

将 Paddle 保存为预制件：

1. 将 Paddle 对象拖入 Project Prefab 文件夹；
2. 删除 Hierarchy 中的 Paddle 对象。

我们希望 Paddle 出现在玩家的手中，具体的设置与使用何种平台有关系。例如，如果使用的是 OpenVR，设置路径是 `MeMyselfEye/[CameraRig]/Controller`（右）；如果是 Daydream，则路径是 `MeMyselfEye/Player/GvrControllerPointer`。

1. 在 Hierarchy 中，选择 `MeMyselfEye` 子项里的手柄控制器（例如 `Controller`（右）或 `GvrControllerPointer`）；
2. 在手柄下创建空对象并将其命名为 `Hand`（如果需要，重置其 Transform 变换）；
3. 在 Hand 下创建另一个空对象，将其命名为 `Attach Point`（并根据需要重置其 Transform）；
4. 将 Paddle 预制件从 Project 拖动到 Hierarchy 中作为 Attach Point 的子物体。

现在，我们来调整球拍的位置和旋转，使其手持感更自然。以下值是比较合理的：

- ❑ 在 OpenVR 上，将附加点的 Rotation 值设置为 `(20, 90, 90)`；
- ❑ 在 Daydream 上，将 Position 设置为 `(0, 0, 0.05)`，Rotation 值设置为 `(0, 90, 90)`。

在 Daydream 上，`GvrControllerPointer` 对象上包含一个 `GvrArmModel` 组件，该组件可以配置为使用简单的 3DOF 控制器来模拟手臂、肘部和手腕的运动。自己设置会很困难，幸运的是，ArmModelDemo 中的 Daydream Elements 包（位于文件夹 `DaydreamElements/Elements/ArmModels/Demo` 中）提供了大量示例，包括一些带有预配置臂模型的预制件。如果使用的是 Daydream 平台，就可以按以下步骤添加：

1. 在 Project Assets 文件夹中找到 `Elements/ArmModels/Prefabs` 文件夹；
2. 将 `SwingArm` 预制件拖动到 `MeMyselfEye/Player` 中；
3. 将 `MeMyselfEye/Player` 中的 `GvrControllerPointer` 对象拖动为 SwingArm 的子物体。

这将为手持球拍提供更多的手臂动作。还可以根据需要进一步调整设置，包括进一步将 `SwingArm` 的 Position 更改为 `(0, 0, 0.3)`。

最后，你可能想将球的落点位置更改到头部面前，这样就更容易碰到球。之前我们定义过一个 Drop Point 变量，现在可以根据需要修改其位置（例如，`z = 0.6`）。

使用 HTC Vive 设备进入游戏，显示的画面如图 8-4 所示。

图 8-4

球拍导向功能

实施后，球拍将表现得更像一个导向盾而不只是一个拍子。球将从球拍垫表面法线方向上反弹。但此时击球，球拍不会传递任何物理效果。可以通过向 Pad 对象上添加 RigidBody 组件来改变这一点，步骤如下：

1. 选中 Paddle 下的 Pad 子对象；
2. 单击 Add Component | Physics | RigidBody；
3. 取消 Use Gravity 复选框的勾选；
4. 勾选 Is Kinematic 复选框；
5. 单击 Inspector 顶部的 Apply 按钮来将改动保存到预制件中。

通过勾选 Is Kinematic 复选框，Pad 可以将物理属性应用于与其碰撞的物体，但不会对碰撞本身做出反应。这是必要的，否则，在击球时球拍会破碎。

本项目的一个重要经验是使用附加点来定义特定行为的相对位置。我们使用 Drop Point 来存储球落下的 X 和 Z 位置，使用 Attach Point 来标记球拍的相对位置和旋转，还可以给球拍本身添加一个 Grip Point 来指定它的相对原点。

8.6 射手游戏

对小球项目再次更新，这次将球射向玩家，玩家必须用它们击中墙上的目标。虽然这个项目没有太多创新点，但它展示了如何利用现有的机制使小球转向。

首先，做一堵墙并把目标放在上面：

1. 在 Hierarchy 中，创建一个空对象，命名为 `TargetWall`；
2. 将其 Position 设置为（`0, 0, 5`）；
3. 在 `TargetWall` 下创建一个立方体，并将其命名为 `Wall`；
4. 将 `Wall` 的 Scale 设置为（`10, 5, 01.1`），Position 设置为（`0, 2.5, 0`）；
5. 创建一个新材质，命名为 `Wall Material`；
6. 将其 Rendering Mode 设置为 Transparent，将其 Albedo 设置为（`85, 60, 20, 75`），使其呈半透明玻璃状颜色；
7. 将 Target 拖为 `TargetWall` 的子物体；
8. 将 Target 的 Scale 修改为（`1.5, 0.1, 1.5`），Rotation 修改为（`90, 0, 0`），Position 修改为（`0, 2.5, -0.25`），使其更小，就在墙前面。

接下来，从墙上的一个位置向你发射小球，而不是通过将它们从半空中丢下依靠重力来发射：

1. 创建一个球体，命名为 `Shooter`，并把它作为 `TargetWall` 的子物体；
2. 将 `Shooter` 的 Scale 设置为（`0.5, 0.5, 0.5`），Position 设置为（`4, 2.5, -0.25`）；
3. 禁用或移除 `Shooter` 的碰撞体组件；

4. 创建一个新的材质，命名为 Shooter Material，并将其 Albedo 设置为（45, 22, 12, 255）。

为发射装置添加发射点：

1. 创建另一个球体作为 Shooter 的子物体，命名为 Barrel；

2. 将 Barrel 的 Scale 设置为（0.1, 0.1, 0.1），Rotation 设置为（90, 0, 0），Position 设置为（0, 0, -0.25）。

复制 Shooter，并将其 Position 设置为（-4, 2.5, -0.25），这样 Target 两侧各有一个。图 8-5 是 TargetWall 场景视图的截图。

图 8-5

这里的游戏控制器脚本跟之前的 BallGame 很像，但是要创建一个新的：

1. 在 Hierarchy 中，选中 GameController，禁用或移除 BallGame 脚本组件；

2. 创建一个新的 C# 脚本，命名为 ShooterBallGame，打开进行编辑。

ShooterBallGame 脚本的编写如下。给它两个发射点，脚本会在两个方向之间交替进行小球的射击。每次射球时都会发出声音。首先，定义公共和私有变量：

```
using UnityEngine;

[RequireComponent(typeof(ObjectPooler))]
public class ShooterBallGame : MonoBehaviour
{
    public Transform shootAt;
    public Transform shooter0;
    public Transform shooter1;
    public float speed = 5.0f;
    public float interval = 3f;
```

```
    private float nextBallTime = 0f;
    private ObjectPooler pool;
    private GameObject activeBall;
    private int shooterId = 0;
    private Transform shooter;

    private AudioSource soundEffect;
}
```

程序运行时，Start 函数将初始化变量：

```
void Start()
 {
     if (shootAt == null)
     {
         shootAt = Camera.main.transform;
     }
     soundEffect = GetComponent<AudioSource>();
     pool = GetComponent<ObjectPooler>();
     if (pool == null)
     {
         Debug.LogError("BallGame requires ObjectPooler component");
     }
 }
```

并且 Update 函数会以指定的间隔在两个位置之间交替发射小球：

```
void Update()
{
    if (Time.time > nextBallTime)
    {
        if (shooterId == 0)
        {
            shooterId = 1;
            shooter = shooter1;
        }
        else
        {
            shooterId = 0;
            shooter = shooter0;
        }

        nextBallTime = Time.time + interval;
        ShootBall();
    }
}
```

最后是 ShootBall() 函数的代码：

```
    private void ShootBall()
    {
        soundEffect.Play();
        activeBall = pool.GetPooledObject();
        activeBall.transform.position = shooter.position;
        activeBall.transform.rotation = Quaternion.identity;
        shooter.transform.LookAt(shootAt);
        activeBall.GetComponent<Rigidbody>().velocity = shooter.forward *
speed;
        activeBall.GetComponent<Rigidbody>().angularVelocity =
```

```
Vector3.zero;
        activeBall.SetActive(true);
    }
```

ShootBall 函数会从对象池中获取一个球体，并根据发射位置初始化小球的位置。然后将小球指向 shootAt 位置（使用 transform.LookAt），并使用其前向矢量来定义球的 RigidBody 速度矢量。

回到 Unity，还需要填充一些公共变量槽：

1. 将一个 Shooter（TargetWall 的子物体）拖到 Shooter 0 槽上；
2. 将另一个 Shooter 拖到 Shooter 1 槽上。

暂时将 ShootAt 槽留空，默认为玩家的实时头部位置。

单击 Play 按钮。效果不错，球看起来很有真实感。现在，创建具有不同属性的小球预制件：

1. 将 BouncyBall 预制件从 Project 文件夹拖入 Hierarchy 中；
2. 将它重命名为 ShooterBall；
3. 设置 Scale 为（0.25, 0.25, 0.25）；
4. 取消 Use Gravity 复选框的勾选（或者使用其 RigidBody Mass 属性）；
5. 将 ShooterBall 对象从 Hierarchy 中拖入 Prefabs 文件夹，使其成为新的预制件；
6. 删除 Hierarchy 中的 ShooterBall 对象；
7. 在 Hierarchy 里选中 GameController，将 ShooterBall 拖入 GameController 的 Object Pooler Prefab 槽中。

现在，对象池将实例化新预制对象的集合。

单击 Play 按钮，游戏现在更具挑战性。还可以尝试修改发射间隔和速度。

球总是射向头部可能会很尴尬，特别是在 Daydream 上，对手的控制很有限。这时可以对场景进行调整，例如，将 ShootAt 对象（MeMyselfEye 的子对象）的 Position 修改为（0, 0.9, 0.6），并将其拖入 GameController 的 ShootAt 槽。

还可以想到一些更棒的方法来改进游戏。可以制作一个移动的目标，运动轨迹可以是可预测的振荡运动，也可以是完全随机的；可以在球的方向、速度或发射间隔中引入一些随机变化；可以使用目标上的 OnTriggerEnter 函数来记录得分；还可以禁用在地板上反弹的小球（使用地面上的 OnTriggerEnter 函数）。

8.7　完善场景

在做好基本功能后，我们现在来完善它！Audio Shield 是受欢迎的 VR 游戏之一（http://audio-shield.com/）。现在可以在 Unity 里创建自己的“Audio Shield”，只需要添加火球和一个引人注目的环境场景，并将火球与音乐同步！

游戏设计的“juice it”一词由 Martin Jonasson 和 Petri Purho 在 2012 年的“*Juice it or lose it*”主题演讲里提出（https://www.youtube.com/watch?v=Fy0aCDmgnxg），juicy 游戏应该使玩家感觉活跃，并响应玩家的一切动作，有大量的级联动作，以及响应用户的最小输入。

8.7.1 创建大火球

在上一节中，在球体上禁用了 Use Gravity 项。这样做是方便将球从弹性球变成火球。现在来做出火球的效果，我们将使用粒子系统来渲染它。

有很多方法可以将粒子效果引入 Unity 项目。在第 4 章中添加过 Unity 标准资源包中的水管、火花发射器和爆炸等粒子效果。在这里，使用资源包提供的 ParticleFireCloud 材料来构建火球的粒子效果，还可以在 Unity 资源商店中找到更多粒子效果和系统增强功能。

首先，制作一个从 ShooterBall 派生来的新预制件，命名为 FireBall，如下所示：

1. 将 Project Prefabs 文件夹中的 ShooterBall 预制件拖入 Hierarchy 面板；
2. 将它重命名为 FireBall；
3. 把 FireBall 拖入 Project Prefabs 文件夹，使其成为一个新预制件；
4. 在 Hierarchy 中选中 GameController；
5. 将 Project Prefabs 文件夹中的 FireBall 预制件拖到 GameController 的 Object Pooler Prefab 槽中。

现在添加粒子系统：

1. 在 Hierarchy 中选中 FireBall；
2. 禁用 Mesh Renderer 组件，用粒子来代替；
3. 右击 FireBall 对象，在弹出的菜单中单击 Create | Effects | Particle System；
4. 将它重命名为 Fireball Particle System。

使用粒子系统，有很多的选项和配置参数可以调节。在逐步完成火球的过程时，请观察球体每次的变化，一次只进行一种变化。可以在场景窗口中预览粒子效果。

1. 首先，在粒子系统 Inspector 菜单的底部，找到 Renderer 面板，在其 Material 槽中，单击圆环图标并选择 ParticleFireCloud 材质（位于 Standard Assets/Particle Systems/Materials，如果没找到，需要单击 Assets | Import Package | ParticleSystems 导入）；
2. 在粒子系统 Inspector 菜单的顶部，找到 Shape 面板，粒子形状选择 Sphere，设置 Radius 为 0.1；
3. 找到 Emission 面板，设置 Rate of Time 为 15；
4. 在 Inspector 菜单顶部，设置 Duration 为 2.00；

5. 设置 Start Lifetime 为 1；

6. 设置 Start Speed 为 0；

7. 设置 Start Size 为 0.5；

8. 对于 Start Rotation 项，单击右侧的选择器图标，然后选择 Random Between Two Curves。单击滑块并滚动到 Inspector 菜单底部的 Curve Editor。如果不是很熟悉，可以采取另一些方式来设置。选择从 180（图表顶部）到 -180（图表底部）的全范围值，如图 8-6 所示。

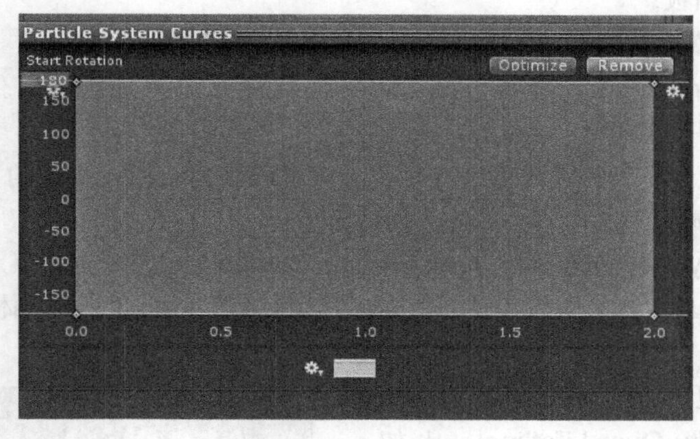

图　8-6

9. 启用 Color Over Lifetime 项，并单击插槽图标打开 Gradient Editor 界面。调整 Alpha 曲线，使其梯度在 0% 位置处是 Alpha 0，在 10% 处变为 Alpha 255，然后随着时间的推移逐渐减小，在 100% 处又变为 Alpha 0。编辑器界面如图 8-7 所示。

10. 将 Start Color 设置为 Gradient（右侧的选择器），然后选择一系列颜色，例如黄色到红色，如图 8-8 所示。

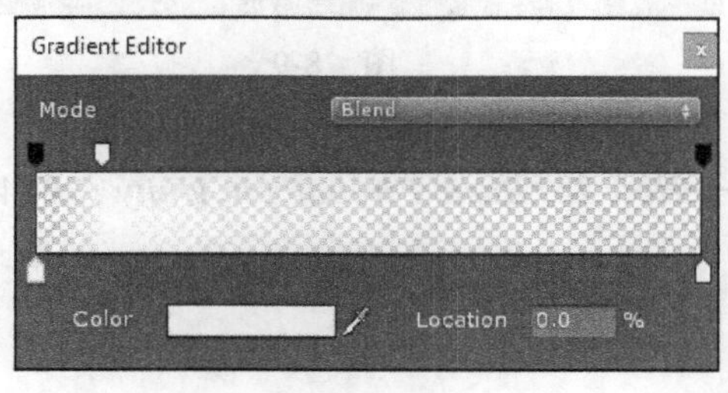

图　8-7

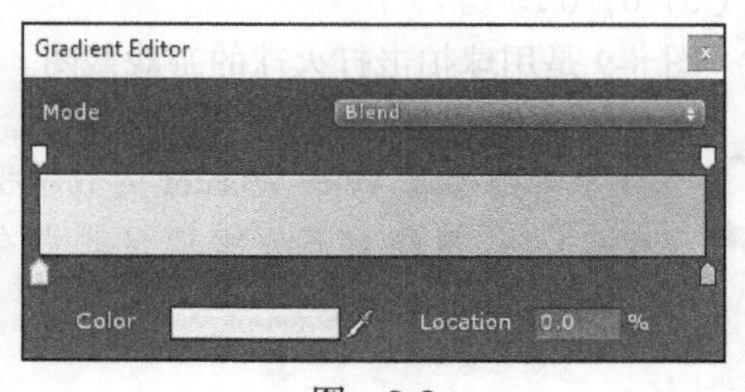

图　8-8

11. 接下来，将 Velocity Over Lifetime 设置为 Random Between Two Curves。对于每个 X、Y、Z，使用 Curve Editor 分别设置最大值 0.05 和最小值 -0.05。（可以通过单击坐标轴并输入数字来修改图形的垂直轴，例如，右击 Z 轴选择 Copy，然后右击 Y 轴选择 Paste 来复制曲线。）

到了这一步，应该调整火球，使它与原来的 BouncyBall 大小相同：

1. 重新启用 FireBall 的 Mesh Renderer 组件。通过将渲染器的最大粒子大小更改为 0.1 或使用变换比例来调整粒子系统；

2. 单击 Inspector 顶部的 Apply 按钮来保存更改，以更新预制件。

现在，单击 Play 按钮，发射点将射出火球。

如果想为火球添加一些闪光效果，可以使用 Trail 面板：

1. 启用 Trail 面板；

2. 可能会弹出警告，告诉你将向 Renderer 添加轨迹材料；

3. 在 Renderer 面板中，选择 Trail Material 插槽旁的圆环图标，然后选择 Particle-FireCloud，将其用于火球。

如果想在火球上实现尾焰效果，有几种方法可以做到。比较快速的方案是将火球的粒子系统修改为使用圆锥形状而不是球体，如下所示：

1. 在 Hierarchy 面板中选中 Fireball Particle System；

2. 单击 Duplicate，将其移动为 Fireball Particle System 的子物体，并命名为 Trail Particle System；

3. 将 Shape 更改为 Cone；

4. 更改 Velocity Over Lifetime，比如 0.25 到 0.75，Z 曲线需要更高的范围值；

5. X 和 Y 方向的速度曲线应该更小，比如 -0.2 到 0.2；

6. 将 Size Over Lifetime 的范围设置为 0.5 到 1.0；

7. 在 Transform 组件中，设置 Position 为（0, 0, 0.5）。

图 8-9 是用球拍击打火球的游戏截图。

图 8-9

这里特别感谢 Tyler Wissler 的教学视频——*How To: Basic Fireballs in Unity*（2014 年 6 月），该视频对开发本项目非常有帮助（https://www.youtube.com/watch?v=OWShSR6Tr50）。

8.7.2 Skull 环境

为了让游戏更有趣，应该找到令人兴奋的环境和场景。搜索资源商店后，找到 Skull 平台的一些免费资源（https://assetstore.unity.com/packages/3d/props/skull-platform-105664）。可以使用它，也可以再找其他不同的。

如果已找好并安装 Skull 平台资源，接下来就要将其添加到场景中。首先，将目标渲染为骷髅：

1. 将 Platform_Skull_o1 拖为 Target 的子物体（在 TargetWall 下）。

2. 设置 TransformRotation 为（0, 0, 180），设置 Scale 为（0.3, 0.3, 0.3）。

3. 选中 Target 物体，禁用它的 Mesh Renderer 组件。

4. 创建一个新的聚光灯（Create | Light | Spotlight）以照亮骷髅。将聚光灯作为 Target 的子物体，其参数设置如下：Position（-1, -30, -0.6），Rotation（-60, 60, 0），Range：10，Spot Angle：30，Color：#FFE5D4FF，Intensity：3。

接下来，将大平台添加为墙后的背景。最快捷的方法是合并 Demoscene：

1. 在 Hierarchy 目录中创建一个空物体，命名为 SkullPlatform，重置它的位置；

2. 将名为 Platform 的 Skull Platform 的演示场景（Assets/SkullPlatform/Demo/folder）拖到 Hierarchy 中；

3. 选中演示的 Scene、Lighting 和 Particles 对象，将它们拖为 SkullPlatform 的子物体；

4. 现右击 Hierarchy 中的 Platform 场景，然后选择 Remove Scene。出现提示时，选择 Don't Save；

5. 将 SkullPlatform 的 Position 设置为（0, -1.5, 0），使它稍微位于地面下方；

6. 选中 GroundPlane 对象，禁用它的 Mesh Renderer 组件。

现在，设置环境灯光：

1. 删除 Hierarchy 中场景自带的 Directional Light；

2. 打开 Lighting 窗口，如果在编辑器中无法找到它，可以在 Window | Lighting | Settings 里找到并将它放置在 Inspector 面板旁；

3. 设置 Skybox Material 为 Sky（Skull Platform 资源包提供的）；

4. 在 Environmental Lighting 部分，将 Source:Color 设置为 #141415；

5. 检查 Fog 复选框（在 Other Settings 中），Color 为 #8194A1FF，Mode 是 Exponential，Density 是 0.03。

图 8-10 是做好的环境场景截图。

图 8-10

8.7.3 音频同步

建立了 Audio Shield 版本后，现在只需再添加与火球同步的音乐。

Unity 有提供用于采集音频源数据的 API，包括 AudioSource.GetSpectrumData 和 GetOutputData。从这些数据中提取音乐的实际节拍并非易事，需要大量的数学和音乐编码的知识。

幸运的是，我们找到了一个开源脚本——Unity-Beat-Detection（https://github.com/allanpichardo/Unity-Beat-Detection）来做这项工作，它可以方便地为 onBeat 提供 Unity Events。（它还提供 onSpectrum 事件，即每帧音乐频段，可以用它根据频段改变火球或其他东西的颜色。）

1. 从 GitHub（为方便使用，本书提供了文件副本）下载 AudioProcessor.cs 脚本；
2. 将文件拖入 Scripts 文件夹（或单击 Assets | Import New Asset 导入）。

对于音频文件，可以找一些有节拍的 MP3 或 WAV 文件，并导入项目中。查找 SoundCloud NoCopyrightSounds 音频库（https://soundcloud.com/nocopyrightsounds/tracks）找到 Third Prototype-Dancefloor 文件（http://ncs.io/DancefloorNS）。

1. 在 Project 窗口中，创建名为 Audio 的文件夹；
2. 将音频文件拖入 Audio 文件夹内（或单击 Assets | Import New Asset 导入）。

要实现此功能，创建一个 MusicController，然后修改 ShooterBallGame 脚本以使其节拍与火球同步。在 Unity 中，执行以下操作：

1. 在 Hierarchy 中，创建一个空物体并命名为 MusicController；
2. 添加 AudioProcessor 脚本到 MusicController 上；
3. 同时，它也会自动添加 Audio Source 组件；
4. 将之前导入的音频文件拖入 AudioClip 槽；
5. 将 MusicController 拖入 Audio Source 槽。

请注意 Audio Process 上的 G Threshold 参数，可以用它来调整节拍识别算法的灵敏度。

现在，修改 GameController 上的 ShooterBallGame 脚本：

```
void Start()
{
    if (shootAt == null)
        shootAt = Camera.main.transform;
    pool = GetComponent<ObjectPooler>();

    AudioProcessor processor = FindObjectOfType<AudioProcessor>();
    processor.onBeat.AddListener(onBeatDetected);
}
void onBeatDetected()
{
    if (Random.value > 0.5f)
```

```
        {
            shooterId = 1;
            shooter = shooter1;
        } else
        {
            shooterId = 0;
            shooter = shooter0;
        }
        ShootBall();
    }
```

该脚本与之前的版本非常相似，但不是根据时间间隔从 Update 函数调用 ShootBall，而是从 onBeatDetected 函数调用它。在 Start 函数中，将 onBeatDetected 添加为 onBeat 的事件监听器。

此外，随机使用两个发射点，而不仅仅是交替使用。

单击 Play 按钮，图 8-11 是游戏的截图。

图　8-11

8.8　本章小结

在本章中，我们使用 Unity 物理引擎和许多其他功能制作了一个游戏。首先，解释了 Rigidbody、Collider 和 Physic Material 之间的关系，并探讨了物理引擎及如何使用它们来确定场景中物体的速度和碰撞。

然后，我们考虑了游戏对象的生命周期，并实现了一个对象池来避免内存碎片和垃圾收集，否则可能导致性能问题和引起 VR 体验不适。

我们使用学到的东西实现了几种球类游戏，首先使用头部瞄准目标，然后使用球拍瞄准。还对球体进行了修改，不再是从半空中依靠重力来提供球，而是从前方应用速度矢量来发射球体。最后，对游戏进行完善，把弹力球改成火球，增加了一个很酷的环境场景，并将火球与音乐节拍同步。最终，制作出了 Audio Shield VR 游戏的初级版本。

在下一章中，将看到另一个更实际的虚拟交互示例。我们将建立一个交互式艺术画廊，你可以浏览并查询画像以获取详细信息。

Chapter 9 第9章

漫游和渲染

本章中，我们将深入场景设计、建模、渲染并实现一个可以在VR中体验的漫游动画。场景是一个画廊，在场景中设计一个简单的地板平面图并使用Blender纵向延伸生成墙面。通过传送或漫游动画来进行移动，对照片作用进行简单的浏览。

本章中，我们将讨论以下主题：

- 使用Blender和Unity构建一个简单化的画廊
- 与对象和虚拟数据进行交互
- 学习数据结构、列表和可编写脚本的对象
- 使用远程传送
- 创建漫游动画

注意，本章中的项目都是独立的，并不依赖于本书其他章节中的项目。如果跳过其中的一些或者不保存成果，也无所谓。

9.1 用Blender构建

本章的项目，将设计一个艺术画廊。只需要用到一些简单的东西，就可以完成一个24英尺[1]到36英尺的小型艺术展厅。展厅很容易构建，事实上，可以使用3D立方体在Unity中直接构建，但借此机会，将更多地使用Blender，因为在第2章中介绍了Blender，也学习了如何使其保持最小和有效。也可以跳过此部分内容并使用Unity中的立方体构建地板和墙壁。

[1] 1英尺＝0.3048米。——编辑注

9.1.1 构建墙体

开始之前，在一张纸上或通过一个绘图程序画一幅简单的建筑平面图。平面图呈现的是一个有两个入口和一些用于展示艺术品（Gallery-floorplan.jpg）的室内墙体的开放空间，如图 9-1 所示。

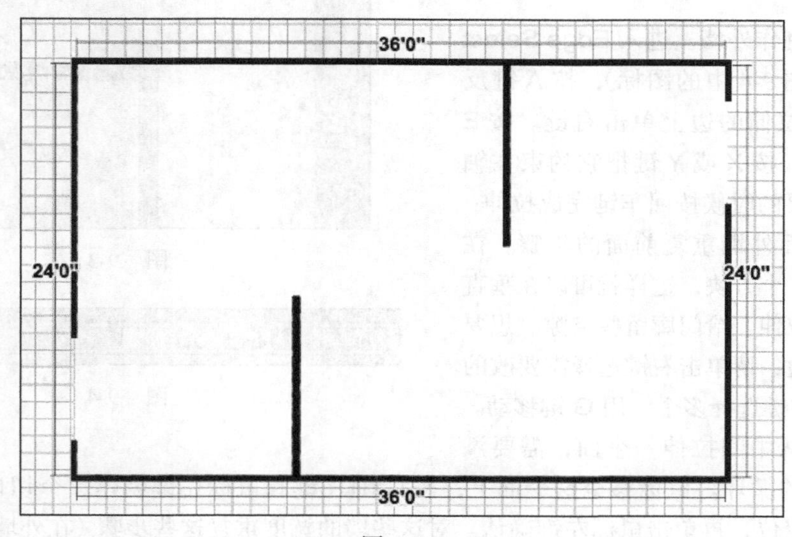

图　9-1

打开 Blender。创建一个简单的对象（一个平面），再拉伸制成墙体。步骤如下：

1. 建立一个空白场景，按 A 键全选，再按 X 键删除。

2. 添加用于参考和打印的建筑图，按 N 键打开属性面板。在 Background Images 面板中，选择 Add Image，单击 Open，再选择图片（Gallery-floorplan.jpg）。根据建筑平面参考图的尺寸和比例尺，选择一个比例因子让它正确地出现在 Blender 世界坐标空间中，设置缩放比例为 6.25。实际上，最重要的是图表中功能的相对比例，因为可以在 Unity 的 Import 设置中调整缩放比例，或者在 Scene 视图中调整。

图　9-2

3. 在 Background Images 面板中，将 Size 设置成 6.25。这个面板，Size 字段已经高亮，如图 9-2 所示。

4. 按数字盘上的 7 键切换到顶级视图（或单击 View | Top），按 5 键切换到正交视图（或单击 View | Persp/Ortho）。注意背景图片只会在 top-ortho 视图下被绘制。

5. 按 Shift+A 键添加一个面板。按 Tab 键进入 Edit

模式。按 Z 键从实体图切换到 wireframe（线框图）。按 G 键把它拖到一个角上，再按回车键确认。按 S 键缩放到适合墙的宽度，如图 9-3 所示（可以使用鼠标滚轮来进行缩放，以及用 Shift 键和单击鼠标中键移动）：

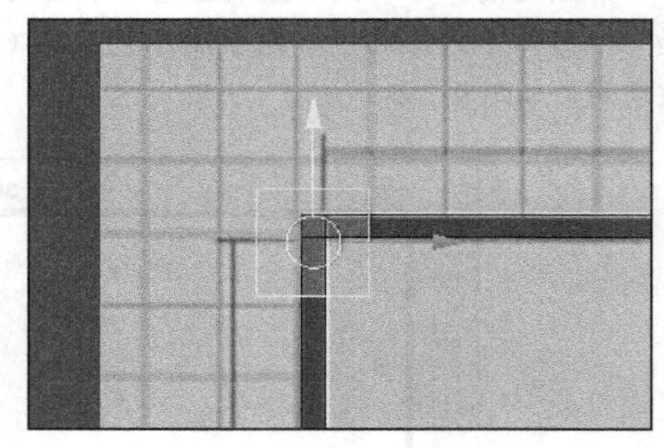

图 9-3

6. 现在制作外墙。进入 Edge Select 模式（通过图 9-4 中的图标），按 A 键反选所有，在拉伸的边上单击右键。按 E 键开始拉伸，按 X 或 Y 键把它约束在轴上，再在需要的时候按回车键完成拉伸：

图 9-4

7. 对每面外墙重复前面的步骤。在各个角创建一个方块，这样就可以在垂直方向上进行拉伸。给门廊留些空隙。想要修改现有的边，请单击右键选择需要改的边，Shift+ 右键选择多个，用 G 键移动。

8. 要想从中间拉伸一个面，需要添加一个边缘的循环。鼠标移至这个面上，按 Ctrl+R 键和鼠标左键创建一个切口（图 9-5）。滑动鼠标以定位，再单击鼠标左键确认。对这些墙的宽度重复这些步骤（在外墙制作一个方块切口）。选择这条边再按 E 键把它拉伸进房间如图 9-6 所示。

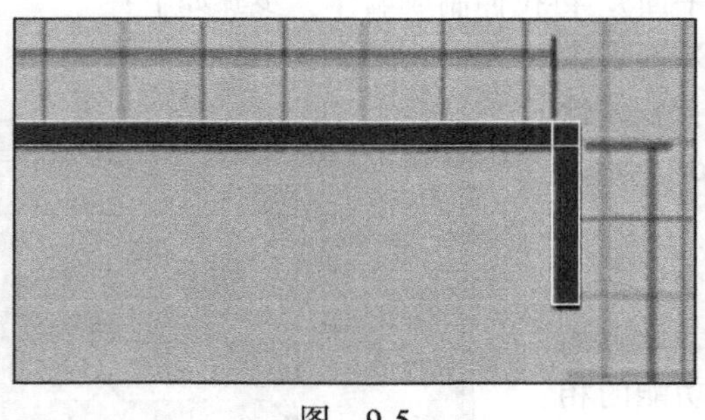

图 9-5

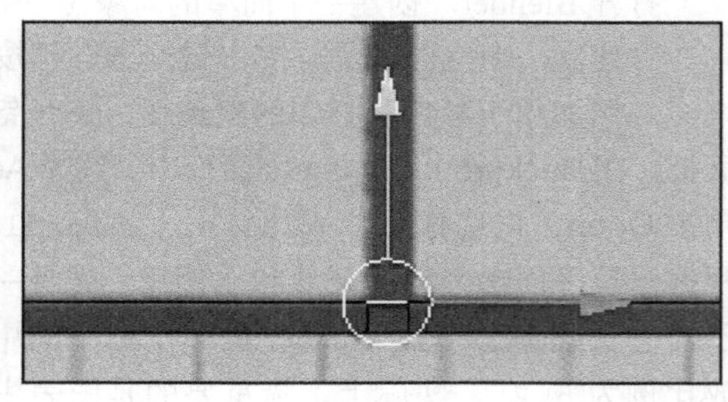

图 9-6

9. 当建筑平面图完成时，可以沿着 z 轴拉伸创建各面墙。按 5 键把视图从 Ortho 变成 Persp。单击鼠标中键并移动使其向后倾斜。按 A 键全选，用 E 键拉伸。用鼠标开始拉伸，按 Z 键约束它，并用鼠标左键确认。

10. 把模型保存到文件并命名为 `gallery.blend`。

9.1.2 添加天花板

现在，添加一块带两个天窗的天花板。天花板是一块立方体的平板。步骤如下：

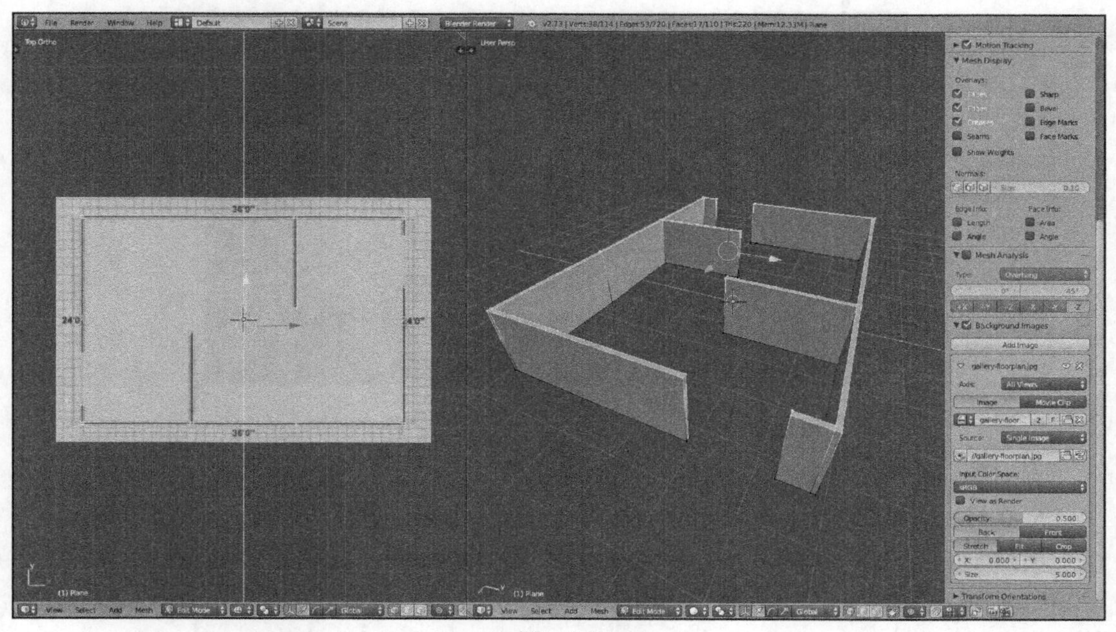

图 9-7

1. 按 Tab 键返回 Object 模式，如图 9-7 所示；

2. 按 Shift+A 键创建一个立方体；

3. 按 G 键把它置于中央；

4. 按 S+X 和 S+Y 沿着 x 轴和 y 轴缩放，使尺寸与房间的大小相同；

5. 按 1 键切换到 Front 视图，按 S+Z 缩放成平的，按 G+Z 移动到墙的顶部，如图 9-8 所示。

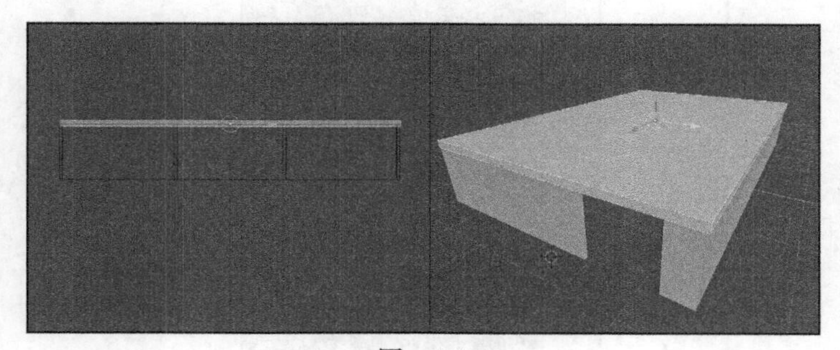

图 9-8

天窗是使用另一个较小的立方体在天花板上面进行布尔运算剪出来的。

1. 按 Shift+A 添加一个立方体，缩放至天窗大小，移动到开窗的位置上；

2. 摆放立方体的 z 轴，穿过天花板；

3. 用 Shift+D 复制这个立方体，再把它移动到另一个天窗的位置上，如图 9-9 所示。

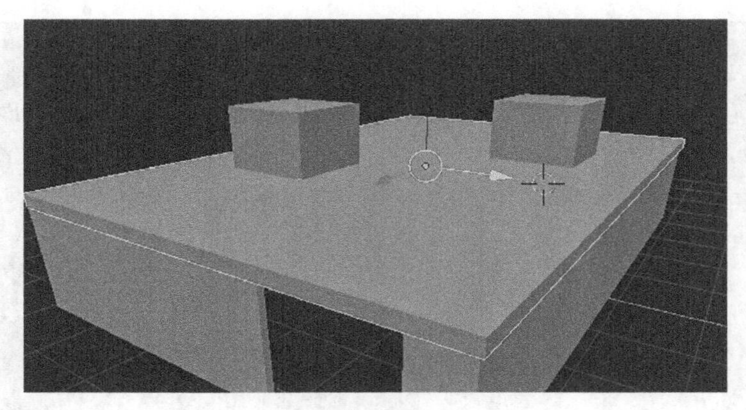

图 9-9

4. 用鼠标右键选择天花板；

5. 在最右边的 Properties Editor 面板中选择扳手图标，如图 9-10 所示；

6. 然后，单击 Add Modifier | Boolean，再对 Operation 选项选择 Difference。对于 Object 选项，选择第一个立方体（`Cube.001`）：

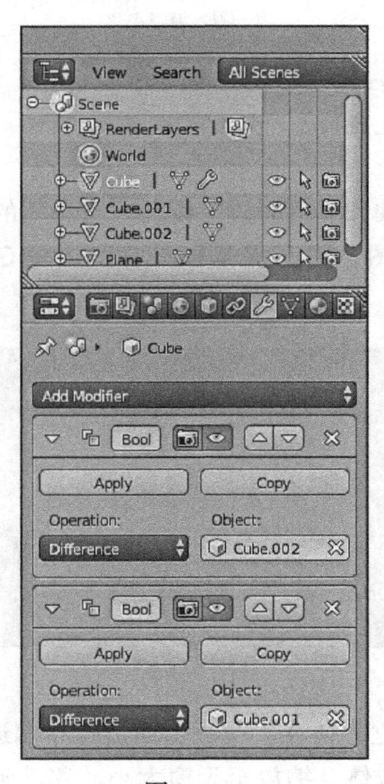

图 9-10

7. 单击 Apply 让操作生效，然后删除立方体（选中并按 X 键）；

8. 重复这个过程，为第二个立方体添加另一个 Boolean 修改器。

本书中包含了一个已经完成的模型文件的复本。作为替代，这个模型足够简单，可用 Unity 的立方体构建。

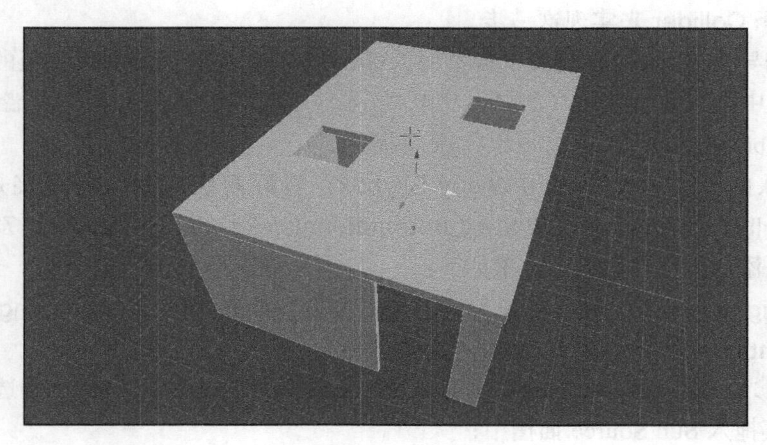

图 9-11

9.2 用 Unity 组装场景

现在，在 Unity 中使用画廊模型并添加一块地板和两个天窗，对墙应用纹理并添加光照。

按照下面步骤来新建 Unity 场景：

1. 单击 File | New Scene 新建场景，保存场景并命名为 `Gallery`；
2. 将 `MeMyselfEye` 预制件拖到 Hierarchy 中；
3. 删除 Hierarchy 中默认的 Main Camera。

9.2.1 画廊

首先，通过下面的步骤构建画廊：

1. 通过菜单 GameObject | 3D Object | Plane 创建一个地板平面，重置其 Transform 选项并重命名为 `Floor`。

2. 为地板创建材质并着米黄色，单击 Create | Material 创建一个新的材质，设置 Albedo 为（`70, 25, 5`），然后将材质赋给地板。

3. 房间的大小是 7.3m × 11m。Unity 的平面的大小是 10 个单位，因此设置 Scale 成（`0.73, 1, 1.1`）。

4. 导入画廊模型（比如 `Gallery.blend`），从 Project Assets 拖动一个预制件到 Scene 中，重置其 Transform 选项。

5. 手动旋转或缩放，让它适合地板（Rotate Y 值需要设置成 90）。如果第一次把 Scene 视图变成 Top Iso 可能有用。

6. 添加一个 Collider 组件到墙上，角色就不会穿过墙体了。单击 Add Component | Physics | Mesh Collider 来实现这一步。

注意，当导入 Blender 中定义的模型时，Gallery 有用于各面墙和天花板的单独的对象。创建一个带有中性灰的 Abledo（204, 204, 204）(名称可能是 unnamed）墙面，并制作一个纯白色的 Abledo（255, 255, 255）天花板。

对于默认的天空盒，推荐用 Wispy Skybox，资源商店的免费包链接是——https://assetstore.unity.com/packages/2d/textures-materials/sky/wispy-skybox-21737。

接下来，添加天空和阳光，步骤如下：

1. 如果 Lighting 选项卡在 Unity 编辑器中不可见，单击 Window | Lighting | Settings；

2. 在 Lighting 面板中，选择 Scene 选项卡；

3. 对于阳光，在 Lighting Scene 面板中的 Sun 输入框内，在 Hierarchy 中选择 Directional Light，并将其拖入 Sun Source 插槽中；

4. 对于天空，可以使用 Wispy Skybox，在 Lighting Scene 中，单击 Skybox Material 插槽旁的圆图标，在弹出来的列表里选择名为 WispySky.package 的文件。

由于太阳光源选择了 Directional Light，使用 Scene 窗口中的 Gizmo 或直接在 Inspector 中修改其 Rotation 值来改变光线角度，可以选择与 Skybox 一致的方向（例如 Rotation 值为 60, 175, 0）。

也可以考虑地板和其他表面的纹理材料。例如，在资源商店中搜索“Floor Materials”，就能找到许多免费和付费的资源。

9.2.2 艺术品部件

现在可以设计艺术展品。先创建一个可重复使用的艺术品预制件，其包括相框、灯光、位置、艺术家信息和传送观察位置。然后将该艺术品挂在画廊的墙壁上。最后，为艺术品添加实际图像。艺术品将包括一个相框（立方体）、一张照片（四边形）和一个点光源，所有这些都与艺术品在墙上的位置有关。先在场景中创建第一个艺术品，将其保存为预制件，之后在整个画廊的墙壁上重复放置艺术品。在 Scene 视图中执行此操作，步骤如下：

1. 单击 GameObject | Create Empty 创建一个空对象，命名为 ArtworkRig。

2. 创建相框。选中 ArtworkRig，单击 GameObject | 3D Object | Cube，命名为 ArtFrame。在 Inspector 中，设置 Scale Z 为 0.05，设置一个 3 : 4 的宽高比，即设置 Scale Y 的值为 0.75。

3. 把 rig 放在一面墙上（建筑设计图中面对入口右上角的那面墙）。隐藏 Gallery 对象的天花板子对象（反选其 Enable 复选框）。然后，用 Scene 面板右上角的 Scene View 小部件把 Scene 视图变成 Top and Iso。在 Top 视图中单击绿色的 Y 图标，而在 Iso 视图中单击中间的方块图标。

4. 选中 `ArtworkRig`，确保 Translate 工具是激活状态（面板左边的图标栏的第二个图标），然后使用 *x* 轴和 *z* 轴箭头进行定位。确认选择并移动 `ArtworkRig`。把相框的位置设置成（`0, 0, 0`），把高度保持在视平线（`Y = 1.4`）的位置。适合 Transform Position 的值是（`2, 1.4, -1.82`），Rotation 是（`0, 0, 0`），如图 9-12 所示。

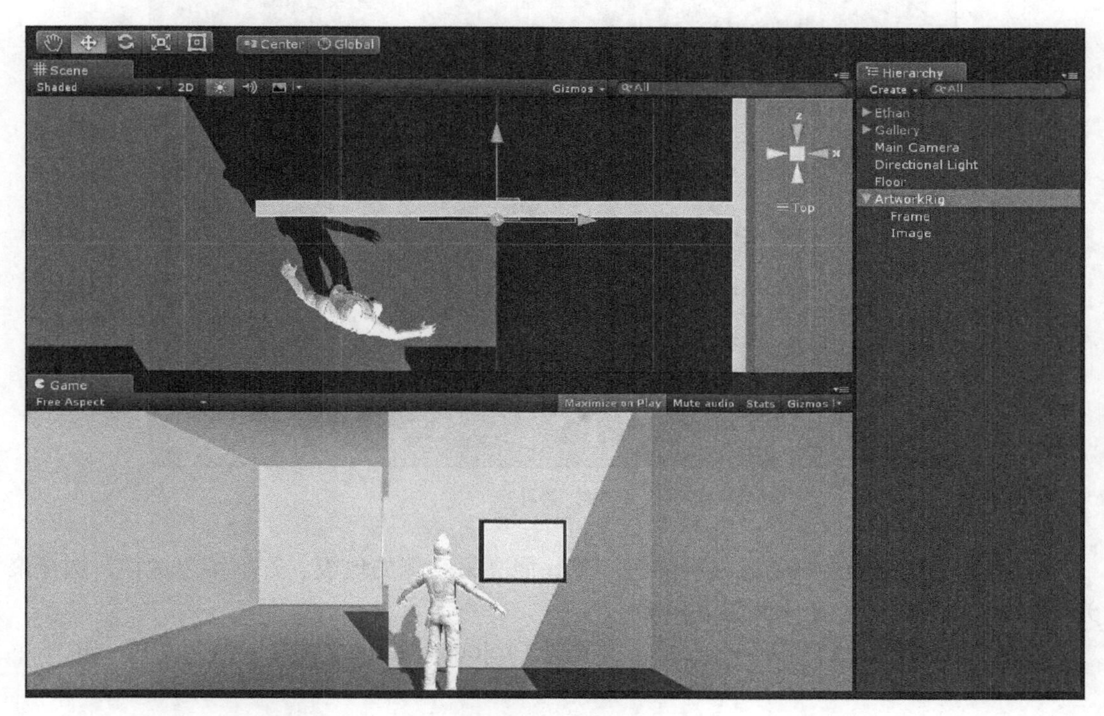

图　9-12

5. 使相框变成黑色。单击 Assets | Create | Material，命名为 `FrameMaterial`，并设置 Albedo 颜色为黑色。然后在 Hierarchy 中，选择 Frame 选项并在 Inspector 中把 `FrameMaterial` 材质拖进 `ArtFrame`。

6. 制作图片设置区。在 Hierarchy 中选择 `ArtFrame`，单击右键并单击菜单 3D Object | Quad，命名为 `Image`。把它放在相框的前方使其可见。设置 Position 值为（`0, 0, -0.03`）并把 Scale 设置成（`0.9, 0.65, 1`）将其缩放得比相框略小。

7. 为了更好地领会当前的比例和视平线，插入一个 Ethan 复本到场景中。

接下来，在这个小部件上添加一个点光源，步骤如下：

1. 首先，对 Gallery 的子对象勾选 Enable 复选框选项把天花板放回原处；

2. 在 Hierarchy 中选择 `ArtworkRig`，单击右键，再单击 Light | Spotlight，把它放在

离墙 1.5m 之外（$Z = -1.5$）且上方离天花板近一些的地方。对于光源只有一个 Vector 3 位置值，设置 Position 为（`0, 1.5, -1`）；

3. 现在，调整 `Spotlight` 的值让它刚好照到艺术品上。把 Rotation X 设置成 2，调整灯光参数，如：设置 Spot Angle 为 `45`，设置 Intensity 为 `3`，设置 Range 为 `5`。如图 9-13 所示。

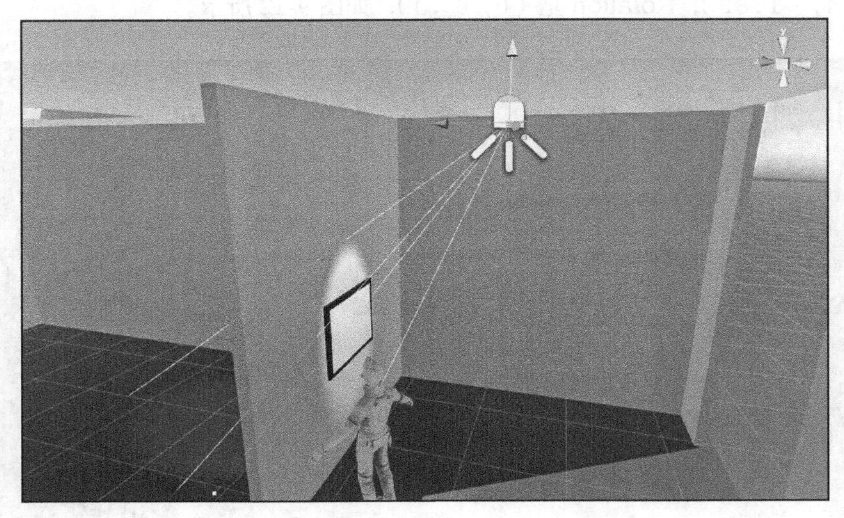

图 9-13

4. 这里注意，聚光灯的光线会穿过墙壁，照亮另一侧的地板。若不希望这样，选择聚光灯的 Shadow Type 为 Soft Shadow；

5. 在 Hierarchy 选择 `ArtworkRig` 并拖进 Project Assets 文件夹，保存成 Prefab。

了解 Lighting 的参数设置非常重要。例如，如果在对象或阴影中看到孔，请尝试将 Directional Light 的 Normal Bias 滑动到 `0`，Bias 滑动到低值（如 `0.1`）。有关阴影和偏差属性的更多信息，请参阅 `https://docs.unity3d.com/Manual/Shadow-Overview.html`。

9.2.3 展览计划

下一步复制 `ArtworkRig`，按需要改变它的位置和旋转值。如果按照图 9-14 计划来操作，将显示 10 张图片，图中用星星表示。

下面是复制 ArtworkRig 的步骤：

1. 隐藏天花板并把 Scene View 面板变成 Top and Iso；

2. 在 Scene View 面板的左上方，改变 Transform Gizmo Toggles 使工具项放在 Pivot

点而不是 Center；

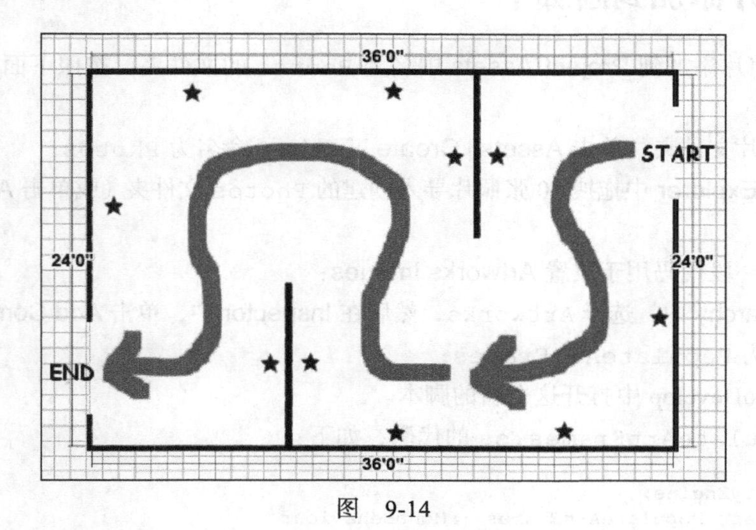

图 9-14

3. 创建一个空物体，重置其变换组件，并命名为 Artworks；
4. 将现有的 ArtworkRig 拖成 Artworks 的子物体。

针对每一个展位，在画廊中放置一幅艺术品，步骤如下：

1. 在 Hierarchy 中选择一个现有的 ArtworkRig；
2. 在 Duplicate 上单击右键或按 Ctrl+D 键复制 ArtworkRig；
3. 通过设置 Rotation Y 为 0、90、180 或 -90，旋转这个部件面对正确的方向；
4. 在墙上放置这个部件。

画廊具体设置如表 9-1 所示。

表 9-1

0	2	-1.8	0
1	-1.25	-5.28	-180
2	-3.45	-3.5	-90
3	-3.45	-0.7	-90
4	-2	1.6	0
5	2	-1.7	180
6	3.5	0	90
7	3.5	3.5	90
8	1.25	5.15	0
9	-2	1.7	180

请注意，这些对象的放置旋转顺序与在漫游动画中使用的顺序相同，将对象作为 Artworks 的子物体，在 Hierarchy 面板顺序放置。

9.3 将图片添加到画廊中

找 10 张照片添加到 Project Assets 中名为 Photos 的文件夹。按照下面的步骤添加照片到画廊中：

1. 创建照片文件夹，单击 Assets | Create | Folder，命名为 Photos；

2. 从 File Explorer 中拖拽 10 张照片导入创建的 Photos 文件夹（或单击 Assets | Import New Asset）。

现在，写一段代码用于放置 Artworks Images：

1. 在 Hierarchy 中，选择 Artworks，然后在 Inspector 中，单击 Add Component | New Script 并命名为 PopulateArtFrames；

2. 在 MonoDevelop 中打开这个新的脚本。

编辑 PopulateArtFrames.cs 的代码，如下：

```
using UnityEngine;
public class PopulateArtFrames : MonoBehaviour
{
    public Texture[] images;

    void Start()
    {
        int imageIndex = 0;
        foreach (Transform artwork in transform)
        {
            GameObject art = artwork.Find("ArtFrame/Image").gameObject;
            Renderer rend = art.GetComponent<Renderer>();
            Material material = rend.material;
            material.mainTexture = images[imageIndex];
            imageIndex++;
            if (imageIndex == images.Length)
                break;
        }
    }
}
```

这段脚本是怎么运行的？首先，声明一个名为 images 的 Textures 公共数组。这将显示在 Inspector 面板中，以便选择要显示在场景中的照片。

此脚本附加到 Artworks 对象上，该对象包含所有的 ArtworkRigs 子项。当程序启动时，先在 Start() 里查到所有的 ArtworkRig，找到 Image 对象。对于每个图像，获取其 Renderer 组件的 Material 字段，分配 Texture 列表中的下一个图像。使用 imageIndex 变量在列表中递增，并在用完图像或 ArtworkRig 时停止：

所有的 ArtworkRig 都使用相同的 Material 和 Default-Material。为什么不改变 ArtworkRig Image 上的材料来改变它们呢？实际上，当在运行时修改其纹理（或其他属性），Unity 会通过将材质克隆到新的唯一属性来解决这个问题。所以每个 ArtworkRig 的图像都有自己的 Material 和 Texture，因此，画廊中的每张图片都是不同的。

图　9-15

要实现这些，需完成以下步骤：

1. 保存脚本并返回到 Unity 编辑器；

2. 在 Hierarchy 中选择 `Artworks`，在 Inspector 中展开 Populate Art Frames 脚本组件，再展开 Images 参数；

3. 设置 Image Size 值成 `10`；

4. 在 Project / Assets / 目录下的 `Photos` 文件夹中找到要导入的图片并依次拖动到 Element 0 至 Element 9 的 Images 槽中。

单击 Play 按钮时，场景中的插画将按照指定的顺序填充在图片中。

图　9-16

在 VR 中查看场景，可以将 MeMyselfEye 放在第一个 ArtworkRig 前面：

1. 在 Hierarchy 中选择 `MeMyselfEye` 摄像机；

2. 设置 Position 为（`2, 0, -2.82`）。

9.4 管理艺术信息数据

假设想要追踪的数据不仅仅是每件展品的图像，还想获得艺术家、标题、描述等信息。首先，考虑几种软件设计模式来管理数据，包括单独的列表、数据结构和可编写脚本的对象。随后，更新 ArtworkRig 以显示每个框架里艺术品的信息。

前两个方案仅供参考，最后我们使用可编写脚本的对象 `ScriptableObjects` 来实现功能。

9.4.1 使用列表

一种方法是在每个数据字段向 `PopulateArtFrames` 脚本添加更多列表。例如，如果脚本具有以下内容：

```
public Texture[] images;
public string[] titles;
public string[] artists;
public string[] descriptions;
```

在 Inspector 面板里将显示以下内容（为简洁起见，将列表限制为 4 个项目）：

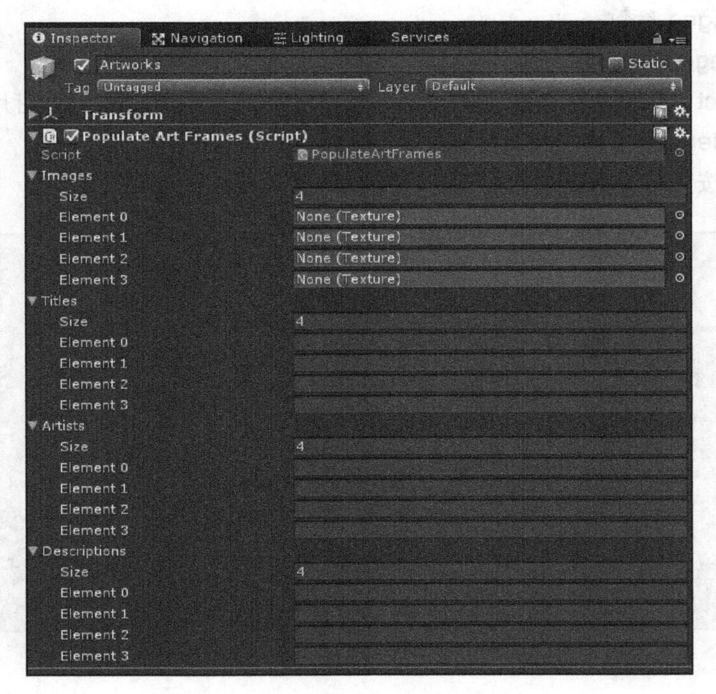

图 9-17

可以看出，这种结构非常笨拙。例如，要更改 Element3，就必须转到所有列表，这很容易出错，程序可能因此变得非常不同步。

9.4.2 使用数据结构

更好的方法是将 C# 结构（或类）编写为包含想要的每个字段的数据结构，然后将 PopulateArtFrames 中的列表作为此类型。例如，脚本如下所示：

```
[System.Serializable]
public struct ArtInfo
{
    public Texture image;
    public string title;
    public string artist;
    public string description;
}

public class PopulateArtFrames : MonoBehaviour
{
    public List<ArtInfo> artInfos = new List<ArtInfo>();
```

在此示例代码段中，声明了一个名为 ArtInfo 的单独数据结构，用于定义数据字段。然后，在 PopulateArtFrames 中，将其声明为 List（必须使用 new List <ArtInfo>() 进行初始化调用）。然后在脚本中，引用 artInfos [i].image 作为纹理。同样，使用 artInfos.Count 来获得它的大小，而不是使用 Length。另外，需要声明它的 System.Serializable，以让列表出现在 Inspector 面板中，如图 9-18 所示。

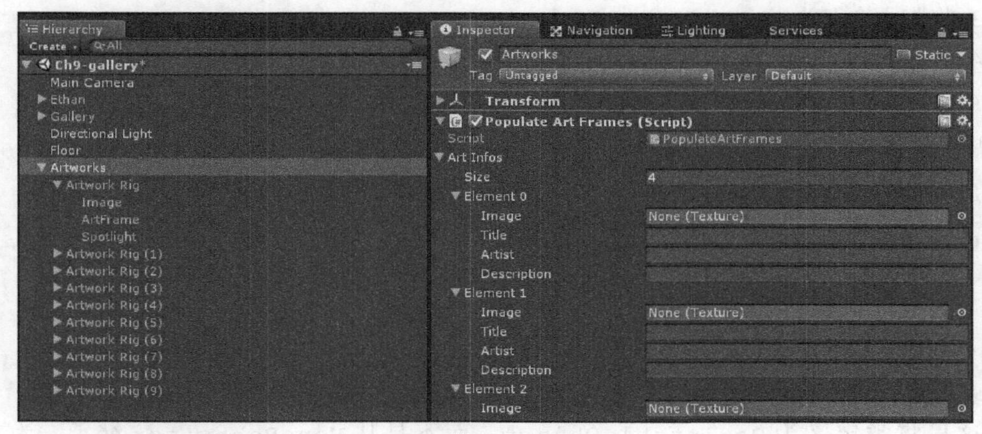

图　9-18

现在有了一个可以进行填写的 ArtInfo 元素列表，每个元素里的各个数据都组合在一起。

此结构的另一个好处是可以更容易地从外部数据源进行填充，例如基于云技术的 JSON 数据或 CSV（逗号分隔值）数据文件。

如果对数据库加载数据感兴趣，有很多种方法，但都不属于本章的范围。简而言之，如果找到了 CSV 数据源，这里有一个基本 CSV 解析器（https//github.com/

frozax/fgCSVReader)，可以完成工作。如果需要基于 Web 的 REST API 的 JSON 解析器，可以考虑用 JSON .NET 的 Unity 资源包（https://assetstore.unity.com/packages/tools/input-management/json-net-for-unity-11347）或其他类似的。

9.4.3 使用脚本化对象

在前面的示例中，艺术品的信息数据保存在 Hierarchy 中场景的 GameObject 上。作为一种软件设计，这不是数据所属的地方。数据对象跟游戏对象不同，应单独管理。

在 Scene 的层次结构中，设计关卡和游戏行为。ArtworkRigs 具有空间坐标和渲染器（以及其他运行时可能需要的组件，例如物理类组件 Colliders 和 RigidBodies）。但是其他的项目数据可以存在于场景层次结构之外。为此，Unity 提供了 ScriptableObjects。我们已经在第 5 章中介绍了 ScriptableObjects，作为多游戏对象共享输入数据的一种方式，将在这里再次使用：

1. 在 Project 窗口中，在 Assets 文件夹下创建一个名为 ScriptableObjects 的新文件夹；
2. 在新文件夹中，右键单击 Create | C# Script，创建一个脚本；
3. 将脚本命名为 ArtInfo；
4. 打开 ArtInfo.cs 脚本进行编辑。

ArtInfo.cs 脚本的代码如下：

```
using UnityEngine;

[CreateAssetMenu(menuName = "My Objects/Art Info")]
public class ArtInfo : ScriptableObject
{
     public Texture image;
    public string title;
    public string artist;
    [Multiline]
    public string description;
}
```

这里将类定义为 ScriptableObject，而不是从 MonoBehaviour 继承，为艺术品的信息描述添加了 Multiline 属性，因此 Inspector 面板中的相应输入字段将是文本区域。

如果将 JSON 数据导入项目并希望生成与 JSON 对象属性匹配的 ScriptableObject 类，请查看此工具：https://app.quicktype.io/#r = json2csharp。

在脚本开始处，声明了 CreateAssetMenu 属性，该属性会在 Unity Editor 中为对象生成一个菜单项。由于脚本化对象未添加到 Hierarchy 中的场景里，因此需要一种在项目中创建它们的方法。使用此属性可以轻松实现，如下所示：

1. 保存脚本并返回 Unity。
2. 在 Project 窗口中，选择用于放置纹理图像的 Photos 文件夹。在该文件夹中创建 Art Info 对象。
3. 在 Unity 的主编辑菜单中，单击 Assets |Create。
4. 将看到一个新的 My Objects 项目，其子菜单带有 Art Info 项目，如脚本中的 CreateAssetsMenu 属性所示。
5. 选择 Art Info 以创建实例。在默认情况下，它将创建在与定义脚本相同的文件夹中(这可以在属性选项中更改)。
6. 将对象重命名为与图像名类似会有好处。例如，如果图像名是 PictureA，请将对象命名为 `PictureA Info`。
7. 将选择的纹理图像拖到可脚本化对象的 Image 插槽中。
8. 同上，为可脚本化对象的 Title、Artist 和 Description 3 个属性添加相关信息。

图 9-19 是 Inspector 中填充了数据的 ArtInfo 对象的截图。

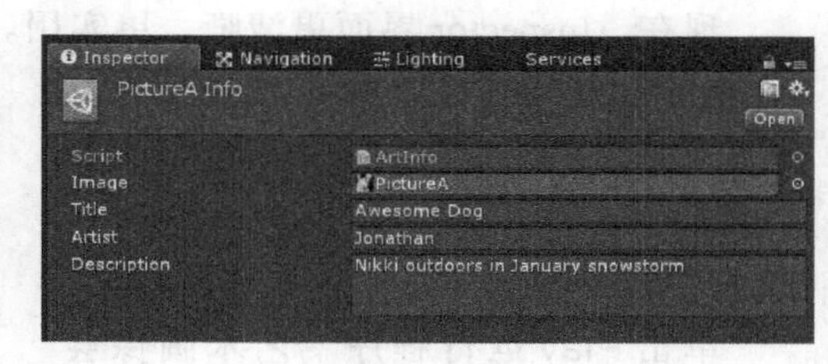

图 9-19

对所有画像重复这些操作。完成后，艺术品数据将成为 Project 资源。

要在项目中使用可脚本化对象，可以修改 PopulateArtFrames，就像修改代码的结构一样。在 ArtworkRig 上创建一个新的脚本组件，用 ArtInfo 对象填充该组件，如下所示：

1. 在 Hierarchy 中选择一个 ArtworkRigs 对象；
2. 单击 Add Component | New Script，将它命名为 `ArtworkController`。

打开脚本进行编写，如下：

```
using UnityEngine;

public class ArtworkController : MonoBehaviour {
    public GameObject image;

    public void SetArtInfo(ArtInfo info)
    {
        Renderer rend = image.GetComponent<Renderer>();
        Material material = rend.material;
        material.mainTexture = info.image;
    }
}
```

保存脚本并返回 Unity，在刚刚添加脚本组件的 `ArtworkRig` 对象上：

1. 将图像子项拖到图像插槽上；
2. 单击 Apply 保存 `ArtworkRig` 预制件。

现在，更新 PopulateArtFrames 以迭代 ArtInfo 列表并将对象发送到 ArtworkRig，如下所示：

```
using System.Collections.Generic;
using UnityEngine;

public class PopulateArtFrames : MonoBehaviour
{
    public List<ArtInfo> artInfos = new List<ArtInfo>();

    void Start()
    {
        int index = 0;
        foreach (Transform artwork in transform)
        {
artwork.GetComponent<ArtworkController>().SetArtInfo(artInfos[index]);

            index++;
            if (index == artInfos.Count || artInfos[index]==null)
                break;
        }
    }
}
```

现在，Inspector 界面更清晰，更实用。Artworks 的 Populate Art Frames 组件将保存着 Art Info 对象列表，如图 9-20 所示。只需要填充列表并使用它，列表所引用的数据是作为 ScriptableObjects 单独保存的。

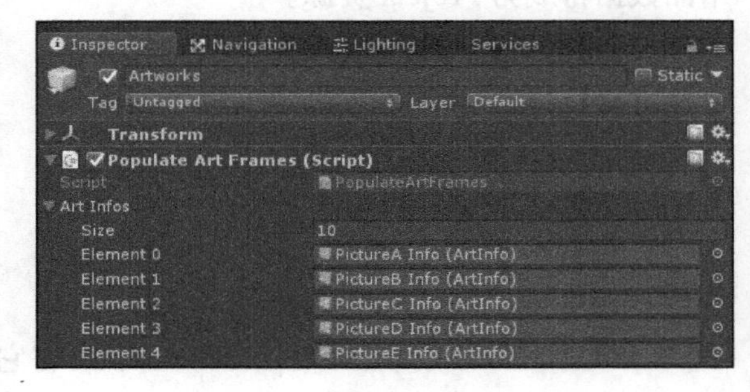

图 9-20

单击 Play 运行程序。艺术画像会在开始时加载，跟之前的一样。但已经大大改进了底层实现结构，现在可以扩展应用程序以使每张艺术画像包含更多信息。

使用 ScriptableObject 的另一个好处是，只要拥有可分发的应用程序，就可以将这些资源打包到 AssetBundle 中。这将允许在发布版本中直接更改画廊的图片以及所有艺术信息。

9.5 显示艺术信息

现在有了每件艺术品的详细信息，可以将它们加入到项目中。向 ArtworkRig 添加 UI 画布。首先，在每张画像中加入信息牌匾，然后让它们能与人互动。如果想要了解 Unity 画布和 UI 的详细功能，请参阅第 6 章。

9.5.1 创建标题牌匾

标题牌匾就是每张图片旁边的小画布，画布含有标题信息的文字 UI：

1. 在 Hierarchy 中选择一个 ArtworkRig 对象；
2. 单击 Create UI | Canvas，创建一个子画布，并命名为 InfoPlaque；
3. 设置 Render Mode 为 World Space；
4. 设置 Position 为（0, 0, 0）；
5. 设置画布的大小，Width 为 640，Height 为 480；
6. 在世界空间的画布大小是 640 米 × 480 米，因此，设置 Scale 为 0.0006；
7. 使用移动坐标轴来调整位置，设置 Position 为（0.8, -0.1, -0.01）；
8. 接下来，单击 Create UI | Panel 创建一个子面板；
9. 单击 Create UI | Text 创建一个文本，将其重命名为 Title，作为上一步面板的子项；
10. 往 Title 的文字输入框内设置一些默认文字，如标题；
11. 对于 Anchor Presets（Transform 面板左上角的小图标），选择 Stretch / Stretch，按住 Alt 键并单击，这将使文本填充面板区域；
12. 设置 Font Size 属性为 80；
13. 设置 Alignment 属性为 Middle，Center；
14. 设置 Horizontal Overflow 属性为 Wrap，设置 Vertical Overflow 属性为 Truncate。

现在，修改 ArtworkController 脚本以添加新的公共文本变量并将其 text 属性设置为 info.title，如下所示：

```
using UnityEngine;
using UnityEngine.UI;

public class ArtworkController : MonoBehaviour {

    public GameObject image;
    public Text title;

    public void SetArtInfo(ArtInfo info)
    {
        Renderer rend = image.GetComponent<Renderer>();
        Material material = rend.material;
        material.mainTexture = info.image;
        title.text = info.title;
    }
}
```

保存脚本，然后：

1. 将 Title 文本拖入到 Text 插槽中；
2. 在 Hierarchy 中选中 ArtworkRig，单击 Apply，保存预制件。

现在，单击 Play 时，画像和标题将在程序运行时对每件艺术品进行初始化。如图 9-21 所示的运行效果。

9.5.2 详细的交互信息

在标题牌匾中，写入每张画像的详细信息，允许玩家通过单击手柄按钮打开详细信息框。首先创建画布，并为画像的艺术家和描述信息创建文本：

图 9-21

1. 复制 InfoPlaque 并命名为 DetailsCanvas；
2. 设置其尺寸比例和位置，在画像前面的一个小角度处，设置参数：Position（0.7, 0, -0.2），Width Height（1200, 900），Rotation（0, 15, 0）；
3. 将 Title 文本重命名为 Description；
4. 复制 Description，将其重命名为 Artist，设置为 Top Alignment；
5. 单击 Apply 保存预制件。

ArtworkController 脚本现在也可以填充详细的画像信息：

```
public Text artist;
public Text description;
public GameObject detailsCanvas;
```

在 SetArtInfo 函数中：

```
artist.text = info.artist;
description.text = info.description;
```

然后，添加一个 Update 函数来检查用户输入并根据用户输入显示（或隐藏）详细信息画布。同时确保在 Start 函数中隐藏画布。

```
void Start()
{
    detailsCanvas.SetActive(false);
}
```

```
void Update()
{
    if (Input.GetButtonDown("Fire1"))
    {
        detailsCanvas.SetActive(true);
    }
    if (Input.GetButtonUp("Fire1"))
    {
        detailsCanvas.SetActive(false);
    }
}
```

对于 Android 上的 Daydream，调用 `GvrControllerInput.ClickButtonDown` 和 `ClickButtonUp`。

保存脚本。

1. 将 Artist 和 Description 文本拖到相应的插槽上；
2. 将 InfoDetails 画布拖到 Details Canvas 插槽上；
3. 单击 ArtworkRig 上的 Apply 按钮保存预制件。

现在，运行程序并按下手柄控制器上的 Fire1 按钮，场景效果如图 9-22 所示。

图　9-22

如果想实现不同的输入方式，例如手指触发器，或者用的是没有 Fire1 按钮的设备（Daydream），请参阅第 5 章，了解实现选项和处理输入事件。

程序完成后，按下按钮时画布将显示所有的详细信息。如果要一次只控制一个画布，可以向 InfoPlaque 添加一个 UI 按钮，然后使用其上的单击事件触发画布可见性。如果想使用基于凝视的单击，或激光指针的单击交互。请参考第 6 章。

9.5.3 调整图像宽高比

由于画像框架以固定的大小和宽高比显示，因此某些图片会显得比较模糊。所以我们需要框架能根据图像的尺寸自行调整。

当 Unity 导入纹理时，在默认情况下，它会将对象材质纹理进行 GPU 渲染，其中包括将其大小调整为 2 的平方幂（例如，1024 × 1024, 2048 × 2048 等）。如果调整项目以在运行时读取图像，例如，从 Resources 目录、设备的照片流或 Web 上，那么可以访问包含其像素宽度和高度的图像文件的元数据。取而代之的是，由使用的是导入纹理，因此可以更改正在使用的图像的高级导入设置：

1. 从 Assets/Photos 文件夹中选择一个图像纹理；
2. 在 Inspector 中的 Advanced 属性下，将 Non Power of 2 的值改为 None；
3. 单击 Apply 按钮保存。

对项目中的每个图像重复此操作。请注意，这也会解压缩图像，因此可能从开始的 `400 k` 大小的 `jpg` 文件变为项目中的 `3 MB` 大小的 24 位图像，因此请谨慎选择要使用的源图像的宽度和高度。

若不将纹理大小缩放到 2 的幂，效果是非常糟糕的。如果有多张图片，应该避免这种情况。一种方法是将图像宽高比添加为 ArtInfo 的另一个字段，并在相应的脚本对象中手动设置该值。然后，更改 ArtworkController 以使用此值而不是计算它。

在 `ArtworkController.cs` 中，添加以下辅助函数，该函数将返回一个纹理的标准化比例。较大的尺寸为 1.0，较小的尺寸为分数。例如，1024w × 768h 的图像将得到（1.0, 0.75）的比例。它还使用 *Z* 刻度值维持图片的当前相对比例，因为宽高比计算不会改变它，但可以通过 Scale 工具更改。

首先通过添加一个私有函数 `TextureToScale` 来修改 `ArtworkController`，该函数将图像比例标准化为 1.0 以获得更大的宽度或高度，并将另一个维度设置为宽高比，如下所示：

```
private Vector3 TextureToScale(Texture texture, float depth)
{
    Vector3 scale = Vector3.one;
    scale.z = depth;
    if (texture.width > texture.height)
    {
        scale.y = (float)texture.height / (float)texture.width;
    } else
    {
        scale.x = (float)texture.width / (float)texture.height;
    }
    return scale;
}
```

该函数还在返回的比例变量中保留框架深度。现在，可以在 `SetArtInfo` 函数中使用它，为 frame 添加新的公共变量：

```
public Transform frame;
```

然后，使用这句代码来设置框架的比例：

```
frame.localScale = TextureToScale(info.image, frame.localScale.z);
```

保存脚本，返回 Unity：

1. 将 ArtFrame 拖入组件中的 Frame 插槽；
2. 单击 Apply 按钮保存预制件。

现在，当运行游戏时，画像框架将按正确的宽高比进行缩放，如图 9-23 所示。

图 9-23

9.6 漫游画廊

在第 7 章，讲解了实现运动和传送的各种方法。现在来设置特定的传送点，为画廊中的每幅画像提供最佳观看位置。

9.6.1 在画像之间传送

一个最佳观看位置是距离画像大约一米处。可以在 ArtworkRig 前方一米的位置添加一个 ViewPose 对象，将它的原点放在地板上：

1. 在 Hierarchy 中选择一个 ArtworkRig 对象；
2. 创建一个空的子对象，并命名为 ViewPose；
3. 重置 ViewPose 的位置组件；
4. 设置 Position 为（0, -1.4, -1.5）。

在第 7 章，讲解了实现运动和传送的各种方法，包括使用脚本以及更高级别的工具包。

在这里，将使用 SteamVR 和 Daydream 的远程传送工具包。有关这些工具包或替代解决方案的更详细介绍，请参阅本章。

使用 SteamVR 交互系统传送

要使用 SteamVR 交互系统，先从 Player 预制件开始，添加想要使用的组件：

1. 在 `SteamVR/InteractionSystem/Core/Prefabs` 文件夹中找到 Player 预制件；
2. 将它拖入场景中，作为 `MeMyselfEye` 的子对象；
3. 删除或禁用 `[CameraRig]` 对象；
4. 从 `Project Assets/SteamVR/InteractionSystem/Teleport/Prefabs` 文件夹中将 Teleporting 预制件拖入场景，设置为 MeMyselfEye 的子对象（这个控制器实际上可以去场景中的任何地方）；
5. 在 Hierarchy 选择 Player 对象，把它的父对象 `MeMyselfEye` 拖入 Tracking Origin Transform 插槽中；
6. 选择 ArtworkRig 下的 ViewPose 对象；
7. 从 `Project Assets/SteamVR/InteractionSystem/Teleport/Prefabs` 文件夹中将 TeleportPoint 预制件拖入场景，设置为 ViewPose 的子对象；
8. 选择 ArtworkRig 对象，单击 Apply 按钮保存预制件的修改。

单击 Play。一开始传送点不会显示，按住手柄控制器上的按钮，传送点才发光显示，这时有一条弧线对准某一个传送点，放开按钮瞬间将传送到那里。图 9-24 是激活传送点时场景的截图。

图 9-24

使用 Daydream Elements 传送

Daydream Elements 工具包更精细，因此需要更多设置才能实现功能。默认情况下，TeleportController 允许传送到场景中的任何水平表面处（前提是该表面有一个碰撞体）。为了限制传送点数量，将索引限制在一个名为 `Teleport` 的特定层。

1. 在 Hierarchy 的 ArtworkRig 中，选择子对象 `ViewPose`，创建一个圆柱体（`Create | 3D Object | Cylinder`）并命名为 `TeleportPod`；

2. 设置 Scale 为（`0.5, 0.5, 0.01`），可以为其添加材质效果，如设置透明度；

3. 将其放在图层 `Teleport` 上（如果没有名为 Teleport 的图层，请先从图层选择列表中添加图层）；

4. 选中 ArtworkRig 对象，单击 Apply 按钮保存预制件的修改。

现在，添加 Daydream Elements 传送控制器：

1. 将 TeleportController 预制件拖入 Hierarchy 中，设置为 Player 的子对象（`MeMyselfEye/GVRCameraRig/Player`）；

2. 如果需要，重置 Transform 组件；

3. 将 `MeMyselfEye` 对象拖入 `TeleportController` 的 Player 转换插槽中；

4. 将 GvrControllerPointer（或你正在使用的任何控制器对象）拖入 Controller 转换插槽中；

5. 在 TeleportController 的 Valid Teleport 层上，选择 Teleport（即选择 Default、Teleport）；

6. 在 Raycast Mask 上，只想要 Teleport，所以选择 Nothing（取消全部选择），然后选择 Teleport。图层设置信息如图 9-25 所示。

播放运行，当手柄控制器的弧线末端接触传送点时，它会高亮显示。如果按下按钮，将被传送到那个地方。

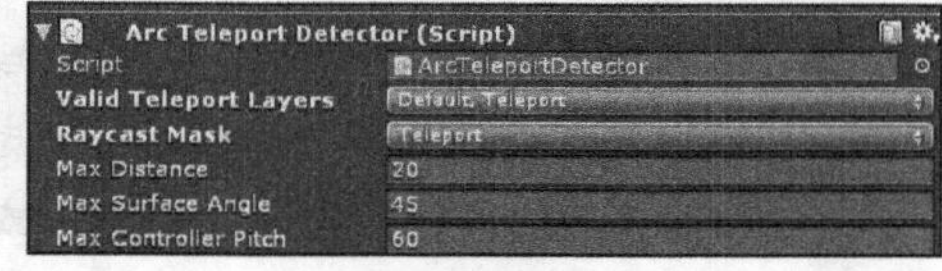

图　9-25

9.6.2　考虑房间规模

设计的画廊布局最适合坐姿、站立或非位置追踪的 VR。例如，在房间规模的 VR 中使用之字形分区并不是一个好主意，不要让玩家的身体穿过这些墙。这是可以实现的，但是需要使整个场地更大，可能实际场地需要达到游戏中的空间那么大，并为稍后将在本章中实现的远程传送功能添加条件，这会使示例复杂化。有关房间规模设计的更多信息，请参见第 7 章。

图 9-26 描述的是 MeMyselfEye 相对于房间级 OpenVR 摄像机的初始位置，房间边界刚好契合第一个 ArtworkRig 的观察空间。在其他观看模式下，它可能不太容易被适应，因此需要进行调整以防止玩家穿过墙壁（或通过 Ethan）。此外，虽然这是默认的长度和宽度，但玩家的实际空间将根据系统配置要求而变化。为了完全适应这些可能，需要进入程序生成级别布局，设置基于玩家在运行时墙壁的位置和比例。

图 9-26

9.6.3 动画穿越

如果可以确定玩家将全程坐着或一直站在一个地方，他们可能会喜欢让导游带领，骑行游览画廊的模式。

在传统游戏中，第一人称动画通常用于剪辑场景，即事先录制好的一段动画作为从一个场景到另一个场景的过渡。但在 VR 中，它有些不同。移动漫游可以真正成为 VR 体验本身，而且头部追踪仍然有效。所以，它不仅仅是一个预先录制的视频，在视频中玩家还可以四处看并体验，更像是一个游乐园。这通常被称为“on-the-rails” VR 体验。

在 VR 应用程序中使用穿越动画时要小心谨慎，它可能导致眩晕。如果确定要用穿越动画，尽可能多地为玩家考虑。例如，为 MeMyselfEye 设备制作动画，让玩家在穿越时可以继续环顾四周；或者使用户在穿越过程中处于具有固定表面的驾驶舱或车辆里也可以减少眩晕感。另一方面，如果想寻求刺激，可以用类似的方法在移动的轨道上制作过山车。

在本章节中，我们为动画编写脚本。在后面的章节中，将更深入地介绍其他的 Unity 动画和电影工具。创建一个 RidethroughController，可以使角色（MeMyselfEye）在第一人称视角通过动画来变换位置和随时间旋转。它的工作原理是使用 Unity AnimationCurve 类（https://docs.unity3d.com/ScriptReference/AnimationCurve.html）定义关键帧变换。顾名思义，对于关键帧动画，在穿越动画中的特定关键时刻定义玩家的位置，中间帧是自动计算的。

1. 在 Hierarchy 的根目录，创建一个空对象，命名为 RidethroughController；

2. 为 RidethroughController 对象添加一个 C#，命名为 RidethroughController；

3. 打开脚本进行编辑。

首先，声明一些需要用到的变量：

```
public Transform playerRoot;
public GameObject artWorks;
public float startDelay = 3f;
public float transitionTime = 5f;

private AnimationCurve xCurve, zCurve, rCurve;
```

playerRoot 变量用于获取将进行动画的玩家（MeMyselfEye）的 Transform 组件。artWorks 变量用于获取 ArtworkRigs 对象。startDelay 变量和 transitionTime 变量是初始延迟和两张画像的过渡时间。最后是 3 条用于位置（x 轴和 z 轴）和旋转（y 轴）的曲线。

接下来，编写一个 SetupCurves 函数，使用 ArtworkRig 的 ViewPose 作为曲线中的节点生成动画曲线。同时对位置和旋转曲线执行此操作，如下所示：

```
private void SetupCurves()
{
    int count = artWorks.transform.childCount + 1;
    Keyframe[] xKeys = new Keyframe[count];
    Keyframe[] zKeys = new Keyframe[count];
    Keyframe[] rKeys = new Keyframe[count];

    int i = 0;
    float time = startDelay;
    xKeys[0] = new Keyframe(time, playerRoot.position.x);
    zKeys[0] = new Keyframe(time, playerRoot.position.z);
    rKeys[0] = new Keyframe(time, playerRoot.rotation.y);

    foreach (Transform artwork in artWorks.transform)
    {
        i++;
        time += transitionTime;
        Transform pose = artwork.Find("ViewPose");
        xKeys[i] = new Keyframe(time, pose.position.x);
        zKeys[i] = new Keyframe(time, pose.position.z);
        rKeys[i] = new Keyframe(time, pose.rotation.y);
    }
    xCurve = new AnimationCurve(xKeys);
    zCurve = new AnimationCurve(zKeys);
    rCurve = new AnimationCurve(rKeys);
}
```

定义 RidethroughController 以在启用游戏对象时开始动画：

```
void OnEnable()
{
    SetupCurves();
}
```

在程序每次更新时，计算 X 和 Z 曲线以设置玩家的当前位置，计算旋转曲线（Y）以设置玩家的当前旋转。这里使用旋转的原生四元数表示，因为是在两个角度之间进行插值，且不使用欧拉坐标：

```
void Update()
{
```

```
    playerRoot.position = new Vector3(
            xCurve.Evaluate(Time.time),
            playerRoot.position.y,
            zCurve.Evaluate(Time.time));

    Quaternion rot = playerRoot.rotation;
    rot.y = rCurve.Evaluate(Time.time);
    playerRoot.rotation = rot;

    // done?
    if (Time.time >= xCurve[xCurve.length - 1].time)
        gameObject.SetActive(false);
}
```

最后，通过比较当前时间与曲线中最后一个节点的时间来检查是否完成了动画。如果完成，就可以禁用游戏对象。

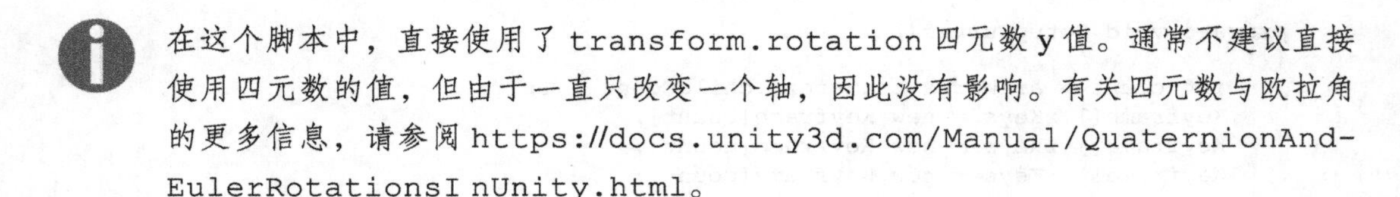
在这个脚本中，直接使用了 transform.rotation 四元数 y 值。通常不建议直接使用四元数的值，但由于一直只改变一个轴，因此没有影响。有关四元数与欧拉角的更多信息，请参阅 https://docs.unity3d.com/Manual/QuaternionAndEulerRotationsI nUnity.html。

如上所述，当启用 RidethroughController 游戏对象时，将播放动画。可以在启用时保存场景，并在应用开始时播放。可以自行修改，以便实现玩家的按钮触发，例如应用程序中的 Start Ride 按钮。

保存脚本，并按下面步骤设置：

1. 从 Hierarchy 中把 MeMyselfEye 拖入脚本组件的 Player Root 插槽；
2. 把 Artworks（包含所有 ArtworkRigs 对象）拖入脚本组件的 Artworks 插槽。

当播放场景时，可以通过漫游动画轻松地穿越艺术画廊，并且短时间停下来观赏每张画像。

9.7 本章小结

在本章中，从头开始设计了一个艺术画廊场景，从 2D 平面图开始，进入 Blender 构建 3D 建筑结构。将模型导入 Unity 并添加了一些环境灯光。然后，制作了一个由图片、相框和聚光灯组成的艺术品预制件，并将预制件的实例放置在画廊的各面墙壁上。接下来，导入一堆照片，并编写了一个用于运行时在框架里填充艺术图像的脚本。探索了几种管理非图形数据列表的方法，并使用其中的一种来为每个艺术作品添加更详细的信息。最后，增加了在艺术画廊层面移动的能力，通过远程传送和第一人称视角场景穿越动画实现。

在下一章中，将使用预先录制的 360° 多媒体来了解不同类型的 VR 体验。学习和了解光球、等距圆柱投影投影和信息图表。

第 10 章 Chapter 10

利用 360°

360° 照片和视频是如今消费者体验虚拟现实的另一种方式，无论是体验还是制作、发布它们。查看预先录制好的图像所需的计算能力比渲染完整的 3D 场景要少得多，尤其适用于基于移动端的 VR。

在本章中，我们将讨论以下主题：

- 理解什么是 360° 多媒体和形式
- 为地球仪、天空盒和光球使用纹理
- 添加一个 360° 视频到 Unity 项目中
- 编写和使用自定义着色器
- 从 Unity 应用程序中捕获 360° 图像和视频

注意，本章中的项目都是独立的，且不直接被本书中的其他章节所依赖。如果跳过其中的某些章节或者不保存也没有关系。

10.1 360° 多媒体

近来，“360°”和“虚拟现实”被大量地滥用，它们经常同时出现。消费者可能会被误导认为它们是相同的东西，认为它们制作起来非常容易。而事实上，并不是那么简单。

一般来说，“360°”指的是以一种浏览预先录制的照片或视频的方式，这种方式允许旋转观看方向以便能够看到视野之外的内容。

非虚拟现实的 360° 多媒体已经变得相当普遍。比如，很多房地产网站提供了一个基于网页的播放器以实现全景漫游功能，能够交互式地旋转视角以观察所有空间。类似地，Facebook 和 YouTube 支持上传和播放 360° 视频，并且提供一个带有交互控制的播放器以便在播放过程中观看各个方向。Google 地图允许上传 360° 静态光球图片，更像是街景工具，可以用一个 Android、iOS 应用、消费级摄像机创建这样的图片（更多信息请参考 https://www.google.com/maps/about/contribute/photosphere/）。互联网上有很多 360° 多媒体。

使用 VR 头戴式显示器观看 360° 多媒体具有惊人的沉浸感，即使是静态的图片。你正站在用一张图片映射到其内表面上的球体中心，感觉像是真的站在了那个（用摄像机）拍摄到的场景之中。简单地转动头部向四周看，这正是人们第一次看见 VR 时对其产生兴趣的东西之一，并且在 Google Cardboard 和 GearVR 上也是一个流行的应用，为很多人开启了消费级 VR 革命。

10.1.1 等距圆柱投影

自从地球被发现是圆的，地图制作者和航海员就已经争论过如何把球形的地球投影到二维图上。投影的种类很多，但地球的某些区域的变形是必然的。

如果想学习更多有关地图投影和球体变形的知识，请参考 http://en.wikipedia.org/wiki/Map_projection。

作为计算机图形设计师，可能对投影不觉得那么神秘，是因为知道 UV 纹理映射。

3D 计算机模型在 Unity 中通过网格定义：一组用边连接起来的 Vector3 的点集组成三角形的面。把一个网格（比如用 Blender）展开成一个平的 2D 构造，用来把纹理像素定义到网格表面的相应区域上（UV 坐标）。一个地球仪，当被展开时会产生变形，就像展开网格所定义的那样。结果图被称为 UV 纹理影像。

在计算机图形建模时，UV 映射可以是随意的，并且取决于美术需求。但是对于 360° 多媒体，典型的是用等距圆柱投影（或子午线投影）完成（更多信息请参考 http://en.wikipedia.org/wiki/Equirectangular_projection），球体被拆成一个柱体投影，随着向南北极推进而拉伸纹理，并保持经线均为等距的竖向直线。

将一个等距柱状的网格用于光球，并对其纹理映射使用一个合适的投影（包装）图片。

10.1.2 VR 正在侵入你的视野

为什么 360° 多媒体在虚拟现实中如此引人注目？在平面屏幕上与在 VR 头戴式显示器上观看 360° 视频有巨大的不同。例如，比传统电影院具有更大屏幕的 IMAX 电影院包含更多周边视觉（peripheral vision）以及更宽的视野（Field Of View, FOV）。一部手机或电脑显示器，在自然观看的距离下，FOV 大约为 26°；电影院的 FOV 是 54°（IMAX 的 FOV 是 70°），Oculus Rift 和 HTC Vive 的 FOV 大约是 120°。在人类视觉中，一只眼睛提供大约

160°，两只眼睛合起来提供了大约 200° 的水平视野。

对于更多关于在常见视频游戏中 FOV 调整的信息请阅读文章：*All about FOV*（2014 年 7 月），`http://steamcommunity.com/sharedfiles/filedetails/?id=287241027`。

在 VR 中，并不是那么明显地受限于 FOV 和屏幕的物理维度，因为可以随时移动头部来改变观察方向。这样就提供了一个完整的沉浸视图，水平的 360° 视角就像是上下左右 180° 来回看一样。在 VR 中，当你的头部静止不动时，视野仅对周边视觉的外围和眼球的运动有意义；但是当头部（颈部 / 全身）运动时，软件会检测头部姿势（观察方向的变化）并更新显示。该结果使你认为 360° 图像是连续不间断的。

10.1.3　180° 多媒体

用消费者 360° 摄像机拍摄照片和视频就像同时拍摄风景和自拍。实际上，当你拍照的时候，你很可能已经被拍到，所以当你查看照片的时候，也会看到这个拍照动作，所以也许你只需要 180° 图像。顾名思义，180° 图像是半张 360° 图像，投射到一个半球上。

2017 年，Google 推出了针对 VR 的 180° 多媒体的标准（https://vr.google.com/vr180/）。除了提供等长线投影外，摄像机还有两个镜头用于捕捉立体图像。它在 180° 的视野下工作得很好，因为尽管可以左右移动环顾四周，但实际需要的移动相对较小（人类的周边视觉水平大约是 200°）。立体 360° 多媒体更具挑战性。

10.1.4　立体 360° 多媒体

使用消费者 360° 摄像机来捕获单视场 360° 多媒体。这些摄像机通常有一对背靠背的超广角镜头和相应的图像传感器。所得到的图像被拼接在一起，使用巧妙的算法以避免接缝，并将结果处理成一个等距圆柱投影。在虚拟现实中观看，每只眼睛都能看到相同的 360° 照片。对于像山景或其他大面积的景观，当拍摄对象离拍摄位置超过 20 米时，因为没有视差，这是可以做到的，每只眼睛都能从相同的视角看到很多东西。但是如果照片中有更近的物体，它看起来会不正确，或者是被人为地压扁了，因为每只眼睛都有一个稍微不同的视角。

那 360° 立体画如何呢？如果每只眼睛光球的位置与另一只眼睛有偏移量的话会怎样？

要录制立体的 360° 多媒体，不能简单地由两个 360° 摄像机从两个角度拍摄，而是将旋转立体对中的图像拼接在一起来构建。摄像机捕获的图像之间的距离模拟了人眼之间的距离（IPD，瞳孔间距）。新一代的消费者摄像机（如 Vuze 摄像机[1]，有八个摄像头）和高端专业摄像机（如 Google Jump 摄像机[2]），将（16 个独立的摄像机排列成一个圆柱形阵列），先使用

---

[1] https://vuze.camera/

[2] https://vr.google.com/jump/

先进的图像处理软件，然后构建立体视图。

谷歌推出一种先进的立体 360° 视频文件格式：全方位立体声（Omni- directional Stereo，ODS）。它是传统等距圆柱投影的改进，具有避免接缝不好或死区的优点，通过预先渲染使播放更加流畅，并且视频使用传统编码，因此可以使用传统工具进行编辑。Unity 在其全景天空盒着色器中支持 ODS（参见本章后面的主题）。

有关立体 360° 多媒体录制的挑战和几何学的更详细说明，请参阅 Google 白皮书 *Rendering Omni-dircetional Steveo Content*（https://developers.google.com/vr/jump/rendering-ods-content.pdf）。此外，请浏览 Paul Bourke 的文章 "Stereographic 3D Panoramic Images"（2002 年 5 月）（http://paulbourke.net/stereographics/stereopanoramic/）。

10.2 有趣的光球

在开始探索这些概念之前，先来做一些有趣的事情，将一个规则的（矩形）图像作为纹理应用到一个球体上，看看它变成什么。然后，我们将使用适当扭曲的等距圆柱光球纹理。

10.2.1 水晶球

用 Unity 制作一个水晶球。

首先，通过下面的步骤创建一个新的场景：

1. 通过菜单 File | New Scene 创建一个新的场景。然后，单击 File | Save Scene As，并命名为 `360Degrees`。
2. 通过菜单 GameObject | 3D Object | Plane 创建一个平面，并使用 Transform 组件的齿轮图标 | Reset 重置其变换值。
3. 设置其 Position 值为（`0, 1, -1`）。

在此项目中没有必要选择使用 MeMyselfEye 摄像机装备。主摄像机将根据 Player Settings 中选择的 SDK 实现 VR 摄像机。不会使用特定于设备的输入或其他功能。

现在，在创建第一个球体的时候编写一个旋转脚本。使用本书中提供的图片 `EthanSkull.png`（拖进 Project Assets/Textures 文件夹）。然后，执行下面的步骤：

1. 通过菜单 GameObject | 3D Object | Sphere 创建一个新的球体，使用 Transform 组件的齿轮图标 | Reset 重置其变换值。
2. 设置其 Position 值为（`0, 1.5, 0`）。
3. 把名为 `EthanSkull` 的纹理拖到球体上（可以使用任何照片）。
4. 通过菜单 Add Component | New Script 创建一个新的脚本并命名为 `Rotator`。

请注意，将纹理拖放到游戏对象上将自动在Materials/文件夹中创建名为EthanSkull.mat的相应材质，此纹理位于Albedo纹理贴图槽中。

打开rotator.cs脚本并编辑，如下代码所示：

```
using UnityEngine;

public class Rotator : MonoBehaviour
{
    [Tooltip("Rotation rate in degrees per second")]
    public Vector3 rate;

    void Update()
    {
        transform.Rotate(rate * Time.deltaTime);
    }
}
```

请注意，为Unity Editor添加一个Tooltip属性，为开发人员提供有关如何使用速率值的更多详细信息。

然后，设置旋转率使它绕着y轴以20°每秒的速度旋转，步骤如下：

1. 在Rotator Script组件上，设置Rate的X，Y，Z为（0，20，0）。
2. 保存场景并在VR中试验。

映射上去的图片可能被扭曲了，但看起来很酷。对于某些应用，些许的扭曲是有艺术意图的。

仔细的编辑，如涂抹照片的边缘，可以帮助避免纹理图中的接缝。

尝试通过调整着色属性使球看起来更像水晶玻璃：

1. 在Inspector中选择CrystalBall。
2. 设置Metallic值为0.75。
3. 设置Smoothness值为0.75。
4. 打开Albedo颜色（单击颜色样本），并将Alpha（A）值调整为100。

在场景中添加更多具有不同纹理的对象，使透明度和镜面高光可视化。

如果对更逼真的模拟玻璃水晶球感兴趣，这里有一些建议：

- ❑ 考虑向场景中添加反射探测，使表面看起来反射场景中的其他对象（https://docs.unity3d.com/Manual//class-ReflectionProbe.html）。
- ❑ 对于透明度和折射，在Standard Assets Effects包中提供了一种GlassRefractive材料。
- ❑ 在材质中尝试使用自定义着色器。Unity ShaderLab文档中提供了Simple Glass着色器的示例（https://docs.unity3d.com/Manual/SL-CullAndDepth.html）。

- 还可以考虑第三方材料和着色器，模拟具有折射、变形、玻璃表面图案和颜色的玻璃（搜索 Asset Store，https://assetstore.unity.com/search?q=category%3A121q=glass）。
- 请注意，在 VR 应用程序中应谨慎使用透明度，因为它需要每个像素额外的渲染通道，这可能会减慢帧的生成速度并导致不必要的延迟。

10.2.2 地球仪

接下来，制作另一个球体并添加纹理，就像刚刚做的那样，但这次使用具有等距圆柱（光球）失真的纹理。

导入本书中的 Tissot_euirectangular.png 图片，（也可在维基百科上获得，网址为 https://en.wikipedia.org/wiki/Tissot%27s_indicatrix#/media/File:Tissot_behrmann.png）进入 Texture 文件夹并执行以下步骤：

1. 创建一个新球体并将其命名为 Globe，如果需要的话可以添加 Rotator 脚本。
2. 将名为 Tissot_equirectangular 的纹理拖动到球体上。
3. 在 VR 试运行中，仔细观察地球仪，如图 10-1 所示。

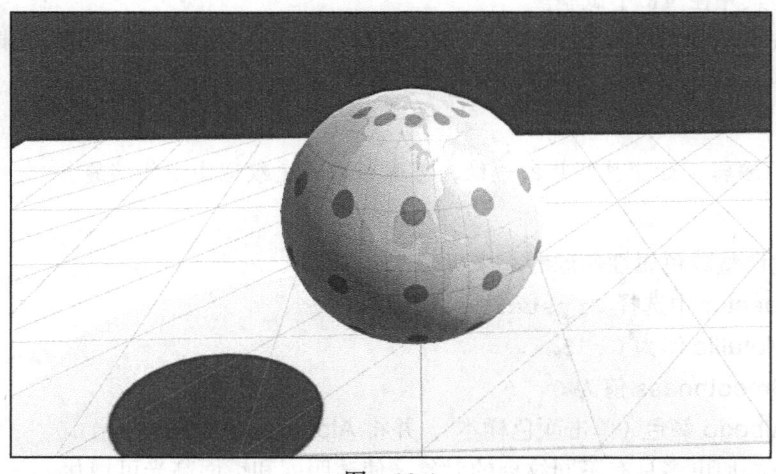

图 10-1

这里需要注意，除赤道外 Tissot 圆是椭圆形的而不是圆形的。结果表明，在 Unity 中提供的默认球体对等距圆柱纹理配合得不是很好。作为替代，提供了一个特别的设计：PhotoSphere.fbx（恰好是 3D Studio Max 中的默认球体模型），下面我们使用该球体模型进行操作。

1. 将 PhotoSphere.fbx 文件拖到 Project Assets Models 文件夹（或通过菜单：Assets | Import New Asset 实现相同效果）。
2. 把 PhotoSphere 模型从 Project Assets 拖至 Scene 中创建一个新的等距柱状

球体。

3. 设置其 Position 值并将其命名为 `Globe2`。如果需要的话添加 `Rotator` 脚本。

4. 将名为 `Tissot_equirectangular` 的纹理拖动到球体上。

现在可以看到纹理被正确的映射，圆圈也圆了（并且底层的网格也更有规则了），如图 10-2 所示。

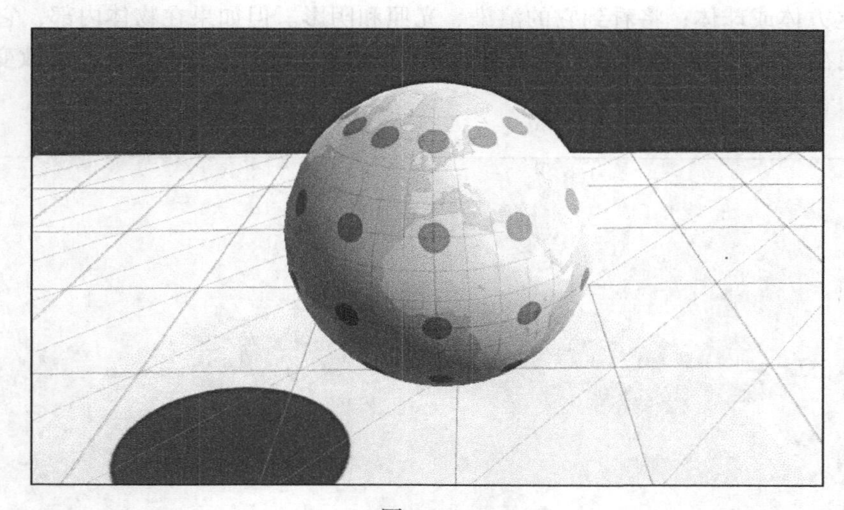

图　10-2

现在，将任何 360° 照片应用到地球仪上，创建照片地球仪或虚拟圣诞树装饰物！

进一步扩展这个主题，建立一个很好的太阳系模型。每个行星和卫星的等距圆柱纹理图可以从 Solar System Scope 免费下载（`https://www.solar system scope.com/`）。关于自转速率（昼夜）和轨道（围绕太阳）的数据可以在 NASA 网站上找到（https://nssdc.gsfc.nasa.gov/planetary/factsheet/index.html）。完整的 Unity 教程项目可以在 *Augment Reality for developers* 一书中找到（https://www.amazon.com/Augmented-Reality-Developers-Jonathan-Linowes/dp/1787286436）。

另一个想法是，照片地球仪已被用作 VR 游戏中的传送机制——作为一名玩家，你可以抓住一个描绘着另一个场景的地球仪，将它放在你的脸上然后传送到那个世界。有关如何捕获 Unity 场景的 360° 照片的信息，请参阅 Capturing 360-degree media（捕获 360° 多媒体）主题。

10.3　渲染光球

地球的反面是一个光球。一个球体将一个等距圆柱纹理映射到一个球体的外表面，一个光球将纹理映射到球体的内表面，当你从里面观察时，感觉就像是被包围着。

对于示例，我使用本书提供的 Farmhouse.png 图像，如图 10-3 所示，可以随意使用 360° 照片。

Unity 通常只渲染物体的外表面，即物体表面网格的每个面的法向量。平面是最简单的例子。回到第 2 章，创建了一个大屏幕图像平面，上面有大峡谷。当面对平面时，会看到图像。但是如果在平面后面移动，就不会被渲染，就好像根本不在场景中一样。同样，假设面前有一个立方体或球体；将看到它的渲染、光照和阴影。但如果在物体内部，它似乎会消失，因为现在看到的是物体网格的内部面。这都是由着色器处理的。因此想要改变它，需要使用不同的着色器。

图 10-3

10.3.1 编写自定义内部着色器

编写一个自定义的着色器来渲染球体网格内部的纹理。

着色器是 Unity 渲染管道的一个关键部分，它是计算机图形学和虚拟现实的神奇之处。Unity 提供了一组令人印象深刻的内置着色器，可以在检查器中打开任何对象材质上的着色器选择列表。导入的许多资源包还可能包含实现自定义效果的着色器，包括之前章节中已经使用过的一些，例如 TextMeshPro 和 TiltBrush。来自 Oculus、Google Daydream 和 SteamVR 的 VR 工具包也包括着色器，这些着色器提供了额外的性能提升和渲染管道的优化。

编写着色器是计算机图形和统一开发中的一个高级主题。尽管如此，Unity 还是提供了一些工具来促进着色程序的编程（参见 https://docs.unity3d.com Manual/SL-Reference.html），包括一种称为 ShaderLab 的声明性语言、大量文档和教程，以及要使用的示例着色程序。本章不会深入介绍，但这是一种非常有趣和有价值的学习技巧。

要创建新着色器，请按以下步骤操作：

1. 定位到 **Create | Shader | Unlit Shader** 并将其命名为 MyInwardShader。

2. 双击新着色器文件，打开进行编辑。

要将着色器转换为内部着色器，在 Tags 行之后添加 Cull Front 行，如下所示：

```
...
Tags { "RenderType"="Opaque" }
Cull Front
...
```

Cull 命令告诉着色器是忽略正面还是背面。返回默认值，将其更改为剔除前面的部分并渲染后面的部分。(有关详细信息，请参阅 https://docs.unity3d.com/Manual/SL-CullAndD-epth.html。)

保存文件，现在可以在项目中使用它。

请注意，着色器文件的顶行将其命名为 Shader“Unlit/MyInwardShader”，这意味着将在 **Shader | Unlit** 子菜单中找到它，或者在没有子菜单的情况下将其修改为 Shader “MyInwardShader”。

因为反转纹理，可能看起来像是向后镜像的，可以通过设置 X Tiling=-1 来解决这个问题。

另一种方法是在着色器中反转顶点法线。在本书的第 1 版中使用了这种技术，如下所示：

```
Shader "MyInwardNormalsShader" {
    Properties {
        _MainTex ("Base (RGB)", 2D) = "white" {}
    }
    SubShader {
        Tags { "RenderType" = "Opaque" }
        Cull Off

        CGPROGRAM
        #pragma surface surf Lambert vertex:vert
        sampler2D _MainTex;

        struct Input {
            float2 uv_MainTex;
            float4 color : COLOR;
        };

        void vert(inout appdata_full v) {
            v.normal.xyz = v.normal * -1;
        }

        void surf (Input IN, inout SurfaceOutput o) {
            fixed3 result = tex2D(_MainTex, IN.uv_MainTex);
            o.Albedo = result.rgb;
            o.Alpha = 1;
        }
        ENDCG
    }
    Fallback "Diffuse"
}
```

简单地说，这个着色脚本声明如下：

- 允许同时提供纹理和颜色属性。
- 不对表面进行裁剪（纹理在内部和外部都可见）。
- 使用简单的 Lambert 漫射照明算法（相对于非照明或 Standard Unity 基于物理的照明）。
- `Vert` 函数反转网格顶点（通过法向量乘以 `-1` 实现）。
- `Sunf` 渲染器复制纹理像素，并且还可以使用 Albedo 颜色对其进行着色（但强制将透明度 Alpha 设为不透明）。

可以使用这个着色器代替之前编写的快速着色器。

考虑如果在着色器设置中使用 Alpha 通道并设置了一个屏蔽罩会发生什么。这将允许一些区域的光球完全透明，这样就可以嵌套多个光球，在场景中创建 360° 活动的视觉层。

10.3.2 魔法球

在进行 360° 全方位的照片浏览之前，先考虑一个特殊的例子。对于魔法球，将从内部观看球体，把一张普通图片映射到球内表面上。然后，把一个坚硬的有颜色的壳放在它的外表。

参考以下步骤来制作它：

1. 通过菜单 Assets | Create | Material 创建一个新材料，并命名为 `FarmhouseInward`。
2. 在 Inspector 中，使用着色器选择器并选择刚刚创建的 Unlit | MyInwardShader。
3. 找到 `Farmhouse` 纹理图像并将其拖到着色器组件 Albedo 纹理上。如果需要，将 Tiling X 设置为 `-1` 以补偿镜像。
4. 向场景中添加一个新球体，从之前介绍过的 Models 文件夹中拖动 `PhotoSphere.fbx`，并将其命名为 MagicOrb。
5. 将 `FarmhouseInward` 材质拖到球体上。

通过执行以下步骤将其封装在固体有色圆球中：

1. 在 Hierarchy 中选择 `MagicOrb` 对象，单击鼠标右键选择 3D Object | Sphere 使新球体成为子对象。
2. 将其 Scale（比例）设置为比内部球体稍大一点的值，如（1.02，1.02，1.02）
3. 通过反选禁用 Sphere Collider 组件。
4. 找一种固体材料，如在上一章中制作的 `RedMaterial`，并将其拖到新球体上。

在 VR 中试运行。从外面看，它看起来像一个实心球，但从里面看，则会发现一个崭新的小世界！图 10-4 是看到的截图，就像在凝视一个蛋壳。

对于非定位追踪的移动 VR 设备，可能无法在 VR 中执行此操作，但可以在播放场景时手动拖动场景视图中的摄像机装备编辑。可以按照第 7 章中的描述添加一些运动；也可以使球能够被抓取，这样玩家就可以把球捡起来，并将其移动到离脸很近的地方，使用第 5 章中描述的技巧。

图 10-4

如果想深入了解着色器，作为练习，试着看看如何修改 InwardShader 以获取其他 Color 参数，该参数用于渲染外表面，而纹理用于渲染内表面。

10.3.3 光球

它现在很流行，比全景图、自拍要好，甚至好过 Snapchat。这就是 360° 光球！

在本章中已经涵盖了很多话题，这些话题使得我们可以很轻松地讨论 360° 光球。为了创建一个模型，用 MyInwardShader 着色器制作一个巨大的球体。

从一个新的空场景开始：

1. 单击 File | New Scene 创建一个新场景。然后，单击 File | Save Scene 并命名为 PhotoSphere。删除默认主摄像机。

2. 添加 MeMyselfEye 预制件并重置 TransformPosition 为（0, 0, 0）。

3. 将 PhotoSphere 模型从 Project Models 文件夹拖至场景中（如前面示例中从 PhotoSphere.fbx 导入例子一样）。

4. 重置 Transform（齿轮图标 | Reset）并设置 Scale 为（10, 10, 10）。

5. 通过菜单 Create | Material 创建一个材质，并命名为 PhotoSphere Material.

6. 定位至菜单 Shader | Unlit | MyInwardShader（如本章前面所述）。

7. 将 PhotoSphere Material 拖动到 PhotoSphere 游戏对象上。

8. 如果场景中有其他对象，则可能需要禁用阴影。在 PhotoSphere 游戏对象的 Mesh Renderer 组件中取消选中 Receive Shadows（接收阴影）复选框。

现在，添加照片：

1. 导入要使用的照片，命名为 FarmHouse.jpg。

2. 选中 PhotoSphere（或 PhotoSphere Material 本身），拖动 Farmhouse 纹理到 Albedo 纹理碎片上。

3. 如果有必要，设置 Tiling X 值为 -1 以补偿镜像反转。

单击 Play，可以看到周围的光球了。

如果正在使用一个带有位置追踪的设备，比如 Oculus Rift，需要禁用。根据以下步骤在 MeMyselfEye 创建一个脚本：

```
public class DisablePositionalTracking : MonoBehaviour
{
    void Start()
    {
        UnityEngine.XR.InputTracking.disablePositionalTracking = true;
    }
}
```

若默认的纹理分辨率或压缩比不够高，不足以满足需求。要修改分辨率，请执行以下步骤：

1. 选择纹理（Farmhouse.png）。

2. 在 Inspector 中，改变 Max Size 为 4096 或 8192。

3. 单击 Apply 重新导入纹理。

注意：文件大小（在 Inspector 的底部）可能呈指数增长，影响应用程序的大小、加载时间和运行时性能。可以尝试其他压缩设置，包括新的 Crunch 压缩（https://blogs.unity3d.com/2017/11/15/updated-crunch-texture-compression-library/），还可以基于平台配置这些设置。

要想切换图片，请重复最后两个步骤：导入资源并将其制定给 PhotoSphere Matarial 的 Albedo 纹理，如果想在游戏中这样做，可能需要使用脚本（例如，使用 Material.maintexTure()）。

10.3.4 播放 360° 视频

添加 360° 视频到项目与添加常规矩形的步骤基本相同（https://docs.unity3d.com/Manual/class-MovieTexture.html）。要播放 360° 视频，可以使用 Video Player 在 Render Texture 上渲染视频。如果没有 360° 的视频，搜索网页免费下载一个时间不要太长和文件大小合适的视频。

根据视频的格式，可能需要先在系统上安装 QuickTime，然后才能将其导入 Unity 中，以用于转换编解码器。

启动一个新的场景并将 MeMyselfEye Transform 重置为原点。然后，将 360° 视频导入项目资源中。注意其尺寸（例如，4K 视频为 4096 × 2048）。如果不确定的话，可以在

Inspector 中查看。

将视频播放器添加到项目中，如下所示：

1. 创建一个名为 `VideoPlayer` 的 Empty。
2. 单击 Add Component | Video Player。
3. 将视频文件拖至 Video Clip 槽。
4. 选中 Play On Awake 复选框和 Loop 复选框。
5. 确保 Render Mode 设置为 Render Texture。

创建 `Render Texture`，这是一个特殊的 Unity 纹理，将在运行时由视频播放器呈现：

1. 在 Project Assets 中，单击 Create | Render Texture，将其命名为“`Video Render Texture`”。
2. 将 Size 设置为与视频相同的大小（如 4096 × 2048）。
3. 建议将 Anti aliasing 设置为 2 samples。
4. 可以将 Depth Buffer 设置为 No Depth Buffer。
5. 在 Hierarchy 中选择 VideoPlayer 并将 VideoRenderTexture 拖到 Target Texture 槽上。

现在，创建光球：

1. 创建一个新的 `3D Sphere` 并将其命名为 VideoSphere。
2. 重置 Transform，设置其 Position 为（`0，0，0`），然后设置其 Scale 为（`10，10，10`）。
3. 将 Video Render Texture 拖动到球体上并生成新材质（或先单独创建此材质）。
4. 将材质 Shader 更改为 MyInwardShader。

在 Inspector 中产生的 VideoPlayer 如图 10-5 所示。

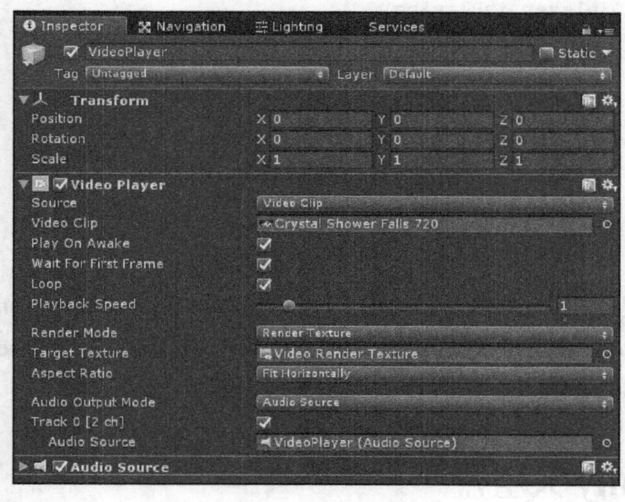

图 10-5

单击 Play。在 Unity 中就生成了一个基础的 360° 视频播放器。

回顾一下，球体使用 inward shader 材质。材质球在球体内部呈现等距圆柱纹理。视频播放器会使用下一个视频帧修改每个更新的纹理。

在为 Android 和 iOS 构建时，必须将视频文件（例如 mp4）放到 Project Assets 中名为 *StreamingAssets* 的文件夹中。有关视频播放器和编解码器方面及其他注意事项的详细信息，请参阅 Unity 文档 `https://docs.unity3d.com/ScriptReference/Video.VideoPlayer.html`。

如果视频中有音频，可以做成 Audio Source，如下所示：

- 选择 VideoPlayer 和 Add Component | Audio Source。
- 将 `VideoPlayer` 本身拖到其 Video Player 组件的 Audio Source 槽上。

与所有 Unity 组件一样，视频播放器也有一个 API，可以通过编写脚本控制。例如，要通过简单地单击按钮来暂停视频，可以添加下面的脚本到 `VideoPlayer`：

```
using UnityEngine;
using UnityEngine.Video;

public class PlayPause : MonoBehaviour {
    private VideoPlayer player;

    void Start() {
        player = GetComponent<VideoPlayer>();
    }

    void Update() {
        if (Input.GetButtonDown("Fire1"))
        {
            if (player.isPlaying)
            {
                player.Pause();
            }
            else
            {
                player.Play();
            }
        }
    }
}
```

有关其他提示，请参阅 Unity 入门教程：*Getting started in interactive 360 video*，在 https://blogs.unity3d.com/2018/01/19/getting-started-in-interactive-360-video-download-our-sample-project/ 下载我们的示例项目。

10.4 使用 Unity 天空盒

过去简单地将天空盒作为在计算机图形学中创建背景图像的方法。天空盒描绘了远在地平线上的物体，可能有助于场景的环境照明，用以反映目标表面的反射，并且是不可交互的。Unity 支持天空盒作为每个场景的照明环境。我们已经在前面几章的项目中使用了天空盒（包括 Wispy Sky 和 Skull Platform）。

常见的天空盒资源有圆柱形全景图、球形全景图（360° 图片）和六边形立方体。不考虑圆柱形的，因为它对 VR 没什么用处。

10.4.1　六边形或立方体天空盒

一个天空盒可以由立方体的六个侧面表示，其中每一面都类似于一个摄像机，它的视图指向六个方向中的每一个，如图 10-6 所示。

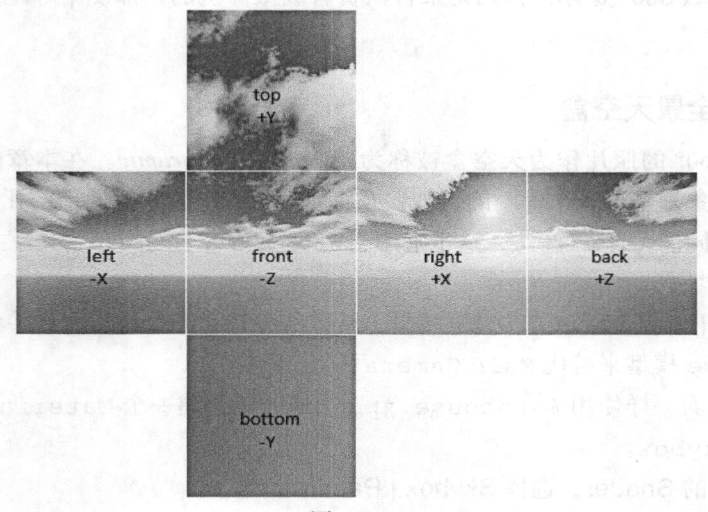

图　10-6

用给出的这六个图片作为纹理，创建一个 *six-sided* 天空盒材质，如下面的 WispySky cubemap 所示。然后，在照明窗口中将其设置为天空盒场景材质，如图 10-7 所示。

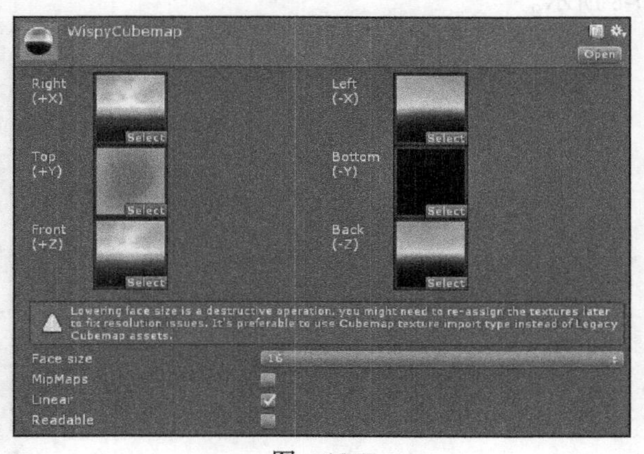

图　10-7

或者，将这六个图像组合成一个布局类似的立方体贴图。

立方体贴图有一个优点，因为等距圆柱纹理浪费了图片在球面投影的上下两极拉伸的像素。另一方面，必须正确地设计图片，使它们能够平滑地缝合在一起，避免造成接缝或其他视觉瑕疵。

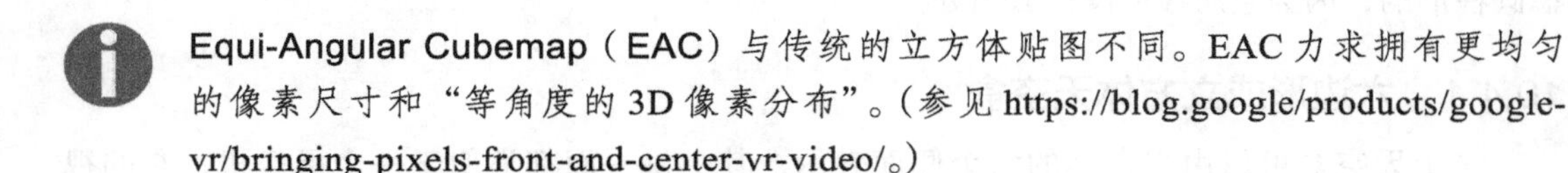

Equi-Angular Cubemap（EAC）与传统的立方体贴图不同。EAC 力求拥有更均匀的像素尺寸和“等角度的 3D 像素分布”。（参见 https://blog.google/products/google-vr/bringing-pixels-front-and-center-vr-video/。）

但如今大多数 360° 媒体，特别是来自消费者级摄像机的，都使用等距圆柱投影，也就是球面全景。

10.4.2 球面全景天空盒

使用一张 360° 的照片作为天空盒被称为 *spherical panoramic*。在本章的前面，使用一个球形的游戏对象来呈现一个等距的纹理，并将玩家摄像机置于其内部的死点。现在，将在天空盒中使用相同的图像。（注意，这也适用于 180° 的内容。）

新建一个空场景：

1. 通过 **File | New Scene** 来创建新场景。然后单击 **File | Save Scene** 并命名为 `Skybox`。用 `MeMyselfEye` 模型来替代 `Main Camera`。

2. 假设像前面一样使用 `Farmhouse.jpg` 图像，请新建一个 `Material` 并将其命名为 `Farmhouse Skybox`。

3. 对于材质的 **Shader**，选择 **Skybox | Panoramic**。

4. 将 360° 图片（`Farmhouse.jpg`）拖动到 **Spherical** 纹理区域。

5. 将 **Mapping** 设置为 **Latitude Longitude Layout**。

6. 将 **Image Type** 设置为 **360 Degrees**。

材料设置如图 10-8 所示。

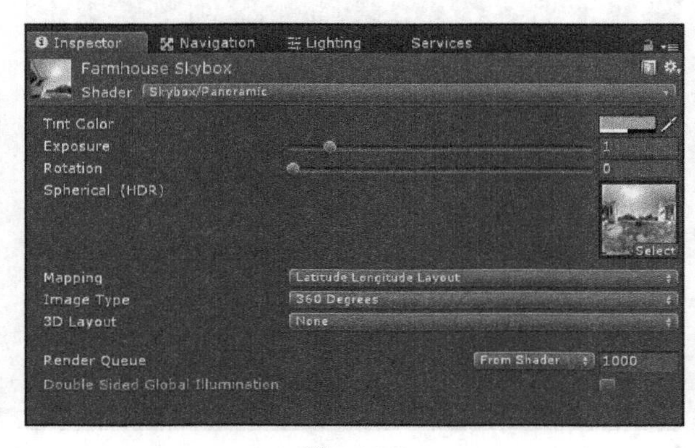

图 10-8

现在要在场景中使用它：

1. 打开 **Lighting** 窗口选项卡（如果不在编辑器中，请单击 **Window | Lighting**）。
2. 将 `Farmhouse Skybox` 拖到 **Skybox Material** 槽中。

Lighting Environment 设置如图 10-9 所示。

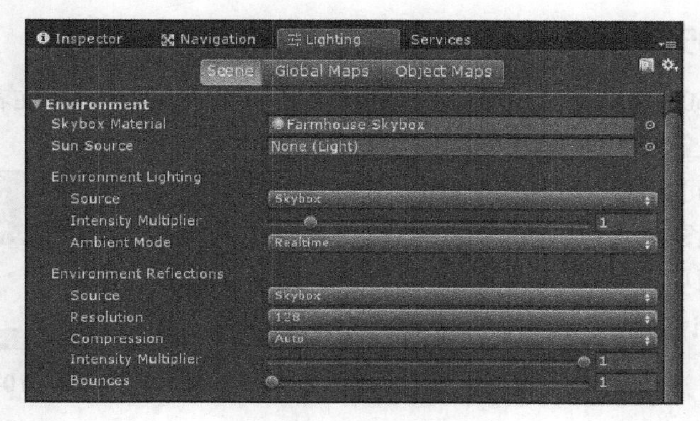

图 10-9

单击 Play。可以在场景中看到周围的光球了。

有趣的是，因为天空盒总是呈现在很远的距离之外，摄像机始终位于光球的中心。因此，不需要在原点设置摄像机平台，也不需要禁用位置追踪，就像这个项目的球形游戏版本所做的那样。无论你怎么移动，天空盒会一直围绕着你。如果 360° 图像包含相对较近的人或物体，这可能会感觉非常不自然，就好像是相对于球面投影或变平，这就是为什么天空盒一般用于景观和开阔空间。（稍后了解如何使用立体天空盒来解决上述问题。）

此时，可以向场景添加更多内容。毕竟，是在使用 Unity 而不仅仅是制作一个 360° 照片查看器。可以增加落雪或落叶，增强户外景色的活力（例如，*Falling Leaves* 粒子安装包，`https://assetstore.unity.com/packages/3d/falling-leaves-54725`）。

一种常见的应用是在大厅场景中使用 360° 图像，并添加一个用于启动其他应用程序或场景的交互式菜单面板。

另一种应用是通过添加 UI 画布来标记照片中的内容，从而使 360° 图像更具互动性。将标签与光球对齐可能需要一些细致的操作。然后，使用摄像机的光线投射，可以动态地突出显示播放器正在查看的内容（相关实现代码可参见第 4 章）。

10.4.3 360° 视频天空盒

把天空盒变成一个 360° 的视频播放器，几乎和上面球形游戏对象版本描述的步骤一样。不再重复所有的内容，简单地说下：

1. 设置 `Video Player` 以视频源播放 `Render Texture`。
2. 设置 `Skybox Material` 用来接收 `Render Texture`。

3. 将场景设置为使用 Skybox Material。

注意，根据 Unity，对于天空盒着色器，等距视频的纵横比应精确为 2:1（或 180° 格式，即 1:1）。此外，许多桌面硬件视频解码器的分辨率限制为 4K，而移动硬件视频解码器的分辨率通常限制为 2K 或更低，从而限制了可在这些平台上实时回放的分辨率。

10.4.4 3D 立体天空盒

如果有一个 360° 立体图像或视频，对于左眼和右眼，Unity 现在都可以使用。Unity 2017.3 版本之后，全景天空盒材质支持 3D 纹理与三维布局。可以指定 Side by side 或者 Over under，如图 10-10 所示。

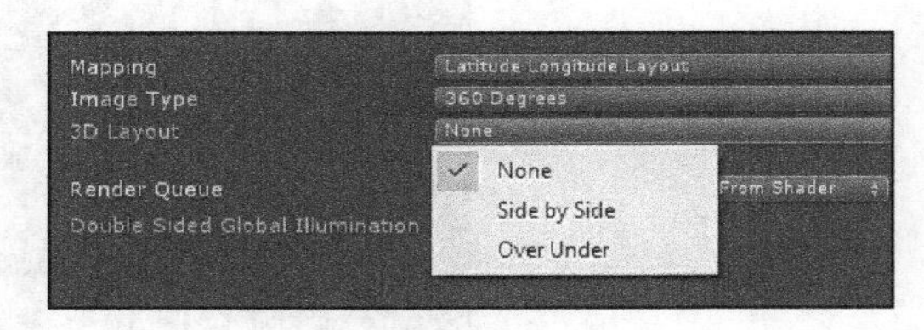

图 10-10

在下一个主题中，将给出一个三维立体等边图片示例，讨论在 Unity 项目中捕获 360° 多媒体。

10.5 在 Unity 中捕捉 360° 多媒体

已经讨论过使用 360° 摄像机拍摄的 360° 媒体。但是如果想要从 Unity 应用程序中捕捉一个 360° 图像或视频，并把它分享到网络上应该怎么做？这可能对 VR 应用程序的营销和推广有用，或者仅仅是简单地使用 Unity 作为生成工具，而使用 360° 视频作为最终发行媒介。

10.5.1 捕捉立方体贴图和反射探头

Unity 支持将场景视图作为照明引擎的一部分进行捕获。调用 camera.RenderToCubeMap() 使用摄像机的当前位置和其他设置，烘焙场景的静态立方体贴图。

Unity 文档（https://docs.unity3d.com/documentation/scriptReference/camera.rendertocube-map.html）中给出的示例脚本实现了一个编辑器向导，用于直接在编辑器中捕获场景的立方体贴图，其中包括：

```
using UnityEngine;
using UnityEditor;
using System.Collections;

public class RenderCubemapWizard : ScriptableWizard
{
    public Transform renderFromPosition;
    public Cubemap cubemap;

    void OnWizardUpdate()
    {
        string helpString = "Select transform to render from and cubemap to
render into";
        bool isValid = (renderFromPosition != null) && (cubemap != null);
```

```
    }

    void OnWizardCreate()
    {
        // create temporary camera for rendering
        GameObject go = new GameObject("CubemapCamera");
        go.AddComponent<Camera>();
        // place it on the object
        go.transform.position = renderFromPosition.position;
        go.transform.rotation = Quaternion.identity;
        // render into cubemap
        go.GetComponent<Camera>().RenderToCubemap(cubemap);

        // destroy temporary camera
        DestroyImmediate(go);
    }

    [MenuItem("GameObject/Render into Cubemap")]
    static void RenderCubemap()
    {
        ScriptableWizard.DisplayWizard<RenderCubemapWizard>(
            "Render cubemap", "Render!");
    }
}
```

运行向导：

1. 为要捕获的摄像机位置创建一个 Empty 游戏对象。
2. 创建一个要呈现的立方体贴图（Assets | Create | Legacy | Cubemap）。
3. 将 Face size 设置为高分辨率，例如 2048。
4. 选中 Readable 复选框。
5. 运行程序（GameObject | Render into Cubemap）。
6. 将位置对象拖动到 Render From Position 槽中。
7. 将立方体贴图拖到 Cubemap 槽中。
8. 单击 Render。

这个 .cubemap 文件现在可以在 Skybox Cubemap 材料中使用.

使用反射探头是一种类似但不同的方法。它们通常被带有反射材料的物质来渲染真实表面反射（请参见 https://docs.unity3d.com/Manual/class-ReflectionProbe.html）。反射探头捕获它周围的球形视图，然后保存为立方体贴图。场景设计师将策略性地在场景中放置多个反射探测器，以达到更逼真的渲染。可以将反射探头重新调整为场景的360° 图像捕获，因为它们是用来反射光线的，所以通常分辨率很低。

Unity 根据照明设置选择保存反射探头光照贴图文件（.exr）的位置。要将其保存在 *Assets* 文件夹（而不是 GI cache）下，请切换到 Lighting 选项卡，禁用 Realtime Global Illumination，然后禁用 Auto Generate。这将在与场景同名的文件夹中生成反射探针 .exr 文件。

尝试通过菜单 GameObject | Light | Reflection Probe 将其添加到场景中。将 Resolution 设置为较高的值，如 2048。然后，单击 Bake。你可以将这个 .exr 文件归于 Skybox

Cubemap 材料，从而快速轻松地进行 360° 场景拍摄。

10.5.2 使用第三方库 360° 捕获图像

有许多软件包可以在 Unity 中捕获 360° 图像和视频，包括：

- 从 eVRydayVR 获取 360° 全景图像（免费）(https://assetstore.unity.com/packages/tools/camera/360-panorama-capture-38755)。
- 从 OliVR 获取 VR Panorama 360° PRO ($49)（https://assetstore.unity.com/packages/tools/video/vr-panorama-360-pro-renderer-35102）。
- Oculus 360-Capture-SDK（免费），包括一个 Unity 样例（https://github.com/facebook/360-Capture-SDK）。

这些安装包中的每一个都支持单声道和立体捕获、视频编码的顺序捕获，以及可能的其他颜色转换、抗锯齿、摄像机图像效果和 3D 空间化音频的功能。

例如，使用 eVRydayVR 的 360° 全景捕获脚本捕获单个 360° 图像，打开想要捕获的场景，则：

1. 创建一个名为 `CapturePanorama` 的 Empty 游戏对象，将其定位在想要捕获的位置。
2. 添加 Capture Panorama 脚本作为组件。
3. 单击 Play，然后按键盘上的 P 键。

屏幕会逐渐变黑，图像将被捕获并保存到项目根目录中。组件选项如图 10-11 所示。

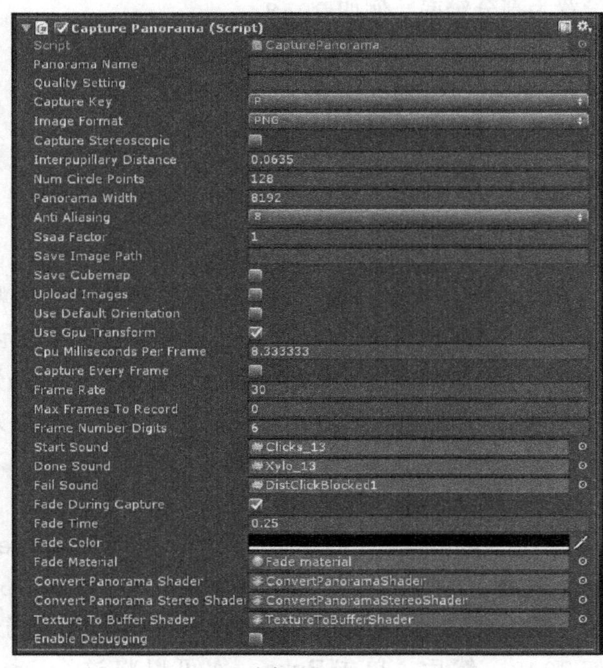

图 10-11

要捕获视频，需要启用 Capture Every Frame 复选框。建议使用开源的 *ffmpeg* 工具（https://www.ffmpeg.org/）来组装帧并对视频进行编码。有关详细信息，请参见 README 文件。

当然，这个组件也可以通过脚本进行控制，并且可以构建到运行时游戏中，而不仅仅是在编辑器中使用。

10.5.3 Unity 内置立体 360° 图像和视频捕获

截至 Unity 2018.1, Unity 具有集成的立体 360° 图像和视频捕获能力。该特性基于本章开头描述的谷歌的全方位立体视觉（ODS）。本节详细介绍 Unity Blogs 在 2018 年 1 月发布的文章（https://blogs.unity3d.com/2018/01/26/stereo-360-image-and-video-capture/），解释如何捕获 ODS 立方体贴图并将其转换为立体等距纹理。

要在编辑器或独立播放器中捕获场景，需要每只眼睛调用 `camera.RenderToCubemap()`。之前使用过这个函数；有一个变量采用 `stereoEye` 参数，例如：

```
camera.stereoSeparation = 0.064; // Eye separation (IPD) of 64mm.
camera.RenderToCubemap(cubemapLeftEye, 63,
        Camera.MonoOrStereoscopicEye.Left);
camera.RenderToCubemap(cubemapRightEye, 63,
        Camera.MonoOrStereoscopicEye.Right);
```

要将立方体贴图转换为立体等距贴图，调用 `RenderTexture.ConvertToEquirect()` 如下：

```
cubemapLeftEye.ConvertToEquirect(equirect,
        Camera.MonoOrStereoscopicEye.Left);
cubemapRightEye.ConvertToEquirect(equirect,
        Camera.MonoOrStereoscopicEye.Right);
```

使用 Unity 帧记录器（https://github.com/Unity Technologies/GenericFrameRecorder），可以将这些图像的序列捕获为立体 360° 视频的帧。

要在 PC 独立的构建中捕获，需要在 Build Settings 中启用 360 Stereo Capture，如图 10-12 所示，因此 Unity 生成此功能所需的着色器变量。

图 10-12

图 10-13 是一个立体等距圆柱视频捕获的示例（来自 Unity Blog，网址为 https://blogs.unity3d.com/wp-content/uploads/2018/01/image5-2.gif）。

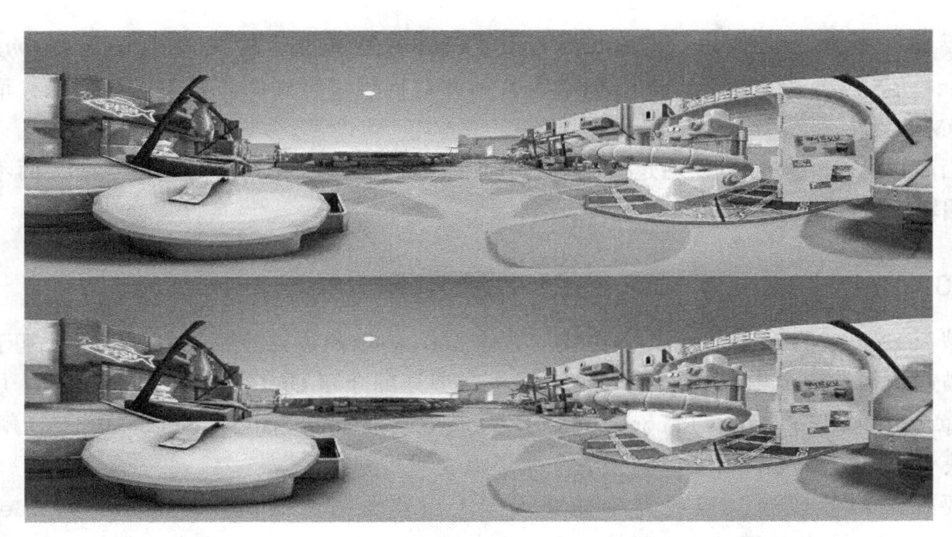

图 10-13

10.6 本章小结

360° 多媒体是引人注目的，因为 VR 侵入你的视野（FOV）。当你转动头部时，看到的视图会实时更新，看起来没有停顿。从这一章开始，描述什么是 360° 图像，以及如何将球体的表面展平（投影）成 2D 图像，尤其是等距圆柱投影。立体 3D 多媒体为左眼和右眼提供单独的等距圆柱视图。

在 Unity 中探索这一点，先通过映射一张规则图片到球体的外表面作为简单的开始。然后，看到等距圆柱纹理如何均匀覆盖球体。接下来，用一个自定义的着色器翻转它，映射这张照片到球体内部，使其成为 360° 的光球查看器，而且还添加了视频。

然后，使用天空盒而不是游戏对象来渲染 360° 多媒体。我们看到了 Unity 如何支持立方体贴图和球形全景图、视频天空盒和 3D 立体天空盒。最后，探讨了使用第三方安装包和 Unity 的内置 API 从 Unity 场景中捕获 360° 多媒体。

在下一章中，我们将讨论虚拟现实在讲故事中的一个重要应用。利用 Unity 的动画和电影剪辑功能，构建了一个简短的虚拟现实电影体验。

第 11 章 Chapter 11

动画与 VR 讲故事

我们讲述故事，以及如何讲述，很大程度上说明了我们是谁，以及我们将成为什么样的人。人与人之间讲故事就像任何人类活动一样原始，是人际交往、神话、历史记录、娱乐和所有艺术的基础。VR 正在成为一种最新的、也可能是最深刻的讲故事媒体形式。

在上一章中，我们研究了 360° 媒体，它本身就是 VR 讲故事的一种形式，尤其是对于非虚构纪录片而言，它能够传递人类经验，并产生身临其境的同感。这一章中介绍的许多工具和课程也可以用于 360° 媒体，但重点介绍 3D 计算机图形和动画。

在这个项目中，将创造一个小小的 VR 体验，一个简单的故事，关于一只有着翅膀学会了飞翔的鸟。

在本章中，我们将讨论以下主题：

- 导入和使用外部模型和动画
- 使用 Unity 时间线激活和动画对象
- 使用动画编辑器窗口编辑属性 Keyframes
- 使用动画控制器控制动画片段
- 让故事具有互动性

11.1 撰写我们的故事

你从一个黑暗的场景开始，注意到前面地上有一棵小树。它开始长成一棵大树。黎明时分，一个鸟巢出现了，我们注意到里面有一个蛋。鸟蛋开始摇晃，然后孵化。一只幼鸟出现、跳跃、成长，并抖动翅膀。最后，在日光下，它飞向自由。

我们的故事是关于出生、成长，展翅飞翔，以及继续向前。我们将从音乐配乐开始，并根据各个部分的图形制作动画。

假设你使用的是本文选择的音乐和图形，都是免费在线服务的（提供链接）。作为一个有教育意义的项目，它是极简的，没有任何装饰效果。

使用的原声带是披头士乐队和保罗·麦卡特尼歌曲的翻唱“黑鸟”。（下载链接在下一节中，为了方便起见，本章的文件中还包含了一份副本。）根据对歌曲的 MP3 录制，在图表上勾勒出了 VR 试验的大致时间表，如图 11-1 所示。

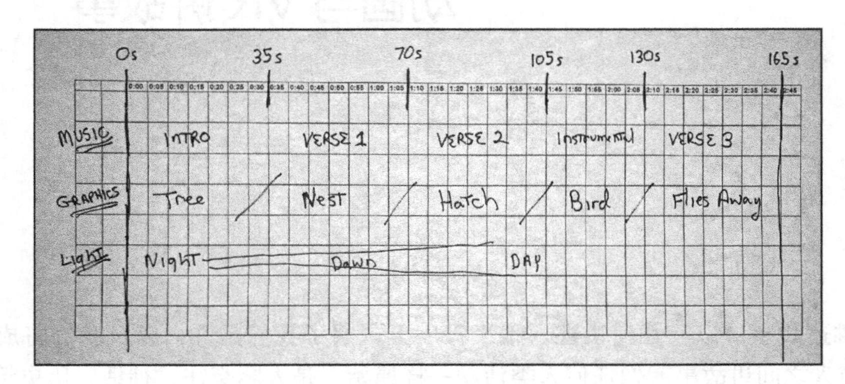

图 11-1

如图所示，整首歌是 165 秒。它以一个 35 秒的前奏开始，然后是第一节和第二节（也都是 35 秒），一个 25 秒的器乐声，然后第三节是 35 秒。我们将用这个把故事分成五部分。

还有许多其他功能也被规划出来。例如，场景照明将从夜晚的黑暗中开始，逐渐照亮天空，直到黎明，然后是白天。

11.1.1 收集资源

如上所述，用各种免费和简单的资源来构建故事。建议下载并安装以下资源，以便在工作时可以访问：

- 音乐：披头士乐队和保罗·麦卡特尼的歌曲“黑鸟”，由吉他手萨尔瓦多·马纳洛演唱。MP3 下载地址 http://mp3freeget4.online/play/the-beatles-paul-mccartney-blackbird-cover/chSrubUUdwc.html。
- 场景和树：Nature Starter Kit，https://assetstore.unity.com/packages/3d/environments/nature-starter-kit-1-49962。
- 鸟巢和鸟蛋：使用随本书提供的 `NestAndEgg` 预制文件（来源：教程使用 Cinema 4D: https://www.youtube.com/watch?v=jzoNZslTQfI, .c4d file download, https://yadi.sk/d/ZQep-K-AMKAc8）。
- 鸟儿：`https://assetstore.unity.com/packages/3d/characters/animals/`

living-birds-15649。

- Wispy Skybox：https://assetstore.unity.com/packages/2d/textures-materials/sky/wispy-skybox-21737。

请注意，使用的 Nest 和 Egg 对象是从在线找到的对象进行修改的。它是 .c4d 格式的，我们已经将其转换为 .fbx 格式，并将其打包成一个预制文件，以及做了一些其他的改变。

11.1.2 创建初始场景

使用平面制作地面和一些来自 Nature Starter Kit 的岩石，一个带有鸟蛋的鸟巢和一只鸟来制作一个简单的场景：

1. 创建新场景（File | New Scene）并将其命名为 Blackbird（File | Save Scene As）。

2. 创建名为 GroundPlane 的 3D Plane，重置 Transform，设置其 Scale 为（10、10、10）。

3. 创建一个名为 GroundMaterial 的新 Material，将 Albedo 设置为土褐色（例如 #251906ff），然后将该材质拖到平面上。

4. 设置 Main Camera Position 为（0，2，-3）。

用本书中一直使用的 MeMyselfEye 摄像机设备替换 Main Camera，但在本项目中没有必要，因为不会要求使用特定的输入设备或其他功能。Main Camera 将根据在 Player Settings 中选择的 SDK 提供足够的 VR 摄像机。

使用简单的地平面，因为它提供了我们想要的效果。但这可能是探索 Unity Terrain 系统的好机会。这是另一个内容丰富而且非常强大的话题，可以用树木和草来“绘制”复杂的景观。可参考手册 https://docs.unity3d.com/Manual/script-Terrain.html.

现在，加上一棵树和一些石头：

1. 从 Assets/NatureStarterKit/Models/ 文件夹中，将 Tree 拖到场景中。重置 Transform 到原点。

2. 在树附近加一些石头，移动它们，让它们部分埋在地面下。可以将它们放在一个名为 Environment 的 Empty 游戏对象下。

3. 添加一个 Wind Zone (Create | 3D Object | WindZone)，使得风吹过时，树叶沙沙作响。

场景中岩石的放置如表 11-1 所示（所有 Scale 都为 100）。

表 11-1

Prefab	Position
rock03	(2.9, -0.6, -0.26)
rock03	(2.6, -0.7, -3.6)

（续）

Prefab	Position
rock04	(2.1, -0.65, -3.1)
rock01	(-6, -3.4, -0.6)
rock04	(-5, -0.7, 3.8)

接下来，添加鸟巢：

1. 将 NestAndEgg 模型的副本拖到场景中。

2. 在地面上设置它的 Scale 和 Position，这样就可以很容易被看到，靠近着树也不会显得太小。设置其 Position 为（0.5, 0.36, -1.2）和 Scale 为（0.2, 0.2, 0.2）。

继续添加一只鸟。Living Birds 安装包中没有黑鸟，但它有一个蓝鸟，也足够接近：

1. 从 Project Assets/living birds/resources/ 文件夹中，拖动 lb_blueJayHQ 预制件到 Hierarchy 中。方便起见，将其重命名为 Bluejay。

2. 设置 Scale 和 Position 使鸟看起来长大成熟并栖息在巢的边缘。设置其 Scale 为（8, 8, 8），Position 为（0.75, 0.4, -1.25）和 Rotation 为（0, 0, 0）。

这只鸟以 T 形插入到场景中。它附加了动画，稍后将在此项目中操作。与大多数动画角色一样，它最初以一个 Idle 动画运行。（注意，不要旋转鸟对象，它会扰乱飞行动画。）

单击 Play，查看它在 VR 中的外观。在 VR 中，它与平面屏幕上看到的视图大不相同。场景和层次结构显示如图 11-2 所示，也还可以调整 Main Camera 的位置。

图 11-2

11.2 Timeline 和音频轨道

早些时候，用一个图表时间线来规划动画。Unity 提供了几乎可以直接实现这一点的工具。Unity 2017 推出了这一 Timeline 功能。

Timeline 由一个或多个随时间播放的轨道组成。它就像一个 Animation（控制单个游戏对象的属性），但是 Timeline 可以处理许多不同的对象和不同类型的轨迹。正如稍后将看到和解释的，Timeline 可以有 Audio Track、Activation Track、Animation Track 和 Control Track。

Timeline 是一种 Unity Playable 类型。Playable 是一段时间内“播放”的运行时对象，它根据指定的行为更新每个帧。动画也是 Playable。有关详细信息可参见 `https://docs.unity3d.com/ScriptReference/Playables.Playable.html.`

现在，向项目中添加 Timelines 并添加 Audio Track。要创建 Timeline 对象必须在 Timeline Editor 窗口中打开它，请执行以下步骤：

1. 在 Hierarchy 中，创建一个 Empty 的游戏对象并将其命名为 `BlackbirdDirector`。
2. 打开 Timeline Editor (Window | Timeline)。
3. 在窗口中，看到一条消息："To begin a new timeline with BlackbirdTimeline, create a Director component and a Timeline asset"，并带有一个 Create 按钮。
4. 单击 Create 按钮。
5. 然后，系统将提示在 Project Asset 文件夹中保存新的 Playable 资源。把它命名为 `BlackbirdTimeline`。单击 Save。

此时，可能已经注意到刚刚发生的一些重要事情：

- `BlackbirdTimeline` 资源是在指定的 `Asset` 文件夹中创建的。
- `BlackbirdDirector` 中添加了 `Playable Director` 组件游戏对象，将其与 `BlackbirdTimeline` 相关联。
- 为 `BlackbirdTimeline` 打开 `Timeline Editor` 窗口。

图 11-3 显示了 `BlackbirdDirector` 检查器及其 `Playable Director` 组件。Playable Director 组件控制 Timeline 实例播放的时间和方式，包括是否 Play On Awake 和 Wrap Mode（Timeline 播放时要执行的操作：Hold、Loop 或 None）。

图 11-4 是 BlackbirdTimeline 的 `Timeline Editor` 窗口。

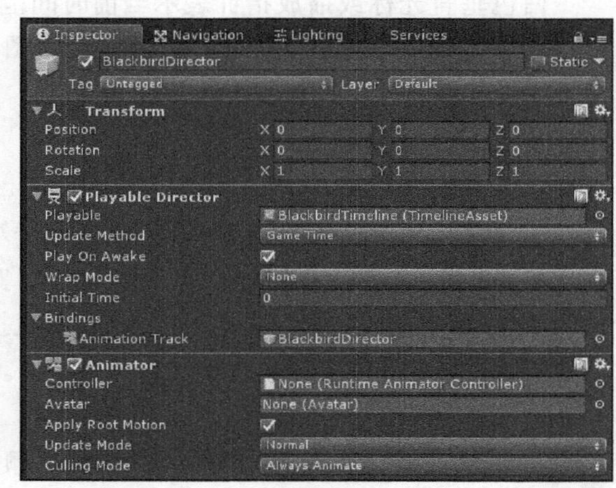

图 11-3

现在用披头士乐队的歌曲为 Timeline

添加一个 Audio Track：

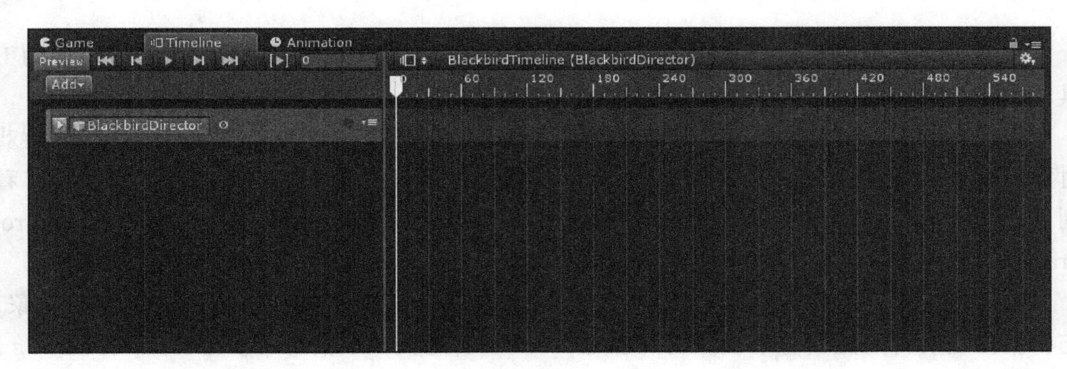

图 11-4

1. 在 Project Asset 中找到 mp3 文件，然后将其拖到 Timeline Editor 上。
2. 单击 Play 正常播放场景，同时音乐开始播放。

图 11-5 是包含 Audio Track 的 Timeline Editor。

图 11-5

白色垂直光标或播放指针表示当前时间范围。默认的比例是帧，但在上一个屏幕截图中，已经将其更改为秒（使用右上角的齿轮图标）。你可以看到这个剪辑设置为从 0 开始，持续约 165 秒。

使用鼠标上的滚轮缩放视图。按键盘上的“A”查看全部。当 Timeline 包含多个轨道时，可以按键盘上的“F”来用于特定的剪辑。

注意到在 Timeline Editor 的左上角有预览控件。使用这些按钮，可以预览 Timeline，而不是使用常规的编辑器播放按钮播放整个场景。

不幸的是，在撰写本文时，Timeline 预览播放模式不能播放音频片段。需要使用编辑器播放模式播放音频。

在这个场景中，将音乐设置为环境音效。如果没有选择音频源，音频将以 2D 模式播放。如果想把它作为空间音频播放，从场景的特定位置发出，创建一个音频源，并放在 Timeline 轨道。

11.3　使用 Timeline 激活对象

在 Timeline 上添加了 Audio Track，另一种类型的 Timeline 是 Activation Track。与特定游戏对象相关联，在指定时间启用或禁用该游戏对象的 Activation Track。

按照计划，当 Timeline 开始时，鸟巢将被隐藏（NestAndEgg 对象）。在 35 秒标记处，它变为启用状态。此外，当 Nest 首次启用时，它应该拥有 WholeEgg。然后在 80 秒的时候，它被隐藏，而 HatchedEgg 被启用。

在 NestAndEgg 游戏对象中，如图 11-6 所示，包含了 Nest 本身，一个 WholeEgg 对象，以及一个 HatchedEgg（拥有两个一半蛋壳）。

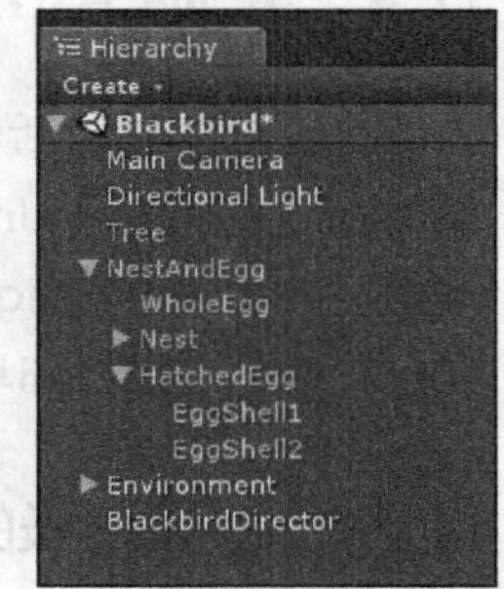

图　11-6

现在将激活序列添加到 Timeline 上：

1. 在 Hierarchy 中选择 BlackbirdDirector 后，将 NestAndEgg 对象从 Hierarchy 拖动到 Timeline Editor 窗口中。
2. 弹出一个菜单，询问要添加的曲目类型；选择 Activation Track。
3. 在轨道上添加一个小的矩形轨迹标记。单击并将其拖动到位。
4. 定位并调整轨道尺寸，从 35:00 开始，到 165:00 结束。

对于蛋，尽管蛋模型是 NestAndEgg 的子级，但是可以从父级分别激活（当然，只有当父级本身可以被激活时）：

1. 将 WholeEgg 对象从 Hierarchy 中拖到 Timeline 作为 Activation Track。
2. 计划从 35:00 开始，到 60:00 结束。
3. 将 HatchedEgg 物体从 Hierarchy 拖到 Timeline 作为 Activation Track。
4. 从 60:00 开始到 165:00 结束

同样的，在 60 秒蛋孵化时激活小鸟：

1. 将 Bluejay 对象从 Hierarchy 中拖到 Timeline 作为 Activation Track。
2. 计划从 35:00 开始，到 60:00 结束。
3. 将 HatchedEgg 物体从 Hierarchy 拖到 Timeline 作为 Activation Track。
4. 从 60:00 开始到 165:00 结束

带有 Actirate Tracks 的 Timeline 现在看起来如图 11-7 所示。可以看到，在左边，每个轨迹都有一个对象槽，其中包含由轨迹控制的游戏对象。

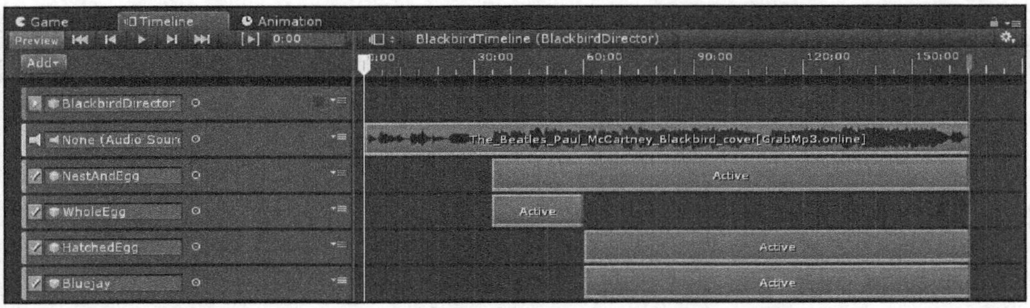

图 11-7

使用 Preview Play（Timeline Editor 左上角的控件图标），可以播放和回放这些轨迹。拖动白色的播放指针，你将看到鸟巢、蛋和鸟按规定激活和停用。

11.4 录制 Animation Track

除了音频和激活轨道外，Timeline 还可以包括动画轨迹。Unity 的动画功能多年来不断发展。大大简化了 Unity 中的基本动画功能。可以直接在 Timeline 上创建和编辑动画，无须创建单独的 Animation Clip 和 Animator Controller。这些将在本章后面讨论。现在，从简单的开始，只在树和鸟巢上嵌套几个转换参数未设置动画。

11.4.1 正在生长的树

在 Timeline 中添加从小（缩放 0.1）到大（从 0 到 30 秒）生长的树的动画。通过为树添加动画轨道，然后在每个 Keyframe 时间记录参数值来完成此操作：

1. 确保在 Hierarchy 和 Timeline Editor 中选择 `BlackbirdDirector` 窗口打开。
2. 将 `Tree` 从 Hierarchy 拖动到 Timeline 窗口中。
3. 选择 Animation Track 作为要添加的轨道类型。

现在，开始录制 Keyframe：

1. 确保 Playhead 指针设置为 `0:00`。
2. 单击 Timeline 中 Tree 轨道上的红色 Record 按钮开始录制。
3. 在 Hierarchy 中选择 `Tree`。
4. 设置其 Scale 为（`0.1`、`0.1`、`0.1`）。
5. 将播放指针滑动到 30 秒标记处。
6. 在 Hierarchy 仍选择 Tree 的条件下，设置其 Scale 为（`1`、`1`、`1`）。
7. 再单击一次闪烁的红色 Record 按钮停止录制。
8. 单击小图形图标以显示动画曲线，如图 11-8 所示。

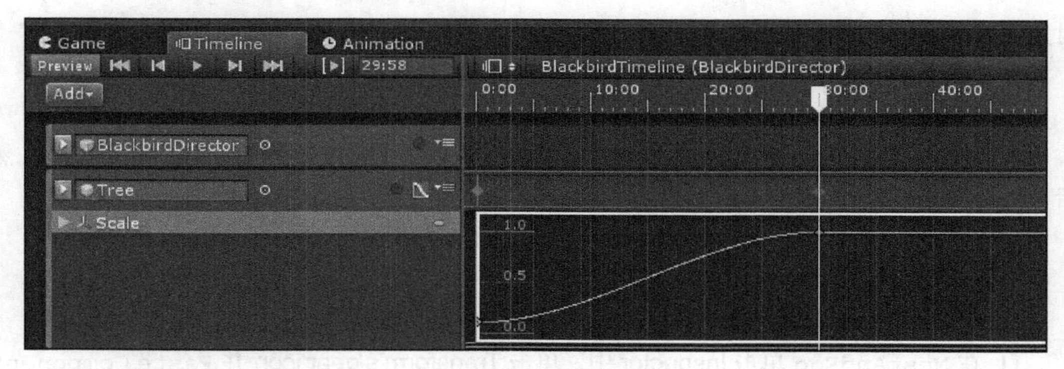

图　11-8

可以看到，Timeline 现在有一个 Animation Track 引用 `Tree` 游戏对象。它有两个 Keyframe，从 `0` 开始到 `30` 秒结束。Unity 具有光滑的曲线，可以轻松实现极端键值之间的过渡。

当在时间线曲线上选中并滑动 Playhead 指针时，可以在 Scene 窗口中看到树被更改了大小。如果单击 Preview Play 图标，则可以播放动画。

11.4.2　正在生长的鸟

重复上一个步骤，这次增加 Bluejay。从幼鸟（Scale = `1`）到全尺寸（Scale = `8`），在 `60` 到 `70` 秒之间缩放 10 秒。

11.5　使用动画编辑器

接下来，创建另一个动画轨道，为巢穴设置动画，使它开始时定位在生长的树上，然后慢慢地飘到地面上，像一片落叶一样飘荡。希望它表现出一种轻柔的摇摆运动，这比刚才做的简单的两帧动画要复杂一些，所以将在单独的 Animation Window 中进行工作，而不是 Timeline Editor 上的窄轨带。它将从 0:35 到 0:45 制作动画。

动画基于 Keyframe。若要动画一个属性，请创建 Keyframe 并及时定义该帧的属性值。在上一个示例中，只有两个 Keyframe 作为开始和结束的比例值。Unity 使用漂亮的曲线来填充中间值，可以插入其他 Keyframe，然后编辑曲线的形状。

一个飘荡的巢穴

假设场景中已经把鸟巢放在了想要的地方，最后执行以下步骤：

1. 将 `NestAndEgg` 对象从 Hierarchy 拖到 Timeline 窗口中。
2. 选择 Animation Track 作为轨迹类型。
3. 将其 Playhead 指针设置为 `35:00`。
4. 请注意，当对象处于非活动状态时，Record 图标将被禁用。Playhead 指针必须在对象的 Activation track's Active 活动范围内。

5. 单击 NestAndEgg 动画曲目的 Record 图标开始录制。

6. 在 Hierarchy 中选择 NestAndEgg 对象。

7. 将当前 Transform 复制到剪贴板（在 Inspector 中，选择变换组件上的 gearicon，然后 Copy Component）。

8. 在 Scene 窗口中，确保 Move gizmo 处于被选中状态。

9. 重新定位树中鸟巢的位置 Position Y=5。

10. 将 Playhead 指针滑动到 45:00。

11. 在 NestAndEgg 单击 Inspector 中，单击 Transform's gear icon 并 Paste Component Values。

12. 再次单击闪烁的红色 Record 按钮，停止录制。

定义了初始动画的录制后，现在可以在动画编辑器窗口中处理它。

1. 在轨迹上，单击右上角的 menu icon。

2. 选择 Edit in Animation Window，如图 11-9 所示。

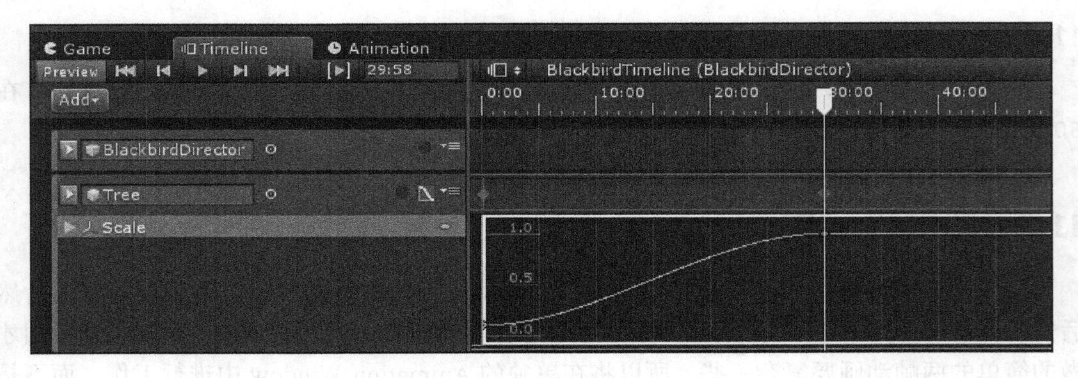

图 11-9

Animation Window 有两种视图模式：Dopesheet 和 Curves。通过 Dopesheet 视图，可以将焦点集中在每个属性的 Keyframes 上。Curves 视图可以关注 Keyframe 之间的过渡。

目标是让一个微妙的浮动动作动起来，其中鸟巢的岩石从一边运动到另一边（*X* 和 *Z* 轴），并轻轻旋转每一个轴。要做到这一点，首先要在下落过程的开始、中期和结束“锚定”鸟巢（已经有了开始和结束位置）。添加几个具有任意值的 Keyframe 来实现柔和的动作。

使用 Dopesheet 视图，首先要确保在开始和结束时间都有 Keyframe，中间有一个 Keyframe。在 35、40 和 45 秒时添加 Keyframe，如下所示：

1. 如果不存在，也添加 Rotation(Add Property | Transform |Rotation | "+")。

2. 在动画开始时放置 Playhead 指针（35:00）。

3. 单击属性列表顶部控制栏中的 Add Keyframe icon（在下面的屏幕捕获中突出显示）。

4. 将 Playhead 指针移动到大约一半，到 40 秒标记处。
5. 单击 Add Keyframe icon。
6. 同样，确保在结尾处有 Keyframe 标记（45:00）。

可以使用热键在 Keyframe 之间移动。按“Alt+period”用于下一个 Keyframe。对于上一个 Keyframe，按“ALT+comma”，对于第一个 Keyframe 按“shift+comma”。

现在，在 37.5 处添加一个 Keyframe：
1. 将 Playhead 指针移到 37.5。
2. 单击 Add Keyframe icon。
3. 单击左上角的红色 Record 图标以捕获新值。
4. 选择 Hierarchy 中的 NestAndEgg 对象。
5. 在 Scene 场景中，使用 Move Tool 小控件，沿 X 和 Z 轴移动一点（大约 0.4 个单位）。
6. 使用 Rotate Tool，在任意轴组合上轻轻地旋转鸟巢（最多 10 度）。
7. 将 Playhead 指针移动到 42.5 并重复步骤 2—6。

Dopesheet 视图中生成的 Animation Window 及其 Position 和 Rotation 显示在这里的 Keyframe37.5 处。如图 11-10 所示，为读卡器标识 Add Keyframe icon。

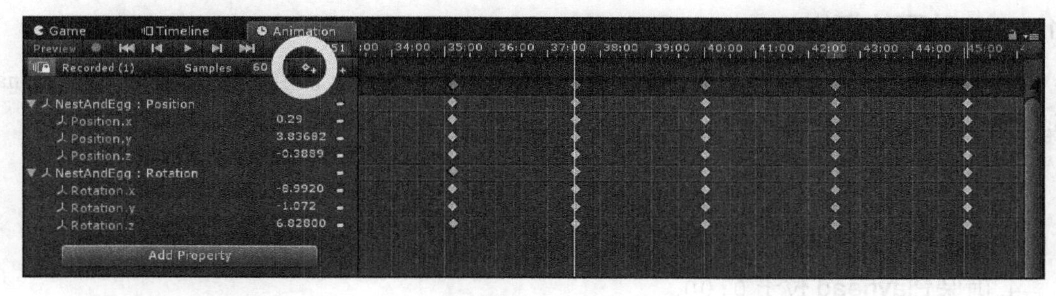

图 11-10

Curve 视图使你可以专注 Keyframe 之间的过渡，可以调整值并对曲线样条进行整形。当前的 Curve 如图 11-11 所示。

动画窗口中滚动条的长度表示当前缩放视图。每个滚动条的椭圆形末端都是可抓取的控件，可直接调整缩放以及视图的位置。

返回 Timeline Editor 窗口。滑动 Playhead 光标以查看 Scene 窗口中的动画，或单击 Preview Play 图标进行播放。

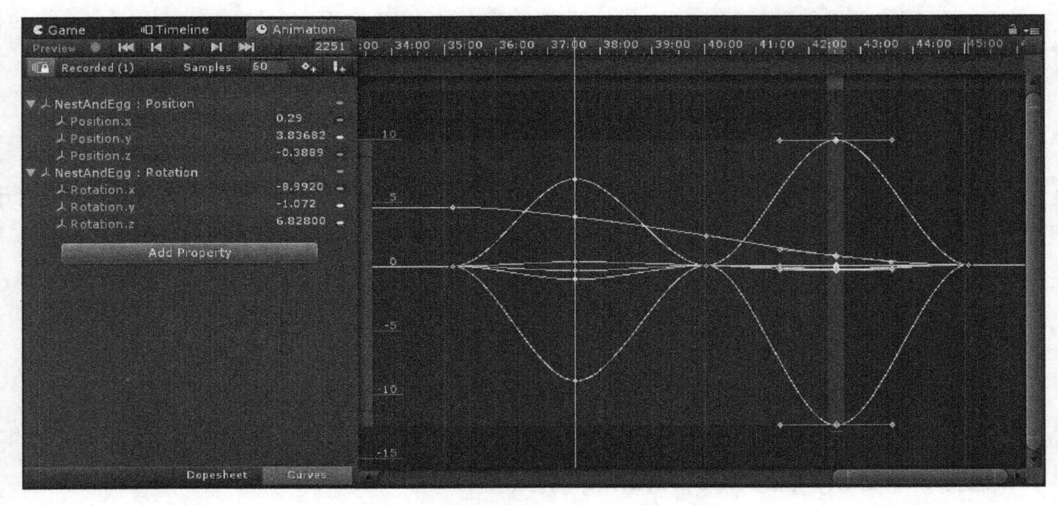

图 11-11

11.6 动画的其他属性

在本文的故事中，希望灯光从夜晚开始，从黎明到白昼。通过操纵 Directional Light、Skybox Material 和 Spot Light 来实现。

11.6.1 动画的灯光

为了获得吸引人的效果，让场景从白昼慢慢淡化到白天。在开始时关闭 Directional Light 并慢慢增加其 Intensity：

1. 在 Hierarchy 中选择 `BlackbirdController` 并打开 Timeline Editor 窗口。
2. 将 `Directional Light` 对象从 Hierarchy 拖到 Timeline 上。
3. 单击 Record 按钮。
4. 确保 Playhead 位于 `0:00`。
5. 在 Hierarchy 中选择 `Directional Light` 并更改其 Intensity 参数到 `0`。
6. 将 Playhead 移动到 `40:00` 秒标记。
7. 将 Intensity 设置为 `1`。

带有强度参数曲线的平行光动画轨迹如图 11-12 所示。

还可以为灯光的其他参数设置动画，包括其颜色和变换旋转角度。

添加一个 Point Light。要获得显著效果，请将其放置在与 Nest 静止位置相同的地方。这会先照亮幼树，并将使用者的注意力集中在巢中的蛋上，一旦巢落在地面上：

1. 单击 Create | Light | Point Ligh。
2. 在 Scene 视图中，使用 Move Tool 小控件将其放置在 Nest 的地面位置。

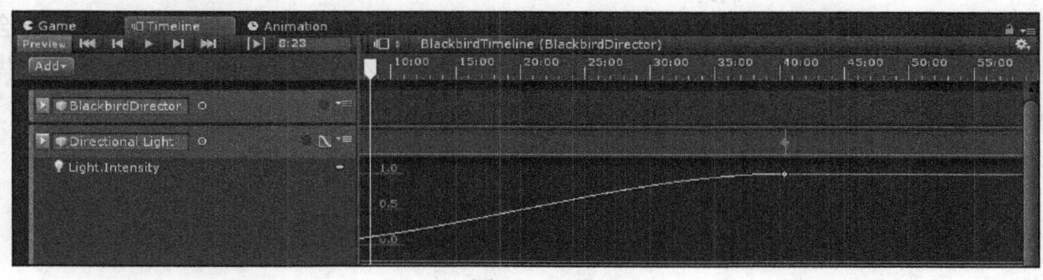

图 11-12

3. 选择 BlackbirdDirector 并打开 Timeline Editor。
4. 将 `Point Light` 拖到 Timeline Editor 上。
5. 选择 Activation Track。
6. 在卵孵化后的某个时候，使光从 0 亮到 95 秒。

Timeline 开始有点拥挤了，将灯光移动到一个 Track Group 中：

1. 在 Timeline 中，选择 Add | Track Group。
2. 单击其标签并命名为 Lights。
3. 将每个灯光轨迹拖动到组中。

在嵌套的树结构中使用 Group Track 组织 Timeline。

11.6.2 动画脚本组件属性

正如所看到的，可以在 Inspector 中修改任何 GameObject 属性。包括 C# 脚本组件的序列化属性。

想让环境照明一直持续，有几种方法可以实现（见前一章中关于光球的讨论）。可以通过修改 Skybox Material's Exposure 来实现这一点（0 是关闭，1 是打开）。但 Timeline 只能为游戏对象属性设置动画，而这是不够的。所以要创建一个空的 LightingController 游戏对象，并编写一个控制 Skybox Material 的脚本。

将 Skybox Material 添加到场景中。使用任何你喜欢的天空盒纹理。从之前导入的 Wispy-Skybox 包 `WispyCubemap2` 中获取一个：

1. 创建一个 Material (Assets | Create | Material)，将其命名为 `BlackbirdSkyMaterial`。
2. 在 Inspector 中，为 Shader 选择 Skybox/Cubemap。
3. 单击 Cubemap 纹理芯片中的 Select，然后选择 `WispyCubemap2`。
4. 打开 Lighting 窗口（如果尚未在编辑器中，请选择 Window | Lighting | Settings）
5. 将 `BlackbirdSkyMaterial` 从 Project Assets 拖动到 Skybox Material 槽上。
6. 取消选中 Mixed Lighting Baked Global Illumination 复选框。

不用烘焙任何环境照明，因为我们将在运行时修改其设置。

再次选择 BlackbirdSkyMaterial，看看将 Exposure 值滑动到 1 和 0 之间时会发生什么。它会减弱天空盒的亮度。修改该值来改变场景中环境光的动画，但是动画只能做到修改游戏对象参数，因此编写一个脚本。

1. 创建一个新的 C# 脚本并命名为 SkyboxMaterialExposureControl。
2. 打开脚本并按如下所示编写：

```
public class SkyboxMaterialExposureControl : MonoBehaviour
{
    public Material skyboxMaterial;
    public float exp = 1.0f;

    private void Update()
    {
        SetExposure(exp);
    }

    public void SetExposure(float value)
    {
        skyboxMaterial.SetFloat("_Exposure", value);
    }
}
```

保存文件。在 Unity 中，创建一个使用脚本的 LightingController 对象，如下所示：

1. 在 Hierarchy 中创建一个名为 LightingController 的 Empty 对象。
2. 将 SkyboxMaterialExposureControl 添加到此对象。
3. 将 BlackbirdSkyMaterial 拖到 Skybox Material 槽上。

现在，为此参数设置动画：

1. 在 Hierarchy 中选择 BlackbirdController 并打开 Timeline Editor 窗口。
2. 将 LightingController 对象从 Hierarchy 拖到 Timeline 上。
3. 按 Record 按钮。
4. 确保 Playhead 位于 0:00。
5. 在 Hierarchy 中选择 LightingController，并将 Exp 参数更改为 0。
6. 将 Playhead 移动到 100:00 秒标记。
7. 将 Exp 设置为 1。

带有 SkyboxMaterialExposureControl 轨道的 Timeline Editor 窗口如图 11-13 所示。

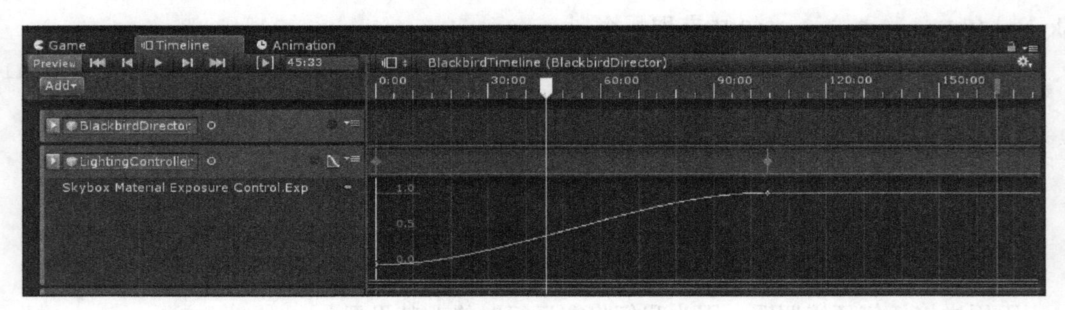

图 11-13

单击 Play，场景照明将逐渐淡出，因为天空盒材质的 Exposure 动画是从 0 到 1。（注意它在 Timeline 预览播放中不可用，只有 Editor Play 可用）。图 11-14 是大约 45 秒播放场景的屏幕截图。

图　11-14

11.6.3　控制粒子系统

继续使用其他效果改善场景。在场景中添加落叶，可以使用粒子系统实现，使用 Control Track。

可惜的是，不能推荐一个特定的免费“落叶”资源，因为在资源商店找到的所有资源都是付费资源。有一个过时的免费 Sky FX 安装包（`https://assetstore.unity.com/packages/vfx/particles/environment/sky-fx-pack-19242`），借用它的纹理来制作自己的粒子系统预制件的步骤，也包含在本书中。

假设有一个 FallingLeaves 粒子系统，可以将它添加到项目中：

1. 将 `FallingLeaves` 预制件的副本拖到场景中。
2. 在 Timeline Editor 窗口（选中 `BlackbirdDirector`）中，单击 Add，然后选择 Control Track。
3. 在 Control Track 的菜单图标中，选择 Add Control Playable Asset Clip。
4. 这为轨道上的剪辑创建了一个小矩形，选择它。
5. 在 Inspector 中，将 `FallingLeaves` 游戏对象从 Hierarchy 拖到 Source Game Object 槽中。
6. 返回 Timeline 窗口，抓住矩形并将其滑动到 120 秒位置，然后将其右边缘拉伸到时间轴的末尾（165s）。

可播放资源的 Inspector 如图 11-15 所示。

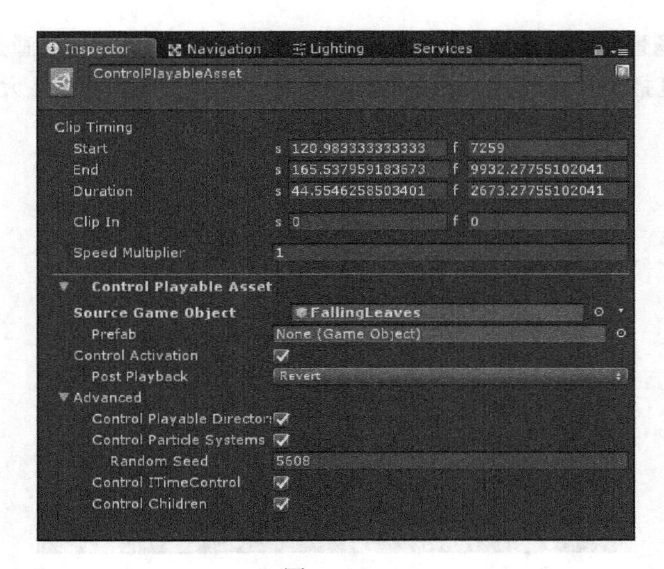

图 11-15

这个 Control Track 的 Timeline 如图 11-16 所示。

图 11-16

同样，如果场景中有多个 Timeline，则可以使用 Control Track 从另一个 Timeline 控制它们（通过带有 PlayableDirector 组件的游戏对象）。在应用程序中，使用单个 Timeline 和 Play On Awake，因此它从应用程序的开头开始并播放。但是，如果场景中有多个 Timeline，可以按需要播放它们。

也可以编写自定义时间轴轨道类。例如，使用 Control Track 播放 Particle Systems 是有限的。（https://github.com/keijiro/TimelineParticleControl）在这里是一个自定义的追踪类，ParticleSystemControlTrack 提供对排放率、速度和其他功能的控制。如果研究 .cs 代码，它提供了一个如何编写自定义轨道类的好例子。

Separate Animation Clip 是可以在时间轴轨道中添加和排序的另一种可播放资源。

11.7 使用动画剪辑

对于下一个动画示例，将在孵化前让蛋发出嘎嘎声并摇晃，创建一个简单的动画并使其循环持续。为了说明，制作 WholeEgg 嘎嘎声的 Animation Clip，然后将其添加到 Animation Clip Track 的时间轴上。

摇晃的蛋

在 WholeEgg 对象上创建新的动画片段，请按照下列步骤操作：

1. 在 Hierarchy 中，选择 WholeEgg 对象（NestAndEgg 的子对象）。
2. 打开动画窗口（Window | Animation）。
3. 应该看到一条消息，To begin animating WhileEgg，create an Animation Clip 和一个创建按钮。
4. 单击 `Create`。
5. 提示输入文件名时，将其保存到 `EggShaker.anim`。

在本章前面已经看到了动画窗口。制作一个非常短的 2 秒动画，通过操纵动画曲线在 X 轴和 Z 轴上旋转鸡蛋：

1. 使用窗口底部的 Curve 按钮显示 Curve 视图。
2. 单击添加属性和 WholeEgg | Transform | Rotation |+ 添加 Rotation 属性。
3. 选择左侧的 WholeEgg：Rotation 属性组。
4. 按键盘上的 `A` 键全部缩放，看到三条扁平线：X、Y、Z 旋转轴各一条。
5. 单击控制栏右上角的 Add Keyframe 图标。
6. 默认情况下，一秒钟（1:00）可能已存在 Keyframe。如果没有，请移动 Playhead 并单击 Add Keyframe。
7. 向外滚动鼠标中间滚轮或使用水平滚动条椭圆手柄，可以看到 2：00 秒标记。
8. 将 Playhead 移动到 2 秒并单击 Add Keyframe。
9. 将 Playhead 移回 1 秒标记。

现在，编辑动画样条曲线。如果你熟悉样条线编辑，应该知道每个节点上都有一条线表示该点处曲线的切线，并在该线的末端有用于处理编辑曲线的线。（可以通过右键单击节点来修改这个小控件的操作。）

1. 单击 Rotation.X 属性的 1：00s 节点，然后抓住其中一个手柄以生成平滑的 S 曲线。不要太陡，大概在 30 到 45 度之间。
2. 对 *Y* 轴和 *Z* 轴重复此操作，但有一些变化，如图 11-17 所示。

对于一个或两个轴，添加一个额外的 Keyframe 以使曲线看起来更加随机。最终曲线如图 11-18 所示。

完成后（可以在以后编辑和细化曲线），选择 BlackbirdDirector，打开时间轴窗口，然后执行以下步骤：

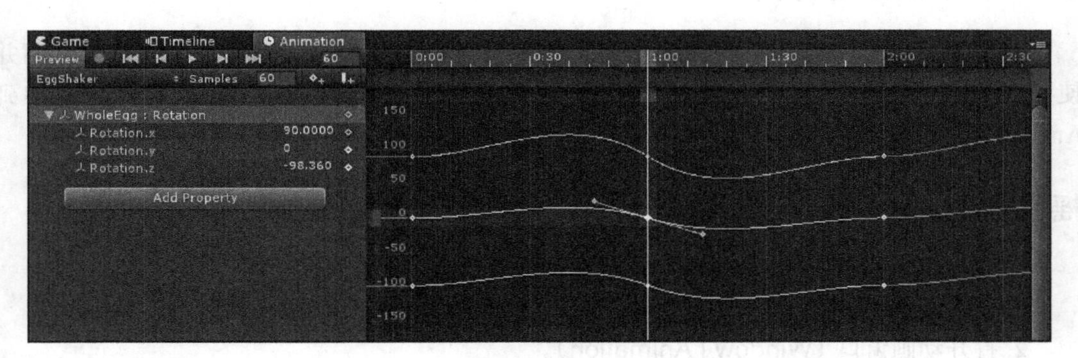

图 11-17

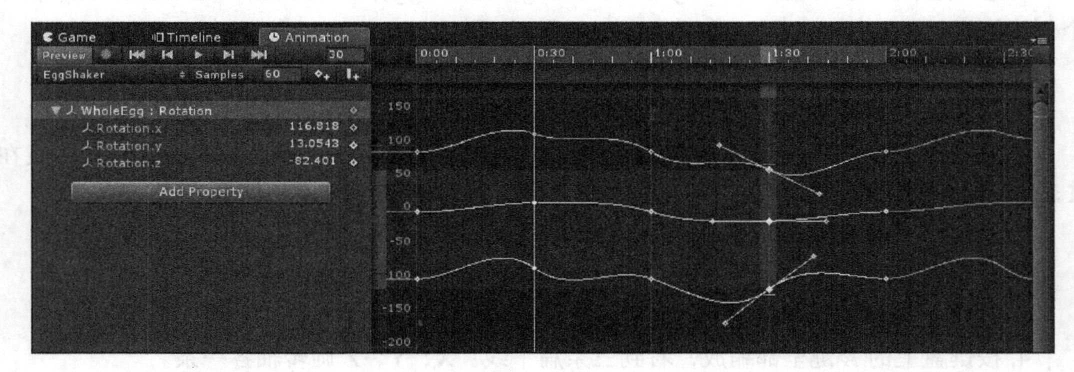

图 11-18

1. 选择 Add，然后选择 Animation Track。
2. 将 `WholeEgg` 对象从 Hierarchy 拖到 Timeline 上。
3. 选择 Animation Track。

将使用刚才创建的一个，并使其前后活动，如下所示：

1. 使用轨道上的菜单图标，选择 Add From Animation Clip。
2. 在轨道上添加了一个小矩形。将它滑到约 50 秒，即鸟巢在地上但小鸟还没有孵化的时候。
3. 在 Inspector 中，现在有更多剪辑选项。在 Animation Extrapolation 下，选择 Post-Extrapolate：Ping Pong。

带时间轴的 Animation Clip 非常灵活。可以将多个 Animation Clip 添加到动画轨道，并通过相互滑动来混合。如果想更好的控制，则可以使用 Animator Controller 来操作。

11.8 使用动画控制器

虽然录制动画作为时间轴轨道非常方便，但确实有局限性。这些动画在时间轴中“活着”。但是，有时希望将动画本身视为资源。例如，希望动画重复循环、动画之间相互转换、混合动作或将同一组动画曲线应用于其他对象，则可以使用 Animation Clip。

先看看现有的几个 Animation 的例子，然后使用现有的鸟类例子去使得 Bluejay 飞行。

11.8.1　动画和动画器的定义

Animator 一直是在时间轴之前管理 Unity 中 *Animation Clip* 的标准方法。它使用 Animator Component、Animator Controller 和 Animation Clip。如果在对象上创建新的 Animation Clip，Unity 会创建这些项目。但重要的是要了解它们如何组合在一起。

简而言之，来自 Unity 手册（`https://docs.unity3d.com/Manual/animeditor CreatingANewAnimationClip.html`）：

“要在 Unity 中为 GameObject 设置动画，一个或多个对象需要附加一个 Animator Component。这个 Animator Component 必须引用 Animator Controller，后者又包含对一个或多个 Animation Clip 的引用。”

这些对象源自 Mecanim 动画系统折叠成 Unity 几个版本（你可能仍会在 Unity 手册和网络搜索中看到对 Mecanim 的引用）。这个动画系统是专门为类人角色动画量身定做的（参见 `https://docs.unity3d.com/Manual/AnimationOverview.html`）。这个术语看起来多余而且令人困惑，以下定义可能有所帮助。特别注意“animator”与“animation”的使用：

- Animation Clip：描述对象的属性如何随时间变化。
- Animator Controller：在状态机流程图中组织剪辑，追踪动画更改或混合时播放的剪辑，引用它使用的剪辑。
- Animator component：将 Animation Clips、Animation Controller 和 Avatar（如果使用）组合在一起。
- 不要使用 legacy Animation Compenent：动画组件是传统的，但动画窗口不是。
- Animation window：用于创建 / 编辑单个 Animation Clip，并可以在检查器中为编辑的任何属性设置动画。显示 timeline，但与 Timeline 窗口不同。提供 Dopesheet 与 Curve 视图。
- Animator window：将现有动画片段资源组织到类似流程图的状态机图形中。

实际上，Timeline 动画录制也使用 Animation Clip，只需要显式创建它们。Timeline 中每个录制的 Animation Track 在 Asset 文件夹中都有相应的动画可播放文件（名为“Recorded (n)”）。

11.8.2　ThirdPersonController 动画

在之前章节中用于 Ethan 的 `ThirdPersonController` 角色预制件，使用动画控制器来管理装配模型上的人形动画片段。现在来测试一下：

1. 暂时将 ThirdPersonController 预制件的副本从 Project Assets/StandardAssets/Characters/ThirdPersonCharacter/Prefabs/ 文件夹拖到场景中。

2. 注意在 Inspector 中，一个 Animator 组件，Controller 插槽中引用 ThirPerson-AnimatorController，单击它。

3. 这将突出显示控制器资源（在 Assets/.../ThirdPersonCharacter/Animator）。

4. 双击 ThirdPersonAnimatorController，在 Animator 窗口中打开。

接下来显示 Ethan 的 Animator 图。如图 11-19 所示，当激活字符（Entry）时，它会初始化为 Grounded 状态。椭圆形盒子是 State；他们之间的界限是 Transition。左侧是 Animator 可以使用的状态 Property。例如，当 Crouch 为真时，动画将转换为 Crouching，播放，然后转换回（并清除 Crouch 状态标志）。

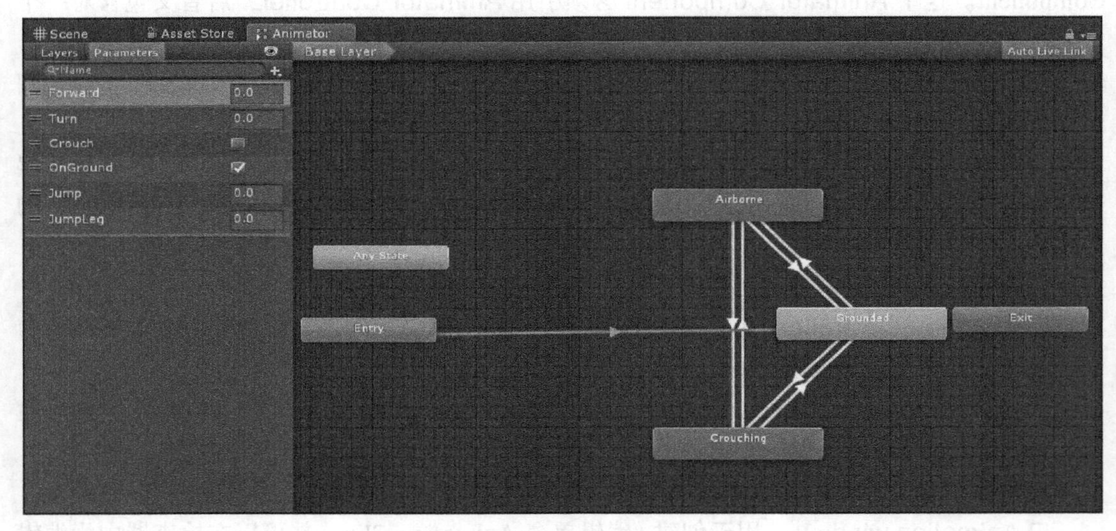

图 11-19

打开 Grounded 状态（双击），则可以看到 Blend Tree，其中包含令人印象深刻的 Animation Clip，可用于静止、行走、转弯等。这些将根据用户输入激活和组合（混合）。

接下来，来看另一个例子，Bluejay 使用的 BirdAnimatorController。现在可以从场景中删除 ThirdPersonController 对象。

11.8.3 Living Bird 动画器

Living Bird 包附带了很多动画片段。可以在 Blender 或其他动画应用程序中打开 FBX 模型，并检查模型和动画的定义方式。这些已合并到 BirdAnimationController 中。使用以下步骤检查 Animator：

1. 在 Hierarchy 中选择 `Bluejay`。

2. 注意在 Inspector 中，有一个 Animator 组件，Controller 插槽引用 `BirdAnimatorController`，单击它。

3. 在 Project Assets 中，双击 `ThirdPersonAnimatorController` 以在 Animator 窗口中打开它。

Animator 图如图 11-20 所示。

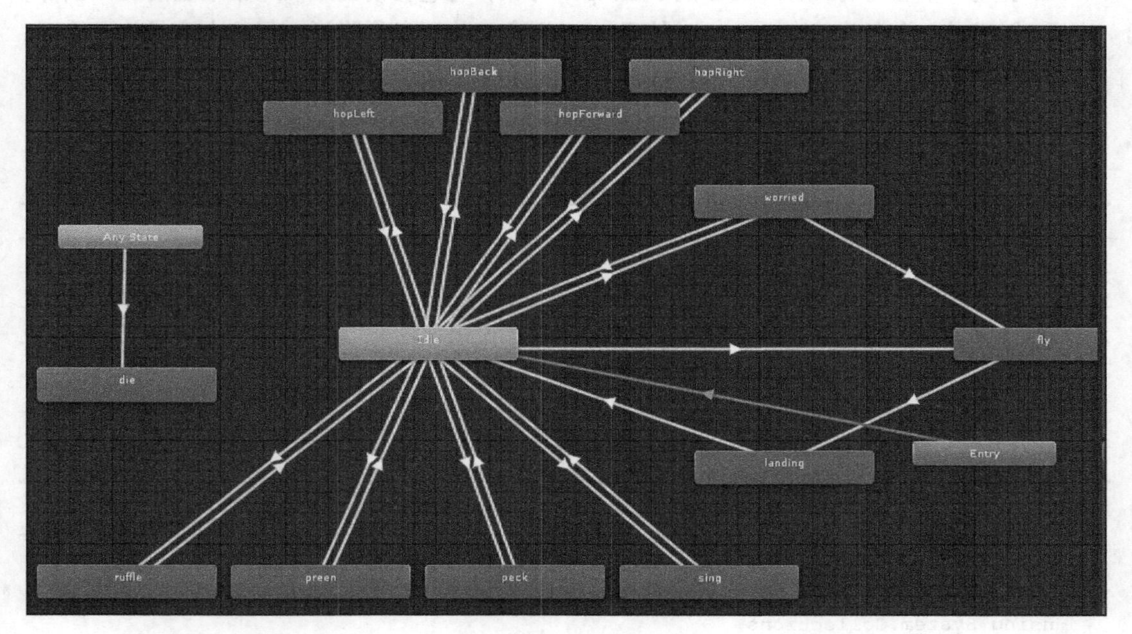

图　11-20

可以看到几乎所有的动画都可以轻松地过渡到空闲的动画，无论是 Preen、、Peck、Sing 还是 HopLeft、HopRight、HopForward 等。另外，请注意 Idle → Fly → Landing → Idle loop，因为你将使用它。

Bluejay 还有一个 C# 脚本 `lb_Bird`，用于调用 Animator 行为。它不是最简洁的代码，但很有用。关联最大的函数是 `OnGroundBehaviors` 和 `FlyToTarget`：

- ❑ `OnGroundBehaviors` 每隔 3 秒随机选择并播放一个空闲动画。
- ❑ `FlyToTarget` 将使鸟飞到一个给定的位置，包括起飞和着陆以及随意飞翔；它看起来非常自然。

因此，在项目中，不是像落下的鸟巢那样记录鸟类动画路径的 Keyframe 位置细节，而是定义特定目标并让 `lb_Bird` 脚本实际控制鸟的变换。这就像使用 Navmesh 指导 Ethan 的运动一样，就像在第 4 章中所做的那样。随着时间的推移，将使用 Timeline 选择一个目标位置。

11.8.4 学习飞行

首先，创建一个 BirdController，并含有指定鸟应该在哪里飞行的位置列表。然后，将其添加到 Timeline：

1. 在 Hierarchy 中，创建一个名为 BirdController 的 Empty 游戏对象并重置其 Transform。
2. 创建一个名为 Location1 的子 Empty 对象，将它移动到距离鸟巢最近的岩石顶部。
3. 创建另一个名为 Location2 的 Empty 对象，位于鸟巢附近，但这次不是放在里面。
4. 继续创建位置标记。使用基于场景和岩石位置，如表 11-2 所示。
5. 最后一个位置应该很远，鸟儿将在视频结束时前往那里。

表 11-2

Name	Position	Description
Location0	(0.75, 0.4, -1.25)	Start position of the Bluejay
Location1	(3, 0.8, 0)	Atop nearest rock
Location2	(1.2, 0.2, -1.7)	Ground near Nest but not in it
Location3	(2.5, 0.8, -3.4)	Atop next nearest rock
Location4	(-5.85, 0.8, -0.3)	Next rock
Location5	(-5, 0.33, 3.5)	Last rock
Location6	(45, 11, 45)	In the distance

在 BirdController 上创建一个名为 BirdController 的新 C# 脚本，并按如下方式编写：

```
using System.Collections;
using System.Collections.Generic;
using UnityEngine;
public class BirdController : MonoBehaviour
{
    public GameObject bird;
    public List<GameObject> targets = new List<GameObject>();
    public int animIndex;

    public bool collideWithObjects = false;
    public float birdScale = 1.0f;

    private int prevIndex;

    void Start()
    {
        prevIndex = 0;
    }

    void Update()
    {
        if (animIndex != prevIndex &&
            index > 0 &&
```

```
                index < targets.Count)
            {
                prevIndex = animIndex;
                bird.gameObject.SendMessage("FlyToTarget",
targets[index].transform.position);
            }
        }
    }
}
```

BirdController 具有对鸟的引用和位置目标列表。在 Unity Editor 中填充此列表。每个位置由 0 和列表大小之间的索引值标识。整数 animIndex 是 Timeline 控制的参数，告诉控制器鸟应该飞到哪个位置。

在每次更新时，检查 animIndex 是否已更改。如果是这样，并且在列表的范围内，它会在鸟上调用 FlyToTarget。(使用 SendMessage，而不是在另一个对象中触发函数的最佳实践方法，但鉴于 Living Bird 包提供的现有脚本，它是破坏性最小的。)

额外的两个变量 collideWithObjects 和 birdScale 没有使用，但是 Bluejay 上的 lb_Bird.cs 脚本需要它们。

保存脚本。在 Unity 中：

1. 将 BirdController 脚本拖动到 BirdController 对象上作为组件。
2. 将 Bluejay 拖到 Bird 槽上。
3. 展开 Target 列表并将 Size 设置为 7。
4. 将 Location0 拖到 Element 0，将 Location1 拖到 Element 1 上，依此类推。

具有 BirdController 组件的 Hierarchy 如图 11-21 所示。

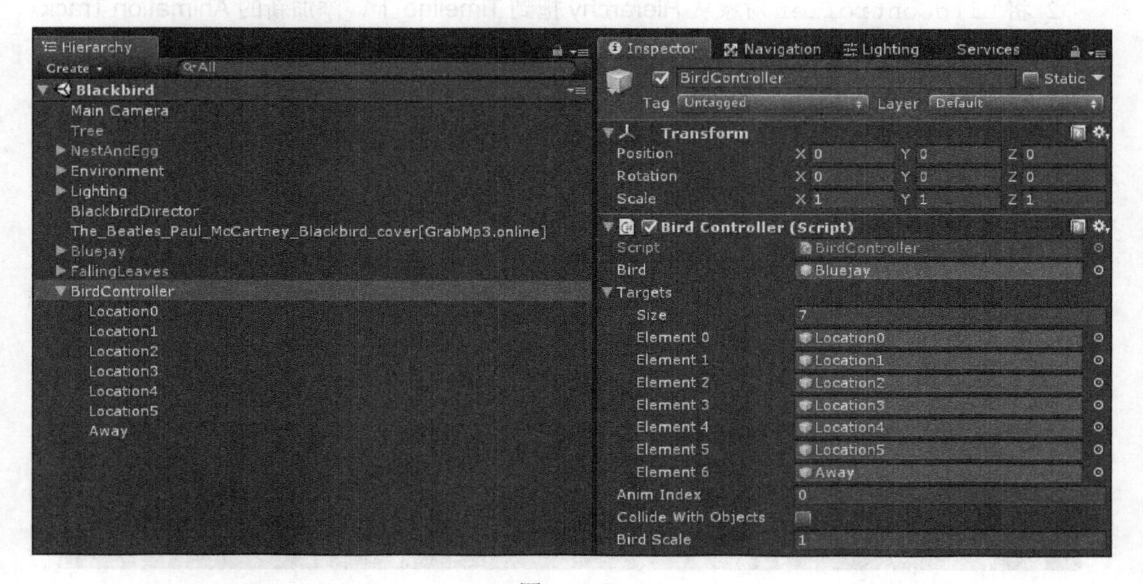

图　11-21

11.8.5 对鸟进行攻击

可惜的是，就像在互联网上找到的很多代码一样，Living Bird 代码可以实现自己的目的，但不一定跟本文的一样。在这种情况下，该包是被设计用于产生一群随机飞行和降落的各种鸟类，避免碰撞，甚至可以被杀死。本文只有一只鸟，并希望能更多地控制其着陆位置，因此将更改使用 `BirdController` 而不是包中的 `lb_BirdController`。

打开 `lb_Bird.cs` 文件（附加到 Bluejay）并按如下方式修改：将 `Controller` 的定义替换为 `BirdController`：

```
// lb_BirdController controller; // removed
public BirdController controller; // added
```

注释掉或删除 SetController 函数：

```
// remove this
// void SetController(lb_BirdController cont){
//     controller = cont;
// }
```

保存。在 Unity 中，将 `BirdController` 对象拖到 Bluejay 的 LB_Bird 控制器插槽上。

11.8.6 飞走

在 Timeline 上添加 BirdController 作为动画轨迹。Anim Index 参数是一个整数值，它将沿着时间轴递增。希望大约在 80 秒时 Bluejay 开始学习飞行，从一个位置跳到另一个位置大约 10 秒（80，90，100，110，120，在 130 离开）。

1. 打开 BlackbirdDirector 的 `Timeline Editor` 窗口。
2. 将 `BirdController` 对象从 Hierarchy 拖到 Timeline 上，添加新的 Animation Track。
3. 单击其红色的 Record 按钮。
4. 在 Hierarchy 中选择 `BirdController`。
5. 将 Playhead 移动到 `80`，然后在 Inspector 中，将 Anim Index 设置为 `1`。
6. 将 Playhead 移至 `90` 并将 Anim Index 设置为 `2`。
7. 继续设置其他索引 `3` 到 `6`。
8. 再次单击红色的 Record 按钮停止录制。
9. 预览曲线。如果不是从 0（80s 之前）开始，则使用 Edit in Animation Window 并添加另一个值为 0 的 Keyframe。

图 11-22 显示 Anim Index 参数的 Animation Track 曲线，只需在每个关键帧处递增 1。

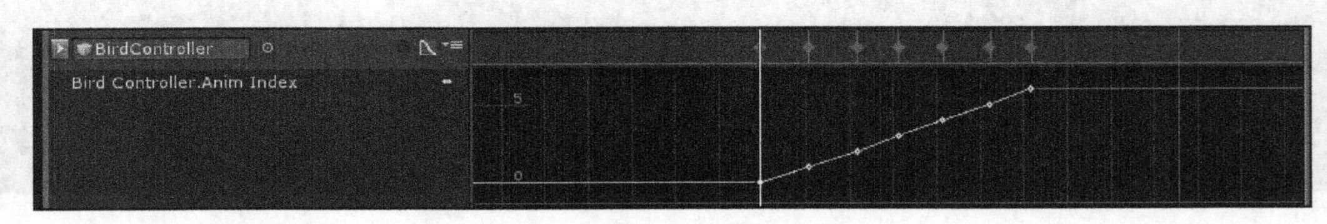

图 11-22

这只鸟从一块石头飞到另一块石头上，最终飞走了！可以分别通过移动位置对象和动画曲线关键帧来调整鸟的路径和着陆之间的时间。还可以尝试动画 BirdController 的 Bird Scale 参数，以使鸟在学会飞行时变得更加大胆和强壮。这里给出图 11-23：鸟儿在飞翔，叶子在飘落。

图　11-23

最后，添加一些交互性，以便玩家能够控制故事何时开始播放。

11.9　让故事更具互动性

到目前为止，使用 Timeline 从头到尾推动整个 VR 故事体验。但实际上，Timeline 是像 Unity 中其他元素一样可播放的资源。例如，选择 BlackbirdDirector 对象并在 Playable Director 中查看 Inspector，将看到它有一个 Play On Awake 复选框，并且它当前已被选中。现在要做的不是在唤醒时播放，而是开始一个用户事件，也就是直接看小树几秒钟。当故事结束时，它会重置。

11.9.1　期待播放效果

首先，添加一个包含小树的 LookAtTarget，然后使用它来触发播放时间轴：

1. 选择 `BlackbirdDirector` 并取消选中 Play On Awake 复选框。

2. 作为参考，将树游戏对象 Scale 设置为其起始关键帧 Scale（`0.1, 0.1, 0.1`）。

3. 在 Hierarchy 中，创建一个多维数据集（Create | 3D Object | Cube）并命名为 `LookAtTarget`。

4. 缩放并放置它以包住小树：设置其 Scale 为（`0.4, 0.5, 0.4`），Position 为（`0,

0.3, 0)。

5. 禁用 Mesh Renderer，但保留其 Box Collider。

6. 在多维数据集上创建一个名为 LookAtToStart 的新 C# 脚本，并按如下所示编写：

```
using System.Collections;
using System.Collections.Generic;
using UnityEngine;
using UnityEngine.Playables;

public class LookAtToStart : MonoBehaviour
{
    public PlayableDirector timeline;
    public float timeToSelect = 2f;
    private float countDown;

    void Start()
    {
        countDown = timeToSelect;
    }
    void Update()
    {
        // Do nothing if already playing
        if (timeline.state == PlayState.Playing)
            return;

        // Is user looking here?
        Transform camera = Camera.main.transform;
        Ray ray = new Ray(camera.position, camera.rotation *
Vector3.forward);
        RaycastHit hit;
        if (Physics.Raycast(ray, out hit) &&
            (hit.collider.gameObject == gameObject))
        {
            if (countDown > 0f)
            {
                countDown -= Time.deltaTime;
            }
            else
            {
                // go!
                timeline.Play();
            }
        }
        else
        {
            // reset timer
            countDown = timeToSelect;
        }
    }
}
```

该脚本类似于第 4 章中编写的脚本。我们使用 Main Camera 并确定它的方向。使用物理引擎，调用 Physics.Raycast 在视图方向上投射光线并确定是否击中此对象。如果是这样，开始或继续倒计时，然后播放时间轴。同时，如果把 Main Camera 移开，会重置计时器。

只有在看了几秒钟的立方体后，Timeline 才会开始播放。

11.9.2　重置初始场景设置

默认的开始场景不一定与时间轴开头的状态相同，可以通过手动确保场景层次结构中的每个对象与时间轴的开头具有相同的初始状态来解决此问题；也可以添加一个小的 hack，在短时间内播放时间轴 0.1 秒以重置对象。

使用协同程序来实现。修改 `LookAtToStart` 脚本，如下所示。添加一个新变量 `resetSetup`，并将其初始化为 true：

```
private bool resetSetup;

void Start()
{
    countDown = timeToSelect;
    resetSetup = true;
}
```

添加将作为协同程序运行的 `PlayToSetup` 函数。协同程序是一种运行函数的方法，让 Unity 暂时执行其他操作，然后从中断处继续（通过 `yield` 语句）。在这里，开始播放时间轴，消失 0.1 秒，然后告诉它停止播放：

```
IEnumerator PlayToSetup()
{
    timeline.Play();
    yield return new WaitForSeconds(0.1f);
    timeline.Stop();
}
```

当要重置时，从 Update 更改协同程序：

```
void Update()
{
    if (timeline.state == PlayState.Playing)
    {
        return;
    }
    if (resetSetup)
    {
        StartCoroutine("PlayToSetup");
        resetSetup = false;
    }
```

希望在时间轴完全播放后重置场景，因此在时间轴开始播放时立即设置 `resetSetup`。一旦 `timeline.state` 不再播放，它将被识别：

```
...
    // go!
    timeline.Play();
    resetSetup = true;
}
```

单击 Play。看看树，享受这种体验。当它结束时，将重置为开头并再次查看树来进行重播。

11.9.3 更多互动的想法

现在要停止开发了。关于如何改善交互性和用户体验的一些建议包括：

- 在树周围添加粒子效果以指示它是触发器。
- 当查看树时，将树高亮显示为反馈。
- 显示倒计时光标以指示计时器已启动以及故事何时开始播放。

以下是可以添加到故事中的可交互对象的其他建议：

- 看看鸟巢中的蛋使它比默认时间更早孵化。
- 当你在空闲的时候看鸟，它会转过头来看你。
- 如果用控制器戳鸟，它会跳开。
- 可以拿起一块石头打鸟。

11.10 本章小结

在本章中，构建了一个动画 VR 故事。我们首先决定想做什么，计划时间轴、音乐曲目、图形资源、动画序列和灯光。导入了资源并将其放置在场景中，然后创建了一个 Timeline，并在使用激活轨道启用和禁用特定对象时进行了粗略处理。接下来，为几个对象制作动画，包括种植树木，飘浮的鸟巢和晃动的鸟蛋。还为照明设置了动画，学习如何动画游戏对象参数而不是转换。

还使用 Animation Clip 和 Animator Controller，使用从第三方包导入的动画。回顾了一个调用 Animator 的脚本，并在其上面编写了一个控制器，使鸟从一个位置飞到另一个位置。最后，添加了与故事的互动，使用 gaze-based 控制启动和重放。

在下一章中，我们将讨论如何向 Unity VR 项目中添加多用户网络，以及如何向新兴的虚拟空间添加场景。我们大多数人都熟悉多人游戏，但当它与虚拟现实相结合时，提供了任何其他技术无法比拟的社交体验。使用 Unity Networking 功能了解网络技术。

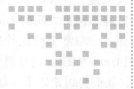

第 12 章 Chapter 12

社交化的 VR 虚拟空间

那个人是我，Linojon，在前面左边戴棒球帽的那个人！重要的是，如图 12-1 所示的这张照片是 2014 年 12 月 21 日圣诞前夕于虚拟世界在一个 VRChat 直播间里拍摄的。我构建了一个季节性主题的世界，叫作 GingerLand，并邀请聊天室的好友在某个周末的聚会时来参观。然后，有人建议说：“嘿，让我们拍一张集体照吧！”就这样，所有人都聚集在我那寒冷的小木屋的前廊，然后喊：“茄子！”之后，就是你们看到的这样了。

图 12-1

对于很多人来说，在 VR 中与其他人进行社交互动而产生的内心体验，至少就像使用 Facebook 与浏览静态网页之间的不同一样，或者说就像分享 Snapchats 与浏览在线相册相比那样更令人激动。它非常个性化并且有活力。如果体验过，你就能明白。现在看看社交式 VR 体验如何用 Unity 实现。它有很多途径，从打草稿到接入现有的 VR 世界。

在本章中，我们将讨论以下主题：

- ❑ 介绍多玩家的网络如何运行
- ❑ 使用 Unity 网络引擎实现一个在 VR 中运行的多玩家场景
- ❑ 使用 Oculus 个性化虚拟人物
- ❑ 构建并共享一个自定义的 VRChat 房间

注意，本章中的项目是独立的且与本书中的其他章节不构成直接依赖，如果跳过其中某些项目或者不保存，也可以。

12.1 多玩家网络

在开始实现之前，让我们看看多玩家网络有哪些相关内容，并定义一些术语。

12.1.1 网络服务

考虑一下你正在运行着一个连接到服务器的 VR 应用程序，而你的一些朋友也同时在他们的 VR 装备上运行相同的程序。当你在游戏中移动你的第一视角、射击物体或与其他虚拟环境交互时，你期望其他玩家也能看到。游戏中他们的版本与你的版本同步，反过来也一样。这是怎么做到的呢？

游戏创建了一个到服务器的连接，其他玩家也同时连接到相同的服务器。当你移动时，角色的新位置广播到每一个其他连接的玩家，然后在他们的视野中更新你的虚拟角色的位置。类似地，当你的游戏接收到其他角色的位置改变时，也会在你的视野中更新。发送、接收消息以及相应的屏幕更新的延迟越少，交互感就越真实。

多玩家服务能管理所有活跃客户端之间游戏状态的共享、新玩家和物体的产生、安全因素，以及低层网络连接、协议和服务质量（比如数据的速率和性能）。

网络由一系列层级构建而成，低层处理数据传输的细节而对于数据的内容是不知道的。中间层和更高层提供越来越多的聚合功能，这些功能也可能更直接地对网络应用有所帮助。在多玩家游戏和社交 VR 中，高层级理念上将用最小的自定义脚本提供所有需要在游戏中实现的多玩家功能，而通过一个简洁的 API 访问其他层将便于有特殊的需求。

还有一些多玩家的服务可以使用，包括 Exit Games 的 Photon、Google、Apple、Microsoft、Amazon 等的其他服务。

- ❑ 流行的 Photon 云服务可以很容易地添加 Unity Asset Store 中的 Photon Unity Networking（PUN）包（更多信息请参考 https://www.assetstore.unity3d.com/#/content/1786）。如果对在 VR 中尝试 Photon 感兴趣，可以查看 http://www.convrge.co/multi-playeroculus-rift-games-in-unity-tutorial，一篇来自 Convrge 的博文。

- Unity 拥有自己的内置网络系统 Unity Networking（UNet），它减少了对自定义脚本的需求并提供了一个丰富的功能集组件，API 也紧密地与 Unity 相结合。Unity 网站上有一个完整的系列教程 https://unity3d.com/learn/tutorials/s/multiplayer-networking），这是将在本章的项目中使用的内容。

12.1.2　网络架构

网络的关键是客户端到服务器的系统架构。在当今世界中网络随处可见：你的网页浏览器是一个客户端，而网站被托管在服务器上；你喜欢的音乐收听应用是一个客户端，而它的流服务是一个服务器。类似地，每一个游戏实例在连接到网络时就是一个客户端，它与服务器对话并在所有其他游戏客户端之间传达状态和控制信息。

服务器并不单单是某个地方的一台独立的物理计算机。客户端和服务器是进程——一个程序的实例或一个运行在某个地方的应用程序。云服务器是一个虚拟进程，可以通过互联网即服务访问。

一个单独的应用可以在同一时间既作为客户端又作为服务器。对于后者，服务器和客户端是同一个，故称其是以一个主机的方式运行。使用 Unity 的网络系统，游戏可以以客户端、服务器或主机的方式运行。

即使如此，对于游戏实例之间通信，一个公有网络协议（IP）地址还是需要的。一个轻量的中继服务器可以用最少的资源提供这个服务。

12.1.3　本地与服务器

在 Unity 中，可以使用脚本在游戏过程中创建或实例化新的对象。在多玩家的情况下，这些对象需要在本地和网络上都被激活或者说被孵化出来，这样所有的客户端就都知道了。出生系统（spawning system）管理所有跨客户端的对象。

区别本地和网络玩家对象很重要。本地玩家对象在你的客户端就属于你。

举个例子，在第一人称体验中，玩家的虚拟角色将会被一个摄像机组件生成，然而其他玩家的虚拟角色不会。这也是一个重要的安全因素，以防止玩家破解游戏和改变其他玩家的角色。

本地玩家对象有本地认证，也就是说，玩家对象负责控制自己，比如自己的移动。否则，对象的创建、移动和销毁就不由玩家控制了，验证应该放在服务器端，当个别玩家驱动游戏时，本地认证是必需的。

另一方面，当游戏逻辑和随机事件驱动游戏时，服务器验证也是需要的。举个例子，当游戏在随机位置上创建敌人时，可能想让所有的客户端都得知那个随机位置。当一个新玩家加入正进行中的游戏时，服务器将帮助创建并设置好当前游戏中的活跃对象。不会让一个对象出现在默认位置然后在与其他客户端同步时闪到其他位置上。

图 12-2 来自于 Unity 文档，显示了通过网络执行的操作。服务器生成远程过程调用（Remote Proceolure Call，RPC）让客户端创建或更新对象，客户端向服务器发送命令并影响操作，然后将这些操作传送给所有远程客户端。

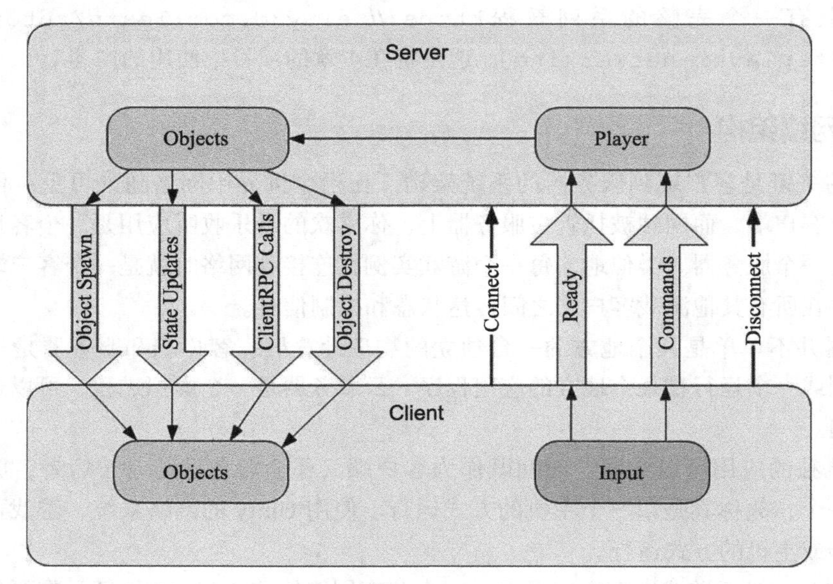

图　12-2

实时网络系统是一门深入的工程学科。分层网络架构的目标是简化理解，让你从晦涩的细节中抽身。

总结起来，就是性能、安全和稳定性。如果在多玩家游戏中调试或优化，可能需要深挖并实践以获取针对下层原理更好的理解，有关建议请参阅下一章。

12.1.4　Unity 的网络系统

Unity 的网络（Unity Networking，UNet）引擎包括一组强健的高层组件（脚本），使得添加多玩家功能到游戏中变得容易。还有些更重要的组件，包括 Network Identity、Network Behavior、Network Transform 和 Network Manager。

Network Identity 组件对于每个可能在客户端创建的游戏对象预制件都是必需的。在组件内部，它提供了唯一的资源 ID 和其他参数，使这个对象可以毫不含糊地被跨越网络识别和创建。

Unity Networking 概念文档是 Unity 网络的概述和概念的阐述（http://docs.unity3d.com/Manual/UNetConcepts.html）。

NetworkBehavior 类继承于 MonoBehavior 并提供网络函数的脚本。相同细节的文档被整理在 http://docs.unity3d.com/Manual/class-NetworkBehaviour.html。

当同步对象的移动和物理属性时，添加 Network Transform 组件。它就像是更为通用的 SyncVar 变量与用于平滑帧更新的附加智能插值的一个快捷键。

Network Manager 组件是黏合这些组件的胶水。它处理连接的管理、跨网络对象的创建以及配置。

当新的玩家对象被创建时，可以在 Network Manager 组件中指定一个出生点。作为替代，可以添加游戏对象到场景中并给它们一个 Network Start Position 组件，它可以用作出生系统。

非玩家对象也可以在 Network Manager 的出生列表中设置。另外，Network Manager 组件可以处理场景的变化并提供调试信息。

与 Network Manager 组件相关的是匹配功能，在一个多玩家大厅管理器（lobby manager），可以通过配置来匹配玩家，让他们聚集在一起，同时开始游戏。玩家为准备开始游戏可以设置他们自己的状态，这是很有用的功能。

12.2　建立简单的场景

出于教学的目的，以一个非常简单的（带有一个标准的第一人称摄像机）场景开始着手实现网络系统。然后，通过网络同步多个玩家的虚拟角色，而后在玩家之间共享一个游戏对象（弹性球）来开始游戏。

12.2.1　创建场景环境

制作一个新的包含一个地平面和一个立方体的场景，然后创建一个基础的第一人称角色，执行以下步骤：

1. 单击 File | New Scene 创建一个新场景，然后单击 File | Save Scene As，并命名场景为 MultiPlayer。

2. 移动 Main Camera 并插入 MeMyselfEye 预设的副本，重置 Transform 使其位于原点。

3. 通过菜单 GameObject | 3D Object | Plane 创建一个新的平面，重命名为 GroundPlane，然后使用 Transform 组件的齿轮图标 | Reset 重置其 Transform。通过设置其 Scale 为（10, 1, 10）让平面变大。

4. 为了使 GroundPlane 更好看，拖动 Group Material 到平面上。如果需要创建一

个，找到 Assets | Create | Material，并将其命名为 Ground Material，单击 Albedo 颜色卡，选择一个中性颜色。

5. 为了提供一些背景和朝向，只添加一个立方体。单击 GameObject | 3D Object | Cube，重置其 Transform，把 Position 设置靠边一些，如（-2, 0.75, 1）。

6. 给立方体着色，单击 Assets | Create | Material 并命名为 Materrial，单击 Albedo 颜色卡选择一种好看的红，比如 RGB（240, 115, 115）。把这个 Red Material 拖动到立方体上。

12.2.2 创建虚拟角色的头部

接下来，需要用一些虚拟角色来代表你自己或你的朋友。只制作一个浮动的带有脸的头部，步骤如下：

1. 创建一个虚拟角色容器。单击 GameObject | Create Empty，重命名为 Avatar，重置其 Transform，设置其 Position 至眼睛的高度，比如（0, 1.4, 0）。

2. 在 Avatar 结点下为头部创建一个球体。单击 GameObject | 3D Object | Sphere，重命名为 Head，重置其 Transform，并设置其 Scale 为（0.5, 0.5, 0.5）。

3. 给头部着色。单击 Assets | Create | Material 并命名为 Avatar Head Material，单击其 Albedo 颜色卡选择一种好看的红色，比如 RGB（115, 115, 240），拖动这个 Avatar Head Material 材质到 Head 上。

4. 这个小伙儿变帅了（虽然是光头）。借一副 Ethan 的眼镜并戴在头上。单击 GameObject | Create Empty，重命名为 Glasses，重置其 Transform，设置其 Position 为（0, -5.6, 0.1），Scale 为（4, 4, 4）。

5. 然后，当 Glasses 被选中时，在 Project 面板中，找到 Assets/Standard Assets/Characters/ThirdPersonCharacter/Models/Ethan/EthanGlasses.fbx（网格文件），把它拖进 Inspector 面板。确认选择 EthanGlasses 的 fbx 版本，而不是预制件。

6. 它有一个网格，但它需要一种材质。当 Glasses 被选中时，在 Project 面板中，找到 Assets/Standard Assets/Characters/ThirdPersonCharacter/Materials/EthanWhite，把它拖进 Inspector 面板。

效果如图 12-3 所示。

当多玩家运行时，将会为每位连接的玩家创建虚拟角色的实例。所以，首先必须保存这个对象为预制件，并从场景中将其移除，步骤如下：

1. 在 Hierarchy 面板中选择 Avatar，拖进 Project Assets | Prefabs。

2. 再次在 Hierarchy 面板中选择 Avatar 并删除。

3. 保存场景。

现在准备好添加多玩家网络系统了。

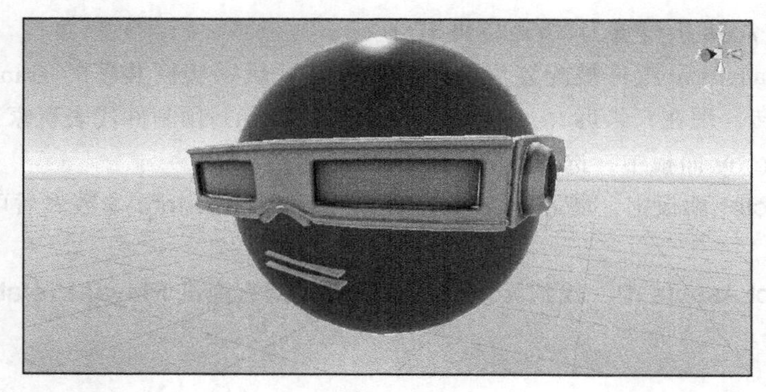

图　12-3

12.3　添加多玩家网络

要让场景以多玩家方式运行，需要至少一个 Network Manager 组件，然后识别任何用 Network Identity 组件创建的对象。

12.3.1　Network Manager 和 HUD

首先，添加 Network Manager 组件，步骤如下：

1. 创建一个 Empty 游戏对象并重命名为 NetworkController。
2. 单击 Add Component | Network | Network Manager。
3. 单击 Add Component | Network | Network Manager HUD。

还要添加一个 Network Controller HUD 菜单，一个 Unity 提供粗糙的默认菜单，用于选择运行时的网络选项（可以在后面的图片中看到）。它用于开发。在实际项目中，应该用更合适的组件替换这个默认的 HUD。

12.3.2　Network Identity 和 Sync Transform

接下来，添加一个 Network Identity 到 `Avatar` 预制件中。还将添加一个 Network Transform 组件，用于命令网络系统同步玩家的 Transform 值到每个客户端的虚拟角色实例，步骤如下：

1. 在 `Project Assets` 中，选择 `Avatar` 预制件。
2. 单击 Add Component | Network | Network Identity。
3. 勾选 Local Player Authority 复选框。

现在，通过添加 `Network Transform` 组件来告诉 `Avator` 与其他玩家同步 Transform 属性：

1. 单击 Add Component | Network | Network Transform。
2. 确认 Transform Sync Mode 被设置为 Sync Transform。

3. Rotation Axis 被设置为 XYZ (full 3D)。

Network Transform 组件被配置为与此对象的其他玩家实例共享的 Transform 值，包括完整的 XYZ 旋转。现在，告诉 Network Manager vatar 预制件代表玩家：

1. 在 Hierarchy 面板中，选择 NetworkController。

2. 在 Inspector 面板中，展开 Network Manager Spawn Info 参数然后可以看到 Player Prefab 槽。

3. 在 Project Assets 中，找到 Avatar 预制件并把它拖进 Player Prefab 槽。

4. 保存场景。

12.3.3 作为一个主机运行

单击 Play 模式。如图 12-4 所示，屏幕中出现 HUD 的开始菜单，可以选择是否愿意运行并连接到这个游戏。

图 12-4

选择 LAN Host，它将初始化一个服务器（localhost 上的默认端口 7777）并创建一个 Avatar。这个虚拟角色放在默认的位置（0, 0, 0）。另外，它没有连接到摄像机。所以，它更像是一个第三人称视角，如上所述，对于 VR，会希望修改此默认 HUD 以便在 World Space 中运行。

接下来运行第二个游戏的实例，然后在场景中看到两个创建出来的虚拟角色。然而，我们不想让它们重叠在初始位置上，所以首先需要定义一组出生点位。

12.3.4 添加出生点位

要添加出生点位，只需要一个带有 Network Start Position 组件的游戏对象：

1. 单击 GameObject | Create Empty，重命名为 Spawn 1，然后设置其 Position 为（0, 1.4, 1）。

2. 单击 Add Component | Network | Network Start Position。

3. 复制对象，重命名为 Spawn 2，然后设置其 Position 为（0, 1.4, -1）。

4. 在 Hierarchy 中，选择 NetworkController。在 Inspector 中，找到 Network Manager | Spawn Info | Player Spawn Method 下，选择 Round Robin。

现在有两个不同的出生点了。Network Manager 将选择任意一个作为新玩家加入游戏时的出生点。

12.3.5　运行游戏的两个实例

以一个合理的方式在同一台机器上运行两个游戏的复本是将一个实例作为一个单独的可执行程序构建和运行，而另一个实例以 Unity 编辑器的方式（Play 模式）运行。不幸的是，无法在 VR 中同时运行。(通常，一次只能在 PC 上运行一个 VR 设备，并且该设备上只能运行一个 VR 应用程序)。因此，将使用非 VR 第一人称控制器构建一个没有 VR 的程序，并在启用 VR 的情况下运行编辑器版本。

在场景中添加标准的第一人称角色，如下所示：

1. 如果没有加载标准的 Characters 资源包，请单击 Assets | Import Package | Characters 并选择 Import。

2. 在 Project Assets/Standard Assets/Characters/FirstPersonCharacter/Prefabs/ 文件夹中找到 FPSController，并将其拖动到场景中。

3. 重置其 Transform，并把它放在物体的正面。将 Position 设置为眼睛水平（0, 1.4, 0）。

4. 在 Inspector 中的 First Person Controller 组件上，选中 FPSController 后将 Walk Speed 设置为 1。

5. 禁用 MeMyselfEye。

将名为 None 的 SDK 添加到此列表的顶部，对修改 Player Settings 中的 XR Settings 也很有帮助。即使忘记取消选中 Virtual Reality Supported 复选框，这也会使项目在没有 VR 硬件的情况下构建和运行。

像往常一样构建可执行文件用于独立 Windows：

1. 单击 File | Build Settings。

2. 确保当前场景只在 Scenes In Build 中被勾选一次。如果没有出现，单击 Add Open Scenes。

3. 单击 Player Settings。

4. 在 XR Settings 下，取消选中 Virtual Reality Supported 复选框。

5. 在 Resolution and Presentation 下，将 Run In Background 复选框选为 true。

6. 选择 Build and Run，起一个名称，并在构建完成后双击启动游戏。

启用 RunIn Background 将在运行可执行文件时在每个窗口允许用户输入控制（键盘和鼠标）。

要在 Unity Editor 中运行游戏，需要撤销其中一些设置：

1. 在 Hierarchy 中，禁用 `FPSController` 并启用 `MeMyselfEye`

2. 在 Player Settings 中，选中 Virtual Reality Supported 复选框，并将 SDK 移到列表的顶部。

在你的某个游戏窗口中，单击 Play 模式并选择 LAN Host (H)。然后，在另一个窗口选择 LAN Client (C)，在每个游戏中都应该能看见两个虚拟角色实例，每个玩家有一个虚拟角色，如图 12-5 所示。

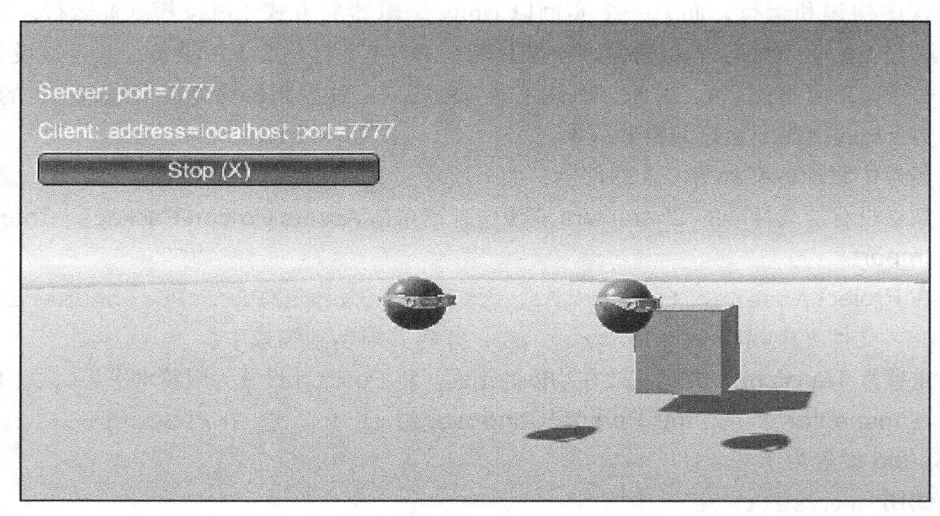

图 12-5

如果想在一台单独的机器上运行游戏实例，在 Client 中输入主机的 IP 地址以替换 `localhost`（比如，LAN 是 `10.0.1.14`）。如果每台机器都有自己的 VR 设备，则每台设备都可以运行相应的 MeMyselfEye 预置件。

如果在一台计算机上运行多个项目实例，只需将 LAN Client 地址设置为 localhost。如果要在网络上的其他计算机（包括移动设备）上运行，请记下 LAN 主机的 IP 地址，并在客户端连接上输入该值（例如 `10.0.1.14`）。甚至可以将此默认值添加到项目的 Network Manager 组件的 Network Info |Network Address 参数中。

12.3.6 关联虚拟角色与第一人称角色

让虚拟角色作为第一人称控制器 `MeMyselfEye` 或 `FPSController` 的子对象，重命名并保存为预制件，然后选择 Network Manager 创建对象。但是之后，不再在场景中使用多个 FPSController 了，因为每个活跃的摄像机和控制器脚本都监听用户的输入是不合适的。

必须只有一个活跃的玩家、一个摄像机、一个输入控制器实例，等等。其他玩家的虚拟角色被创建但不是在这里予以控制。换句话说，当本地玩家（也只有本地玩家）被创建时，这个虚拟角色可以成为摄像机的子对象。要实现它，需要写一个脚本。

1. 在 Project Assets 中，选择 Avatar，单击 Add Component | New Script，将其命名为 AvatarMultiplayer.cs。

2. 打开并编辑 AvatarMultiplayer.cs 脚本，如下：

```
using UnityEngine;
using UnityEngine.Networking;

public class AvatarMultiplayer : NetworkBehaviour
{
  public override void OnStartLocalPlayer ()
  {
    GameObject camera = Camera.main.gameObject;
    transform.parent = camera.transform;
    transform.localPosition = Vector3.zero;
  }
}
```

第一件要注意的事情是需要包含 UnityEngine.Networking 库从而访问网络 API。然后，AvatarMultiplayer 类是 NetworkBehaviour 类型的，其本质上继承于 Mono-Behavior。

NetworkBehaviour 提供了很多新的回调函数。使用 OnStartLocalPlayer，它在创建本地玩家对象时被调用，但是它不会在创建远程玩家对象时被调用。它的声明需要 override 关键字。

OnStartLocalPlayer 正是所需要的，因为只有当本地玩家被创建时才需要把它作为摄像机的子对象。得到当前的 MainCamera 对象（GameObject.Find-WithTag（“MainCamera”））并让它成为虚拟角色的父对象（transform.parent = camera.transform）。我们还要重置虚拟角色的变换值，以让它的中心点在摄像机的位置上。

考虑改进脚本用来指定父类角色的实际游戏对象。

运行两个游戏实例：Build & Run 执行一个，Play 模式执行另一个。现在当在一个窗口控制玩家时，它在另一个窗口中也移动。

根据玩家替身的大小和位置，它的模型对象（如眼镜）可能会从第一人称摄像机中被看到，从而挡住视线。您可以通过禁用子图形来隐藏它们。但是，比如说，你就看不到你自己的影子了（我喜欢这样）。另一种选择是将玩家的影像向后移动，以确保它们不会挡住摄像机的视线。无论哪种方式，这都可以在这个 AvatarMultiplayer 脚本中完成。同样地，如果你的游戏给了每个角色一个身体，或椅子，或诸如此类的东西，当前玩家可能不需要或不希望所有这些图形细节跟随他们。

12.4 添加配对大厅

到目前为止，通过网络连接两个或多个玩家需要知道正在运行游戏的主机实例 IP 地址，如果它们都在同一台机器上运行，则只需知道 Localhost。

Unity 网络和云服务包括一个内置的网络大厅管理器，用于在线玩家之间的配对。它允许创建和加入在线“房间”，只限制最大玩家数。使用大厅功能和在应用程序中的 HUD 选择 Enable Match Maker 一样简单。但首先，必须订阅 Unity 多人云服务（免费，根据 Unity 许可证限制同时在线用户的数量）。

要使用它，首先为应用程序启用 Unity 云服务：

1. 在 Inspector 上方，选择 Cloud icon（在如图 12-6 所示的屏幕截图中指示）以打开 Services 窗口。
2. 为此项目创建或选择 Unity Project ID。若要创建 ID，请单击 Select Organization 并选择组织，然后单击 Create。
3. 选择 Multiplayer 以打开多人游戏服务面板。
4. 从那里打开基于网络的仪表板，要求指定 Max Players Per Room。输入 4 并单击 Save。

此处显示已配置的 Multiplayer Services 面板，其中突出显示了云服务图标供你参考：

在项目中启用服务后，你可能需要重建可执行文件（File |Build And Run），然后在第一个游戏实例中：

1. 从 HUD 菜单中选择 Enable Match Maker (M)。
2. 为房间键入名字。
3. 选择 Create Internet Match。

在第二个游戏实例中：

1. 从 HUD 菜单中，选择 Find Internet Match。
2. 用一个新按钮来表示新的房间。
3. 选择 Join：表示新房间的按钮。

现在可以在互联网上运行多人游戏，让 Unity Services 协商每个房间的 IP 地址和最大连接数。

如果有兴趣像其他 Unity Networking 服务一样完全控制网络大厅的配对，想要制作自己的 GUI。有关文档，请参阅 NetworkManager API (https://docs.unity3d.com/ScriptReference/Networking.NetworkManager.html)。

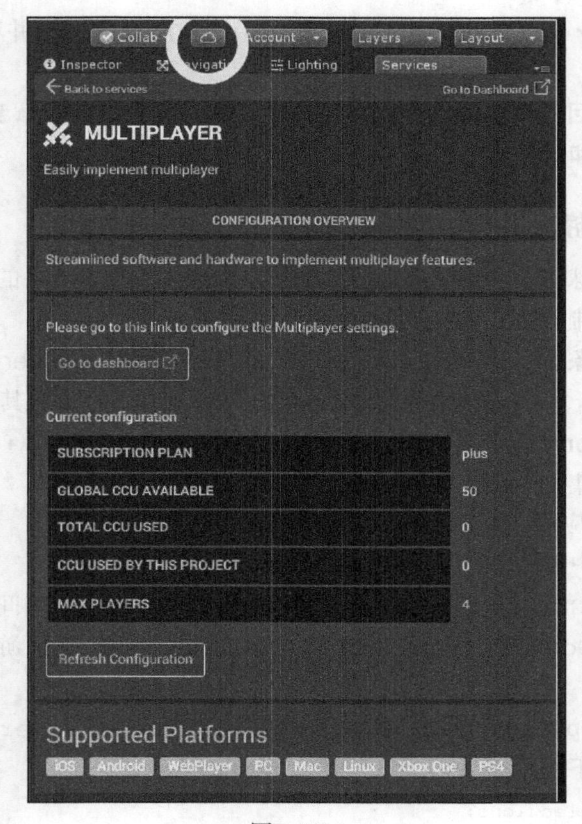

图　12-6

考虑从 Unity 的示例 Network Lobby 免费资源开始。(`https://assetstore.unity.com/packages/essentials/network-lobby-41836`). 可惜，这个资源已经过时，并且有缺陷，但是可以让它正常工作（请阅读注释）。或者至少在编写自己的 UI 时将其作为示例引用。它还是一个屏幕空间 UI; 对于 VR，需要将其修改为一个世界空间画布。

可以在此论坛评论中找到最新的 HUD 代码示例：`https://forum.unity.com/threads/networkmanagerhud-source.333482/#post-3308400`。

12.5　同步对象和属性

回到第 8 章，在 VR 中实现了各种球类游戏。现在有办法制作多人游戏。做一个类似于 *Headshot* 的游戏，它使用头部当作球拍。在经过这个练习之后，可以自由地制作多人

版 *Paddle Ball/Shooter Ball* 游戏，这些游戏使用手柄控制器来握住并移动球拍以击球或偏转球。

此外，由于这里目的是关注多人网络的注意事项，将省略前面章节中介绍的一些细节，例如声音效果、粒子和对象池。

12.5.1 设置头球游戏

首先，将立方体球拍添加到虚拟人物头部，作为虚拟人物上唯一的 Collider：

1. 将 Avatar 预制件的副本拖到 Hierarchy 中进行编辑。
2. 对于每个子对象（Head、Glasses），如果存在则禁用 Collider。
3. 创建 Avatar 的新多维数据集子级（Create | 3D Object | Cube）并将其命名为 CubePaddle。
4. 重置其 Transform 并将 Scale 设置为（0.5, 0.5, 0.5）。
5. 禁用多维数据集的 Mesh Renderer。
6. 将 Avatar 更改应用回其预制件（单击 Inspector 中的 Apply）。
7. 从 Hierarchy 中删除。

现在，添加一个 GameController 对象和一个脚本，以固定的间隔向虚拟人物发球：

1. 在名为 GameController 的层次结构根创建一个 Empty 游戏对象，并重置其 Transform。
2. 单击 Add Component | New Script 并将其命名为 BallServer。

打开脚本并按如下所示编写：

```
using System.Collections;
using System.Collections.Generic;
using UnityEngine;

public class BallServer : MonoBehaviour
{
    public GameObject ballPrefab;
    public float startHeight = 10f;
    public float interval = 5f;
    public List<Color> colors = new List<Color>();

    [SerializeField] private int colorId;
    private Transform player;

    void Start()
    {
        colorId = Random.Range(0, colors.Count);
        player = Camera.main.transform;
        StartCoroutine("DropBall");
    }

    IEnumerator DropBall()
    {
        while (true)
        {
            Vector3 position = new Vector3(player.position.x,
```

```
                    startHeight, player.position.z);
        GameObject ball = Instantiate(ballPrefab, position,
                    Quaternion.identity);
        ball.GetComponent<Renderer>().material.color =
                                    colors[colorId];
        // (network spawn will go here)

        Destroy(ball, interval * 5);

        yield return new WaitForSeconds(interval);
    }
  }
}
```

在这个脚本中，每 5 秒发一个新球。每个球在场景中保持 25 秒 (`interval*5`)。使用一个协议，用 `yield return new WaitForSeconds(interval)` 来实例化每个间隔中的新球。

创建了一个颜色列表，并在游戏开始时为该玩家随机选择一个颜色。这个玩家实例化的所有球都将是这种颜色。创建要从中选择的颜色列表：

1. 在 Ball Server 组件上，展开 Colors 参数。
2. 将其 Size 设置为 4 或更大。
3. 为 Element n 颜色槽的每个元素定义唯一的颜色。

GameController 组件在 Inspector 中看起来与图 12-7 类似。

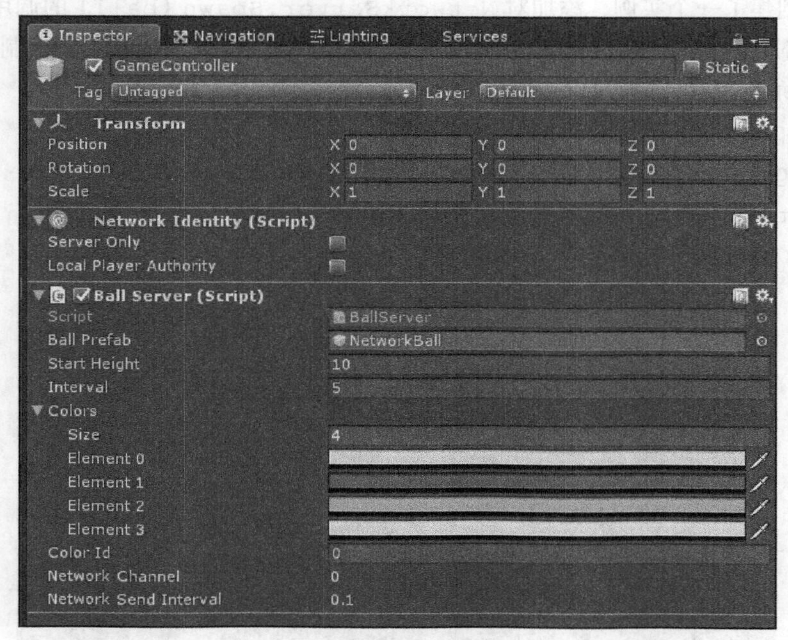

图　12-7

生成一个弹力球。命名为 NetworkBall，因为在下一节中将通过网络共享：

1. 创建 3D Object | Sphere，将其命名为 `NetworkBall`，并设置 Scale 为（`0.5, 0.5,`

0.5)。

2. 在它的 Sphere Collider 上，将 Bouncy 物理材料指定给 Material。

3. 添加 Rigidbody 组件（Add Component | Physics | Rigidbody）。

4. 将 NetworkBall 拖动到 Project Assets Prefabs 文件夹中以创建预制件，并从 Hierarchy 中删除该对象。

5. 将 NetworkBall 从 Prefabs 拖到 GameController BallServer 的 BallPrefab。

单击 Play。在游戏中，会从上面得到发球，可以用头部来击打球，就像在第 8 章中做的那样。

12.5.2 通过联网射击球

在联网游戏中，其他玩家需要看到相同的球。要实现这一目标有几个步骤：

1. 首先，在本地实例化一个球时，需要告诉网络也为所有玩家生成它。

2. 当球移动、反弹或击中时，必须为所有玩家更新球的变换。

3. 当球需要消失时，它必须从所有玩家那消失。

目前的单人游戏版本中，在 BallServer 脚本中实例化新球。联网步骤如下：

1. 打开 BallServer 脚本进行编辑。

2. 在顶部命名空间添加 UnityEngine.Networking。

3. 一旦创建了一个实例，添加对 NetworkServer.Spawn (ball) 的调用。

然后，必须使用 NetworkManager 注册 NetworkBall 预制件，以告知预制件是可生成：

1. 在 Hierarchy 中选择 NetworkController。

2. 在 Inspector 中，展开 Spawn Info 参数。

3. 在 Registered Spawnable Prefabs 列表单击 +。

4. 将 NetworkBall 的副本拖到可生成的预制件 Game Object 槽上。

Network Manager 组件如图 12-8 所示。

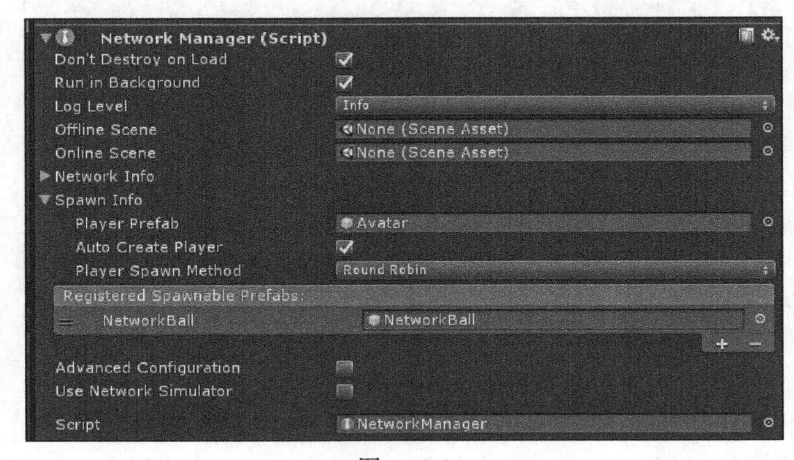

图 12-8

还没有处理另外一件事：销毁球实例。在独立版本中，调用`Destroy(ball, interval* 5)`在给定时间后销毁球。对于网络衍生对象，将改为调用`Network.Destroy(ball)`。但是，没有与计时器参数相同的版本。在 BallServer 中为它编写一个倒数计时器，或使用其他方法来确定其生命周期何时完成并且可以在本地运行时销毁（例如球预制件本身上的 DestroySelf 脚本）。

12.5.3 同步球变换

Unity Networking 有一个`Network Transform`组件可以在玩家之间共享这些数据，使用它来同步虚拟角色的头部。现在，将它用于球：

1. 在 **Project Assets** 中选择`NetworkBall`预制件。
2. 单击 **Add Component | Network Transform**。
3. 确保将 **Transform Sync Mode** 设置为 **Sync Rigidbody/3D**。
4. 添加 Network Transform 将为你添加 **Network Identity**。选中 **Local Player Authority** 复选框。

NetworkBall 的 Network Transform 参数如图 12-9 所示。

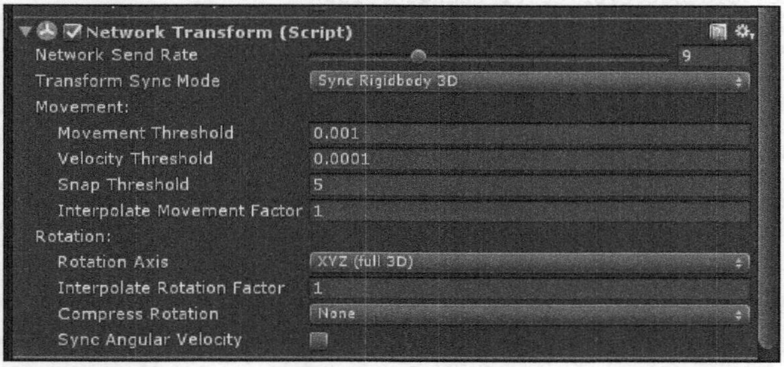

Network Transform (Script)	
Network Send Rate	9
Transform Sync Mode	Sync Rigidbody 3D
Movement:	
Movement Threshold	0.001
Velocity Threshold	0.0001
Snap Threshold	5
Interpolate Movement Factor	1
Rotation:	
Rotation Axis	XYZ (full 3D)
Interpolate Rotation Factor	1
Compress Rotation	None
Sync Angular Velocity	

图 12-9

现在运行两个项目副本。当在网络上连接游戏时，玩家的球将对所有其他玩家可见。本地游戏中每个球的移动将控制其在所有其他游戏实例上的变换。

请注意，Unity 正在提供优化以限制数据量和更新频率，同时确保每个玩家能够看到相同的内容。例如，在网络变换中，可以同步对象的变换位置和每次更新的旋转，同时还可以指定在需要同步时发出信号的移动和速度阈值。也许更重要的是，可以选择要同步的内容。可以同步 Rigidbody 物理中的变化（速度、角速度等）而不是变换值本身，这种变化发生的频率要低得多，并让每个玩家的本地游戏计算相应的新变换。这是为 NetworkBall 选择的选项。

12.5.4 状态变量同步

当在网络上生成一个对象时，它使用在网络管理器中注册的预制对象。因此，生成的球都具有默认颜色，而不是在 Ballserver 中实例化对象时在本地设置的颜色。借此机会展示如何同步其他属性。

这个例子有点牵强，但假设希望对象颜色是一个状态变量（也可以添加其他变量，如力量、健康、魔法等）。编写一个脚本，告诉网络在该值更改时跨网络同步属性。

编译器 [SyncVar] 属性标识要同步的属性并设置 *observer*。如果包含一个 hook，那么当值改变时，监视器将调用该函数。

在 NetworkBall 预制件上，创建一个名为 StateVariables 的新脚本，并按如下所示编写：

```
using UnityEngine;
using UnityEngine.Networking;

public class StateVariables : NetworkBehaviour
{
    [SyncVar(hook = "OnColorChanged")]
    public Color color;

    public void SetColor(Color changedColor)
    {
        color = changedColor;
        GetComponent<Renderer>().material.color = color;
    }

    void OnColorChanged(Color networkColor)
    {
        GetComponent<Renderer>().material.color = networkColor;
    }
}
```

该类派生自 NetworkBehaviour。使用 SyncVar 属性声明 Color。提供了一个公共 setter 函数 SetColor，可以正常从其他游戏对象调用。同样，当颜色变量改变时，它将通过网络同步。运行游戏的远程副本将调用 OnColorChanged 来更改该对象的实例。

现在，只需要修改 BallServer 以使用此界面来设置颜色，而不是直接修改材质颜色。修改 DropBall 函数中的循环，如下所示：

```
IEnumerator DropBall()
{
    while (true)
    {
        Vector3 position = new Vector3(player.position.x, startHeight,
player.position.z);
        GameObject ball = Instantiate(ballPrefab, position,
Quaternion.identity);
        NetworkServer.Spawn(ball);
        ball.GetComponent<StateVariables>().SetColor( colors[colorId] );
        Destroy(ball, interval * 5);
```

```
            yield return new WaitForSeconds(interval);
        }
    }
```

现在，服务器不仅会在客户端上生成球，而且还会发送颜色属性设置。

图 12-10 是临时搭建的游戏场地上双人 HeadShot 游戏的截图：

图　12-10

使用这个基本模式，可以扩展这个脚本来设置和同步其他变量，这些变量表示单个对象的状态（健康、力量等）或游戏本身的状态（分数、轮到谁发球等）。

12.6　高级网络主题

现在只是做了网络最表层的事情。如果你对此感兴趣，建议仔细查看 Unity 手册和教程。正如在本章开头提到的，一个好的开始就比如 Unity Networking Concepts 文档（http://docs.unity3d.com/Manual/UNetConcepts.html）。

了解点对点、客户机 - 服务器和专用服务器网络体系结构非常重要。默认情况下，Unity 网络是客户机 - 服务器，其中一个播放器作为主机服务器（播放器也是它自己的客户机）。还可以选择在 headless 模式下使用运行 Unity 的专用服务器作为独立播放器进行设置。

其他一些网络主题和问题包括：

- 1 同步其他可序列化的状态变量（https://docs.unity3d.com/Manual/UNet-StateSync.html）。
- 客户端自定义生成函数（https://docs.unity3d.com/Manual/UNetCustom-Spawning.html）。
- 从服务器产生和控制非玩家角色（NPC）。
- 进一步了解何时使用本地播放器权限与服务器权限（https://answers.unity.

com/questions/1440902/unet-local-player-authority.html)。

- 调用命令（客户端到服务器）与远程过程调用（RPC）（服务器到客户端）（https://docs.unity3d.com/Manual/UNetActions.html）。
- 建立自己的多人游戏大厅（https://docs.unity3d.com/Manual/UNetLobby.html）。
- 测试，调试和模拟网络条件（https://docs.unity3d.com/Manual/UNetManager.html）。

网络并不是一个特定的 VR 主题，但如果开始构建一个多人联网的 VR 应用程序，应该了解如何在客户端和服务器之间交换数据、消息和命令。VR 包含其自身独特的网络挑战，即时的、沉浸式的 VR 会放大延迟、同步和真实性的问题。在下一章中将讨论其中一些问题。

12.7 语音聊天选项

如果有两个或更多的人在同一个 VR 空间，很自然地想要和对方交谈。几乎所有 VR 设备都配有耳机和麦克风，因此硬件支持无处不在。

目前，Unity 网络不支持语音聊天（VoIP）。但还有其他解决方案：

- 比如 Dissonance Voice Chat（https://assetstore.unity.com/packages/tools/audio/dissonance-voice-chat-70078）等第三方软件包通过现有网络连接来添加语音聊天。
- Photon Voice（https://assetstore.unity.com/packages/tools/audio/photon--voice-45848）。如果已经在使用 Photon Unity Networking（PUN），那么 Photon Voice 就是要使用的首选软件包。如果使用的是 Unity Network（UNet），那么 Photon Voice 不是一个很好的选择，或者至少需要在其他网络上为 Photon 网络上的语音建立单独的连接。
- Oculus VoIP（https://developer.oculus.com/documentation/platform/latest/concepts/dg-cc-voip/）。如果正在使用 Oculus OVR Utilities for Unity（请参阅下一主题），可以添加 Oculus VoIP SDK 及其相似软件包 Oculus Lipsync。

12.8 使用 Oculus 平台和虚拟角色

在这一点上，值得一提的是 Oculus 为 VR 设备提供的丰富的网络工具平台。作为 Facebook 的一部分，Oculus 显然对使 VR 成为具有吸引力的社交体验非常感兴趣。使用 Oculus 平台 SDK（https://developer.oculus.com/documentation/platform/latest/concepts/book-plat-sdk-intro/），每个用户都可以在 Oculus 游戏和应用程序中创建和使用个性化身份和虚拟角色，还可以交朋友和与朋友相互联系，所有这些都具有相当程度的安全性和身份验证。

- Oculus 平台 SDK 简介（https://developer.oculus.com/documentation/platform/latest/concepts/book-plat-sdk-intro/）。
- Oculus 平台入门指南（https://developer.oculus.com/documentation/platform/latest/concepts/book-pgsg/）。
- Oculus Avatar 入门指南（https://developer.oculus.com/documentation/avatarsdk/latest/concepts/avatars-gsg-intro/）。

除了基本的 Unity 集成软件开发工具包，Oculus 开发生态系统还包括具有配对功能的 Oculus 房间、3D 双声音频、语音聊天、唇部同步以及其集成的 Oculus 虚拟人物系统。

在第 3 章中，包含了一个关于 *Building for Oculus Rift* 的章节，可以在其中设置场景，包括以下内容：

1. 将 `Oculus` SDK 添加到 Player Settings 中的 Virtual Reality SDK。
2. 从资源商店导入 *Oculus Integration package*，在项目资源中安装 OVR 文件夹（https://assetstore.unity.com/packages/tools/integration/oculus-integration-82022）。
3. 使用 `OVRCameraRig` 预制件而不是 `MeMyselfEye` 中的 `Main Camera`。

12.8.1　Oculus 平台权限检查

要使用 Oculus 平台和云服务，应用程序需要在 Oculus 中注册。

在 Developer Center 注册应用程序以获取应用程序 ID，如下所示：

1. 打开浏览器到 https://dashboard.oculus.com/。
2. 选择 Create New App 并选择设备 GearVR 或 Oculus Rift。
3. 记下初始化 Platform SDK 所需的 App ID（复制到剪贴板中）。如果需要重新访问此页面，它位于 Manage | your organization | your app | Getting Started API。
4. 通过 Manage | your organization | Settings |Test Users 和 Add Test User，添加测试用户。

现在在 Unity 中，需要配置你的设置，以便通过授权检查：

1. 从主菜单选择 Oculus Platform | Edit Settings。
2. 将 App ID 粘贴到 Inspector 中的相应的位置。
3. 在 Unity Editor Settings 下，选中 Use Standalone Platform 复选框，并输入先前添加测试用户生成的测试用户电子邮件和密码。

在 Unity Editor 中运行时，设置 Use Standalone Platform 将绕过 Oculus 服务器上的凭证授权检查。否则，需要为项目添加代码，如下所示。

1. 在 Hierarchy 中的对象（如 `GameController`）上，创建一个名为 `OculusEntitlementCheck` 的脚本。

2. 编写如下（从 Oculus 文档派生）:

```
using UnityEngine;
using Oculus.Platform;

public class OculusEntitlementCheck : MonoBehaviour
{
    void Awake()
    {
        try
        {
            Core.AsyncInitialize();
Entitlements.IsUserEntitledToApplication().OnComplete(EntitlementCallback);
        }
        catch (UnityException e)
        {
            Debug.LogError("Oculus Platform failed to initialize due to
                                                            exception.");
            Debug.LogException(e);
            // Immediately quit the application
            UnityEngine.Application.Quit();
        }
    }

    void EntitlementCallback(Message msg)
    {
        if (msg.IsError)
        {
            Debug.LogError("Oculus entitlement check FAILED.");
            UnityEngine.Application.Quit();
        }
        else
        {
            Debug.Log("Oculus entitlement passed.");
        }
    }
}
```

12.8.2 添加本地虚拟角色

现在，为本地玩家添加 Oculus 虚拟角色到场景中。在 Project Assets/OvrAvatar 文件夹中有两个虚拟角色预制件：一个用于本地用户，在第一人称视图中可能只显示玩家的手；另一个用于远程玩家。请注意，除非单击 Play，否则 Oculus 虚拟角色不会出现在 Unity 场景窗口中，因为它们是按程序生成的，并且（通常）需要连接到 Oculus 云服务器：

1. 在 Hierarchy 中，找到并展开 OVRCameraRig。请注意，它包含一个子项 Tracking-Space。

2. 从 Project Assets OvrAvatar/Content/Prefabs/ 文件夹中，将 LocalAvatar 作为 TrackingSpace 的子项拖到 Hierarchy 中。

3. 在 Inspector 中，选中 Start with Controllers 复选框。

4. 选中 Show First Person 复选框。

单击 Play。就可以看到手和控制器了。

12.8.3　添加远程虚拟角色

Avatar SDK 还使用 Oculus 云服务来获取特定玩家的虚拟角色设置和偏好。设置 Avatar SDK 的 App ID，如下所示：

1. 从主菜单中选择 Oculus Avatars | Edit Settings。
2. 将 App ID 粘贴到 Inspector 中的相应位置中。

如果对默认的“蓝色”虚拟角色还满意的话，这些内容可能不是必要的，但可以用它进行多人网络。根据 Oculus 文件：

注意：可以忽略在开发过程中看到的任何 No Oculus Rift App ID 警告。虽然需要 App ID 来检索特定用户的 Oculus 虚拟角色，但可以使用默认的蓝色虚拟角色来制作和测试使用 Touch and Avata 的体验。

要添加其他玩家的虚拟角色，将使用 Oculus RemoteAvatar 预制件。需要为 Unity Networking 设置它，就像之前使用手工制作的那样，包括网络身份和网络转换。

1. 在 Project Assets `OvrAvatar/Content/Prefabs/` 文件夹中，选择 `Remote-Avatar` 预制件。
2. 选择 Add Component | Network | Network Identity。
3. 确保选中 Local Player Authority 复选框。
4. 选择 Add Component | Network | Network Transform。
5. 将 Transform Sync Mode 设置为 Sync Transform。
6. 将 Rotation Axis 设置为 XYZ (full 3D)。
7. 在 Hierarchy 中选择 `Network Manager`。
8. 将 `RemoteAvatar` 拖动到网络管理器的 Player Prefab 框中。

还可以修改之前编写的 `AvatarMultiplayer` 脚本，它将本地玩家的虚拟角色移动到玩家摄像机下。在目前的情况下，并不真的想渲染远程玩家虚拟角色，但确实希望其他玩家同步 Transform 值，因此将禁用渲染，如下所示：

```
using UnityEngine;
using UnityEngine.Networking;

public class AvatarMultiplayer : NetworkBehaviour
{
    public override void OnStartLocalPlayer()
    {
        GameObject camera = Camera.main.gameObject;
        transform.parent = camera.transform;
        transform.localPosition = Vector3.zero;

        GetComponent<OvrAvatar>().enabled = false;
    }
}
```

现在，当两个或更多的玩家加入同一个房间时，应该通过网络跟踪和同步这些玩家。

图 12-11 是一个玩球的 Oculus 虚拟角色的屏幕截图。

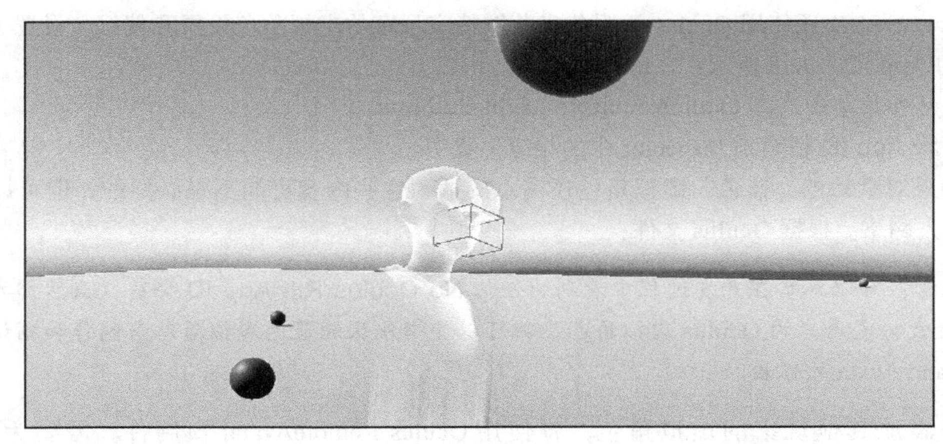

图 12-11

12.9 构建和共享自定义 VRChat 会议室

如果目标比较简单——构建一个虚拟现实世界并作为一种社交体验分享给其他人，可以使用现有的某些基础配套并允许自定义的社交 VR 应用。其中，VRchat 是唯一一款可以使用 Unity 创建自定义世界和虚拟角色的应用。

VRChat 用 Unity 构建，并且可以使用 Unity 制作自定义的世界和虚拟角色。如果还没有试用过，可以从（http://store.steampowered.com/app/438100/VRChat/）下载客户端副本。

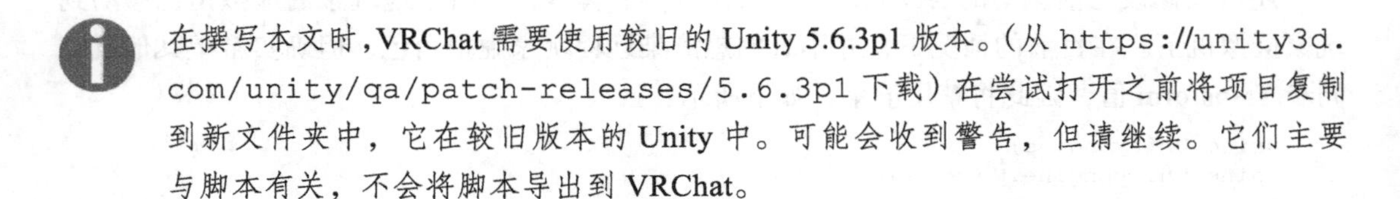

在撰写本文时，VRChat 需要使用较旧的 Unity 5.6.3p1 版本。（从 https://unity3d.com/unity/qa/patch-releases/5.6.3p1 下载）在尝试打开之前将项目复制到新文件夹中，它在较旧版本的 Unity 中。可能会收到警告，但请继续。它们主要与脚本有关，不会将脚本导出到 VRChat。

要开发 VRChat，需要在该网站上拥有一个账户（与 Steam 账户不同）。转到 https://www.vrchat.net/register 进行注册。

预备并构建虚拟世界

在开始之前，确定要在 VRChat 中使用的场景。选择想要的任何 Unity 场景。它可能是本书前面使用的 Diorama 游乐场，第 9 章的画廊，等等。

1. 在 Unity 中打开要导出的场景。

2. 将副本保存为一个新的名称，例如 VRChatRoom。

请从 http://www.vrchat.net/download 下载 VRChat SDK，并在 http://www.vrchat.net/docs/sdk/guide 查看其文档上的最新说明：

1. 导入 VRChat SDK 包，单击 Assets | Import Package | Custom Package，找到下载的 VRCSDK-*.package，单击 Open 并选择 Import。

2. Delete 摄像机对象（Main Camera、MeMyselfEye 或它命名的任何对象）。

3. 从 Project Assets/VRCSDK/Prefabs/World/ 文件夹中，将 VRCWorld 预制件添加到场景中。

生成点定义玩家进入场景的位置。默认情况下，VRCWorld 本身就是一个生成点，因此只需将此对象放在场景中。或者创建其他 Empty 游戏对象，将它们放置在喜欢的位置，然后添加到 VRCWorld VRC_SceneDescriptor 组件中的 Spawns 列表中。

看一下其他 VRC_SceneDescriptor 参数。可以在 https://docs.vrchat.com/docs/vrc_scenedescriptor 上的文档中找到解释。VRC_SceneDescriptor 检查器显示如图 12-12 所示处。

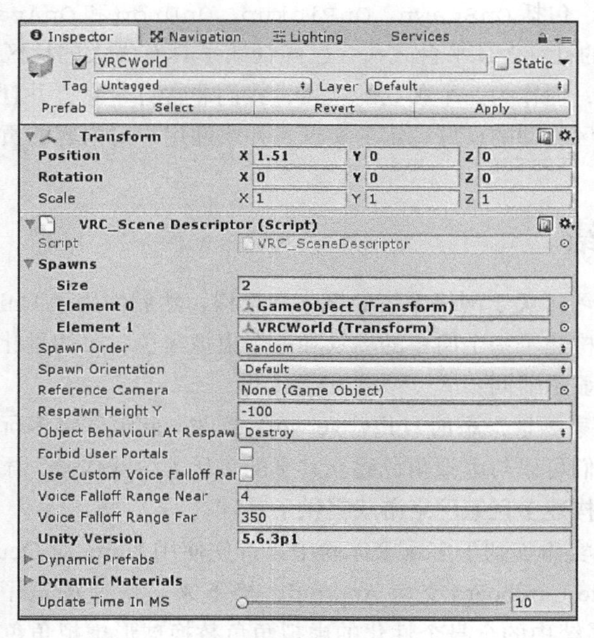

图 12-12

继续为 VRChat 准备场景，如下所示：

1. 通过 VRChat SDK | Settings 登录 VRChat 账户。

2. 通过菜单 VRChat SDK | Show Build Control Panel，查看其中的选项。

3. 单击 Setup Layers 按钮（如果存在），添加 VRChat 所需的图层。

4. 单击 Setup Collision Layer Matrix 按钮（如果存在）。

5. 单击 Enable 3D Spatialization 按钮。

当准备好了，可以测试你的世界：

1. 单击 Test | New Build 按钮开始构建新的测试世界。

2. 本地的 VRChat 将在窗口中打开。

当准备好在网络上发布时：

1. 单击 Publish | New Build 按钮。

2. 出现提示时，在 Unity 的 Game 窗口中输入所需的名称、玩家数量、说明和其他信息。

3. 世界将上传到 VRChat。

4. 可以通过 VRChat SDK | Manage Uploaded Content 管理上传的内容。

上传的世界将是私密的。可以在 VRChat 中使用并邀请其他人加入，但它不会公开。要公开上传的内容，必须通过电子邮件发送请求至 support@vrchat.net。

VRC SDK 提供了一个可以添加到场景中的组件工具箱，包括基座、镜像反射、YouTube 视频，甚至战斗系统。要使场景具有交互性，可以将自己的脚本添加到具有由世界事件触发的基本操作的对象中，包括 OnSpawn、OnPickup、OnDrop 和 OnAvatarHit 等。

VRChat 是最早的社交 VR 平台之一，已经证明了具有强大的社区和长久生存能力。尽管有一些粗糙的地方，但作为一个独立的项目，我们非常尊重它，并且它为我们带来了很多荣誉！这是一个由社区驱动的良好稳定的实现，并欢迎用户对内容的贡献。

12.10 本章小结

本章中，我们学习了关于网络系统的概念和架构，然后使用了 Unity 自带的多玩家网络系统的某一些功能，构建了一个简单的场景和一个虚拟角色，目的是让虚拟角色的头部移动可以与玩家的头戴式显示器同步。

之后转换为多玩家场景，添加 Unity Network 组件，此组件将多玩家的实现简化成几次单击。事实证明，我们可以与虚拟角色建立共享的多玩家游戏体验，添加了玩家之间共享的弹性球游戏对象，为构建多玩家网络游戏提供了基础。

接着，把虚拟现实添加到了多玩家体验中，首先使用 Unity 对 Oculus Rift 的内置支持，然后通过添加 Google Cardboard 支持 Android。接下来，快速浏览了 Oculus Avatar SDK，用 Oculus 平台生态系统中的全身个性化的虚拟角色替换球形虚拟角色。最后，通过导出一个几乎可以立即共享的场景，逐步了解了在 VRchat 中创建虚拟房间是多么容易。

在下一章中，我们将深入探讨优化 VR 项目的技术细节，以便在 VR 中平稳、舒适地运行。将考虑影响性能和延迟的不同区域，从模型多边形计数到 Unity 脚本，再到 CPU 和 GPU 处理器的瓶颈。

第 13 章 Chapter 13

优化性能和舒适度

正如前面的章节中所提到的，玩家在体验 VR 时会不会感受到任何不适将决定你制作的 VR 应用是否成功。因为，VR 会使部分玩家有难受的眩晕感。

眩晕的症状是恶心、出汗、头痛，甚至呕吐，可能需要数小时乃至一夜的休息才能完全恢复。在现实生活中，当乘坐过山车、颠簸的飞机或摇摆船时，人类容易感到眩晕，即平衡感应系统的一部分认为你的身体正在移动，而其他部分认为你的身体没有移动时，就会引起眩晕。

在 VR 中，当眼睛看到运动但身体感觉不到时，可能会发生眩晕。我们已经考虑过避免这种情况的方法，在设计 VR 应用程序时可以用到。比如，始终让玩家通过运动控制第一人称视角，尽量避免使用穿越动画，特别是避免自由落体，包括在前景中使用地平线或仪表盘，这样至少让玩家觉得他们如果不是在地面上，也是在驾驶舱内。

反之亦然，当身体感觉到运动但眼睛看不到它时，即使非常微妙的不和谐也会产生不良影响。在 VR 中，主要的罪魁祸首是延迟，如果移动头部，但看到的视图跟不上运动，可能会导致眩晕。

虽然本章在本书的最后，但并不是说建议在项目结束时留下性能问题。以前有一句谚语“首先让它工作，然后让它更快地工作”，讲的虽然跟 VR 开发无关，但是在整个开发过程中，确实需要注意优化性能和舒适度。在本章中，我们将讨论以下主题。

- 优化艺术作品和 3D 模型
- 优化场景和照明
- 优化代码
- 优化着色器的渲染设置

分析和诊断性能问题的关键工具是内置的 Unity Profiler 和 Stats 窗口。我们将对这些进行快速介绍。

13.1 使用 Unity 的 Profiler 和 Stats

我们可以做很多工作来优化程序性能，并且有一个学习曲线可以用于解决它。好消息是该过程可以逐步完成。首先要优化系统更明显，更重要的部分。经过一些实验，可以在改动很少或不改动视觉效果的情况下完成很多优化工作。

Unity Editor 包含两个用于评估性能的内置工具：Stats 窗口和 Profiler 窗口。

13.1.1 Stats 窗口

Stats 窗口显示程序运行时的实时渲染统计信息。查看和理解这些统计信息是评估和改进应用程序性能的第一步，可以帮助确定先执行哪些优化策略（包括本章中介绍的优化策略）。

在 Game 窗口中，单击 Stats 按钮启用 Stats 窗口。如图 13-1 所示。

Stats 窗口显示的实际统计信息将根据当前的构建目标而有所不同（请参阅 http://docs.unity3d.com/Manual/RenderingStatistics.html），包括：

- ❑ 图形 FPS（每秒帧数）和每帧时间。
- ❑ 每帧 CPU 时间。
- ❑ Tris（三角形）/ Verts（顶点）。
- ❑ 批次。

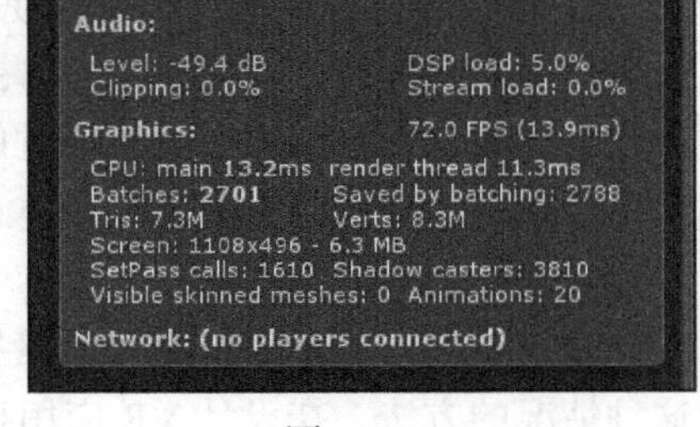

图 13-1

在 VR 中，需要密切关注每秒帧数。最低可接受的速率取决于所用的目标设备，但通常对于桌面设备，应将其保持在 90 FPS 或以上，而 60 FPS（或 75 FPS）被认为是绝对最小值。索尼的 PlayStation VR 可以接受最低 60 FPS，但会使用硬件自动将速率加倍至 120 FPS 以进行补偿。Windows 混合现实 HMD 将根据计算机上的图形处理器硬件限制帧速率在 60 FPS 到 90 FPS 之间，允许具有较慢移动 GPU 的笔记本电脑运行 VR。而基于手机的移动 VR 设备可以达到 60 FPS。

在 Unity Editor 的 Play 模式下，FPS 不一定与你在设备中运行构建的可执行文件时遇到的值相同，因此它应该用作指示值，而不一定是实际值。但是，幸运的是，它不包括任何编辑器处理，例如绘制 Scene 视图。

检查每帧的 CPU 时间并将其与每帧的总图形时间进行比较，将告诉你游戏是 CPU 限制还是 GPU 限制。也就是说，哪个过程是瓶颈，制约你的游戏体验。CPU 的功能是物理计算，几何剔除以及执行其他用于准备数据以在 GPU 中进行渲染的操作。GPU 运行着色器并实际生成用于显示的像素值。了解你所用的 CPU 或 GPU 是否受限，可以帮助确定优化工作的重点，以提高游戏性能。

Tris（三角形）和 Verts（顶点）值显示绘制的几何模型网格的大小。它只计算网格的可见面，因此你的场景可能包含更多内容。也就是说，Stats 中的值是摄像机正在查看的几何体，不包括视图外的任何顶点，以及任何被遮挡的曲面。当移动摄像机或场景中的物体时，数字将会改变。正如我们将在下一节介绍的那样，减少模型的多边形数量可以显著提高性能。

Batches（批次）值表示 GPU 的工作强度。批次越多，GPU 每帧必须执行的渲染越多。批次的数量，而不是批次的大小，是 GPU 性能的瓶颈。你可以通过减少场景中的几何体来减少批次。由于数量较少的批次（单个批次尺寸很大）比数量较多的批次（单个批次尺寸很小）更快，因此可以先将多个几何体组合成一个几何体，之后通过 GPU 通道传递来优化图形。

在分析和优化时，记录下统计数据并将其标记（可能的话制作一份电子表格），以记录项目进度并对比衡量每种优化方式的有效性。

13.1.2　Profiler 窗口

Unity Profiler 是一个系统性能检测工具，可显示游戏的各个进程（包括渲染和脚本）的处理需要多少时间。它记录着游戏过程中随时间变化的数据，并在时间线图中显示。单击 Profiler 来了解更详细的信息，可以参阅 `http://docs.unity3d.com/Manual/Profiler.html`。如图 13-2 所示。

Profiler 将大量信息压缩到一个狭小的窗口中，因此应该熟悉其各个部分，以便更好地了解所看到的内容。窗口顶部是 Profiler 控件工具栏，可打开和关闭分析轨道（记录）并浏览分析帧。分析轨道中的白色竖线是播放头，表示正在检查的当前帧。

单击 Deep Profile 按钮可以了解到更多详细信息，记录脚本中所有的函数调用情况，这可用于准确查看游戏代码中的时间。请注意，深度分析轨道会占用系统大量进程，导致游戏运行速度非常慢。

工具栏下方就是分析轨道线，向下滚动 Tracks 窗格以显示更多信息。可以使用 `Add Profiler` 选项列表来添加和删除轨道。

每个轨道包括与该类处理有关的许多参数的统计数据。例如：CPU Usage 包括 Scripts

和 Physics；一个 Rendering 包括 Batches 和 Triangles。可视化图表使我们可以轻松检测到异常。在进行故障排除时，只需查看延伸和峰值数据是否超出预期阈值。

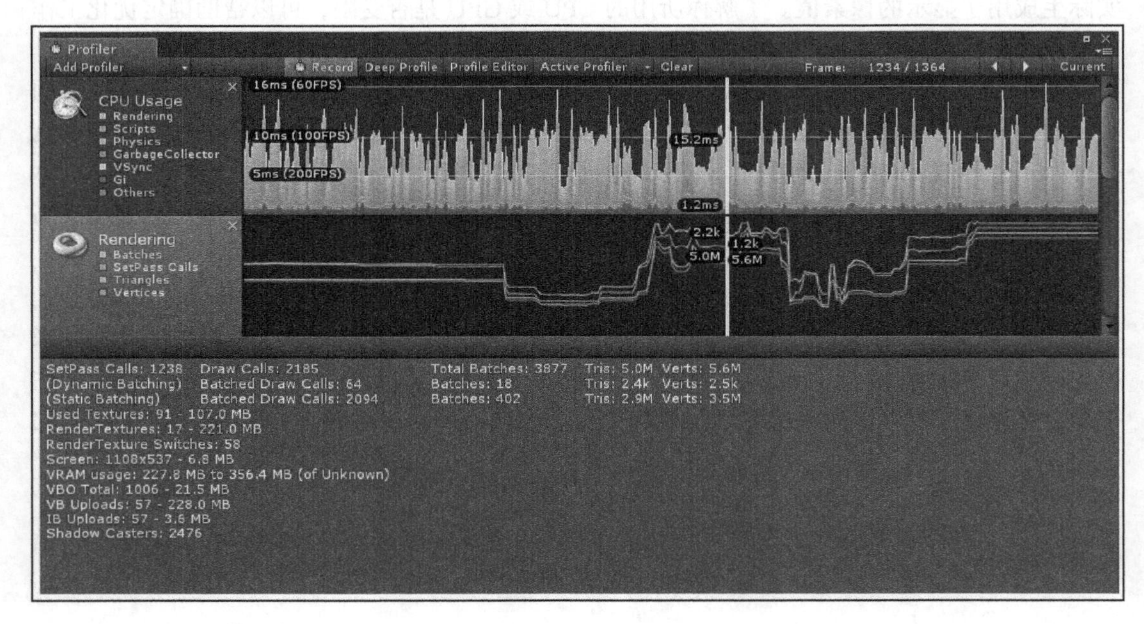

图 13-2

在使用 Profiler 时，可以在 Unity 中运行游戏，或者在单独的播放器（如移动设备）中运行游戏。

13.2 优化艺术品

一些会影响系统性能的设置其实是我们有意去做的。例如想要高清图形的同时又要求有高质量的音乐，这样效果才完美！但必须意识要达成这样的效果，在设计上可能需要一些妥协。然而，通过一些打破常规的想法和试验，仍可以实现相同的效果，并获得更好的性能。在项目中，最能控制的就是场景的内容。

游戏质量不仅仅体现在画面，还有给玩家的感觉。优化玩家体验是进行任何决策的基础。

通常，要尽量减少模型网格中顶点和面的数量；避免使用复杂的网格；删除永远不会看到的面，例如固体对象内部的面；清理重复的顶点。这些操作可以在创建 3D 模型的应用程序中完成，例如，在 Blender 里直接优化模型。此外，还可以使用其他的第三方工具来简化模型网格。

请务必查看 Unity 关于 FBX 模型的导入设置，例如，进行压缩和网格优化。更详细信息请参阅 https://docs.unity3d.com/Manual/FBXImporter-Model.html。

下面用实例来讲解。创建一个包含高多边形数模型的场景，并且将该模型复制 1000 次，然后在 Profiler 中检查，并尝试一些优化技术。

13.2.1 设置场景

首先，需要找一个高多边形模型。在 Turbosquid 上找到了一个有超过 5800 个三角形面的太阳镜模型，其中还包括镜片的透明材质（`https://www.turbosquid.com/3d-models/3ds-sunglasses-blender/764082`）。请自行下载该 FBX 文件，为方便起见，本书的文件中也包含一份副本，将其命名 `Sunglasses-original.fbx`，以区别于将进行修改的其他模型副本。

进入 Unity 中，进行下面的操作：

1. 创建一个新场景（File | New Scene），保存场景（File | Save Scene As），并命名为 `Optimization`；
2. 将模型导入 Project `Assets Models` 文件夹（Assets | Import New Asset）；
3. 创建一个平面作为参照物（Create | 3D Object | Plane），命名为 `Ground Plane`，重置 Transform 组件，并添加一种中性色的材质（例如 Albedo 值为 `#908070FF` 的 `Ground Material`）；
4. 创建一个立方体（Create | 3D Object | Cube），Position 设置为（`-1, 1, 1`），并添加颜色材质（例如 Albedo 值为 `#E52A2AFF` 的 `Red Material`）；
5. 将 `Main Camera` 的 Position 设置为（`0, 0.5, 2`）。

现在，往场景中添加一个太阳镜模型：

1. 从文件夹中把 `Sunglasses-original` 拖入场景；
2. 设置其 Position 为（`0, 1, 0`），Rotation 为（`90, 180, 15`），Scale 为（`10, 10, 10`）。

作为初始状态，先查看一下 Stats 和 Profile 窗口，记录下当前的值：

1. 在 Game 窗口，单击 `Stats`；
2. 同时，打开 Profiler 窗口（Window | Profile）；
3. 单击 Play 按钮。

Game 窗口中包含场景和 Stats 窗口，帧速率在 420 FPS 左右，CPU 主要 2.4 毫秒，22.6k Tris，如图 13-3 所示。

图 13-3

图 13-4 是相应的 Profiler 窗口，可以在 Rendering 时间轴中看到移动 HMD 的位置。

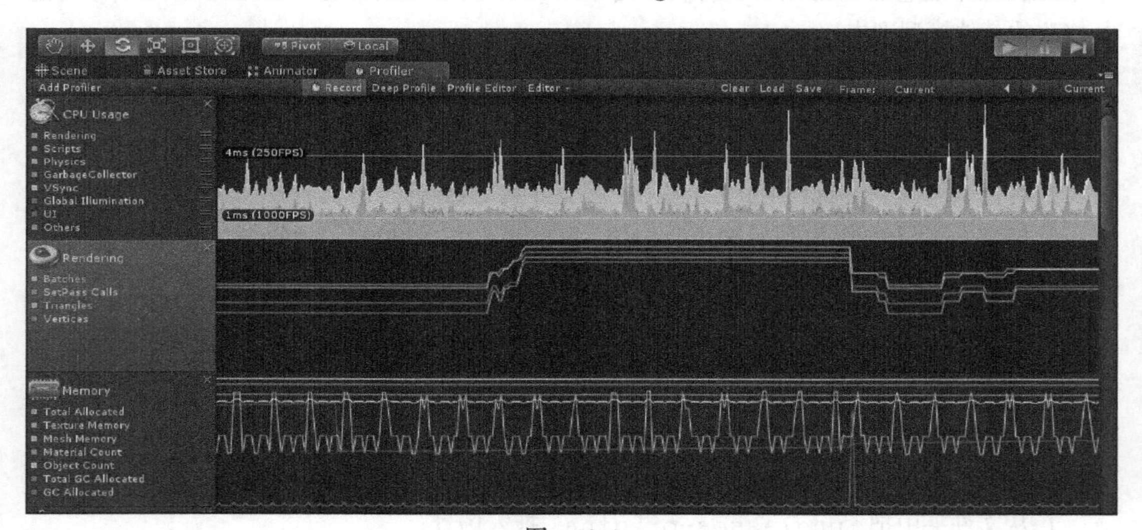

图 13-4

但是这个场景太简单了，无法收集有意义的统计数据。在场景中放置 1000 个太阳镜模型，步骤如下。

1. 创建一个 Empty 游戏对象作为复制器，命名为 SunglassesReplicator。

2. 给该对象添加一个新的 C# 脚本，脚本命名为 SunglassesReplicator，脚本的编辑如下：

```
using UnityEngine;

public class SunglassesReplicator : MonoBehaviour
```

```
{
    public GameObject prefab;
    public Vector3Int dup = new Vector3Int(10, 10, 10);
    public Vector3 delta = new Vector3(2, 2, 2);

    void Start()
    {
        Vector3 position = transform.position;
        for (int ix = 0; ix < dup.x; ix++)
        {
            for (int iy = 0; iy < dup.y; iy++)
            {
                for (int iz = 0; iz < dup.z; iz++)
                {
                    position.x = transform.position.x + ix * delta.x;
                    position.y = transform.position.y + iy * delta.y;
                    position.z = transform.position.z + iz * delta.z;
                    GameObject glasses = Instantiate(prefab);
                    glasses.transform.position = position;
                }
            }
        }
    }
}
```

该脚本获取预制对象，并在 X，Y 和 Z 每一个方向上实例化 10 次，每次实例化偏移 2 个单位，总共生成 1000 个预制件实例。

保存脚本，然后返回 Unity，设置并分配复制器参数：

1. 保存太阳镜模型预制件。将 Hierarchy 中的 `Sunglasses-original` 拖入 Project `Assets Prefabs` 文件夹中；

2. 在 Hierarchy 中选择 `SunglassesReplicator`，将 Project Assets Prefabs 文件夹中的预制件拖入 `SunglassesReplicator` 的 `Prefab` 插槽中；

3. 将 `SunglassesReplicator` 的 Position 设置为（`-10, 1, 0`），作为太阳镜堆栈的原点。

单击 Play 按钮，太阳镜模型的堆栈将显示在 Scene 窗口中，如图 13-5 所示。

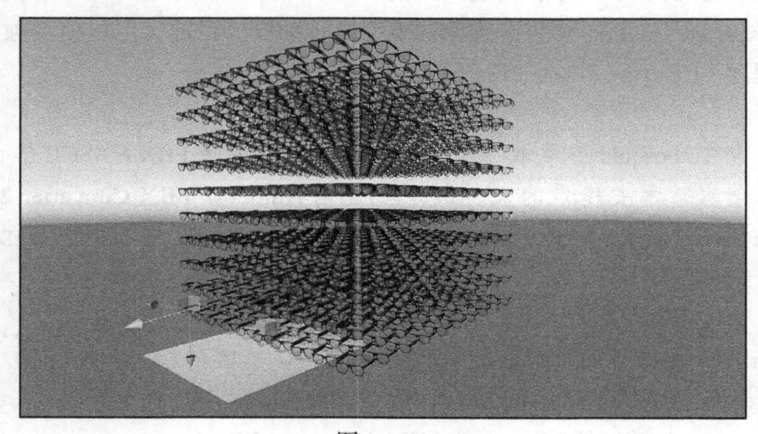

图　13-5

Stats 窗口的数据现在将超过 3600 万个三角形，帧速率低于 60 FPS。相应的 Profiler 时间轴如图 13-6 所示。

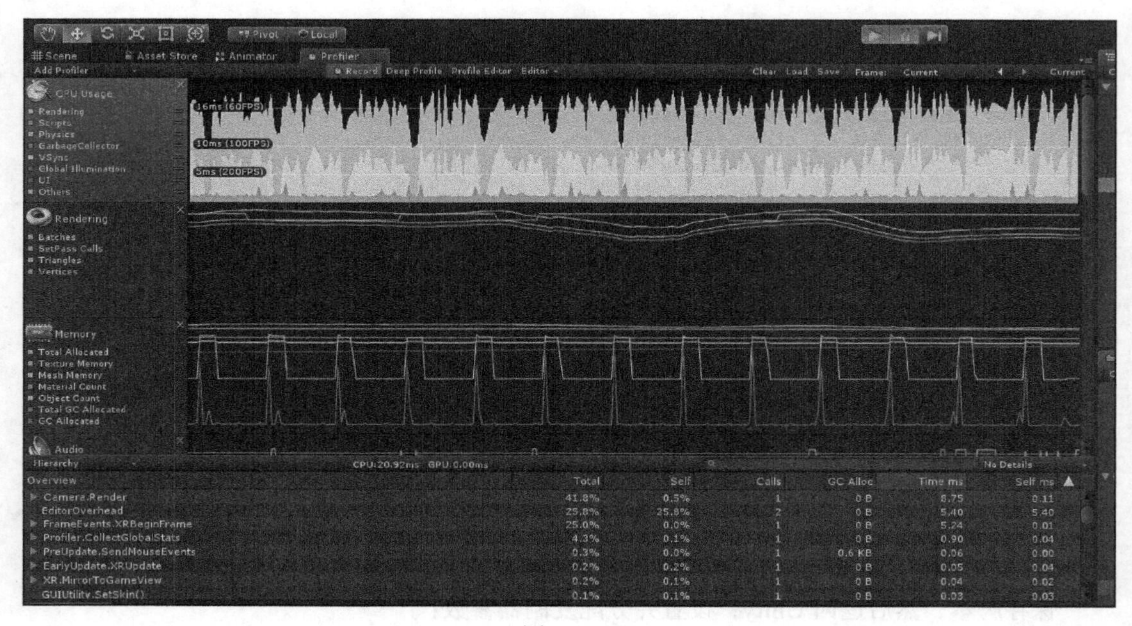

图 13-6

很明显，现在的运行效果极差，让我们看看怎么优化它。

13.2.2 抽取模型

尝试简化导入 Unity 的模型。如果在 **Project Assets** 中选择 `SunGlasses-original` 对象，可以看到它是由两个网格组成：具有 4176 个三角形的 `Frame` 和具有 1664 三角形的 `Lens`。应该减少网格上的面数，或者对模型进行抽取。目前，可以使用独立的免费开源 Blender 应用程序（`https://www.blender.org/`）。

注意，从 Turbosquid 下载模型的原始 FBX 文件采用 FBX 6 ASCII 格式，与 Blender 2.7+ 不兼容。本书提供的文件版本是使用 Autodesk FBX Converter 2013 转换过的（`http://usa.autodesk.com/adsk/servlet/pc/item? siteID=123112id=22694909`）。

在 Blender 中，按照下面步骤进行模型抽取：

1. 打开 Blender，清除默认的场景（**A** | **A** | **X** | **Delete**）；
2. 导入 Sunglasses 模型的 FBX 文件（**File** | **Import** | **FBX**）；

3. 选择 Sunglasses 模型的镜框网格（右击）；

4. 在右侧菜单中，选择 Modify 工具（扳手图标）；

5. 选择 Add Modifier | Decimate；

6. 将 Ratio 值设置为 `0.1`；如图 13-7 所示。

7. 然后，单击 Apply 按钮；

8. 选择 Sunglasses 模型的镜片网格（右击）；

9. 步骤同上，将 Ratio 值设置为 `0.1`，单击 Apply 按钮；

10. 删除摄像机、灯光以及背景对象（鼠标选中，按 X 键删除）；

图 13-7

11. 导出为 FBX 文件（File | Export | FBX），重命名一下，如 SunGlasses-decimated.fbx；

现在回到 Unity，导入模型并在复制器中使用，如下所示：

1. 将新的 `SunGlasses-decimated.fbx` 文件导入 `Models` 文件夹（Assets | Import New Asset）；

2. 将其从 `Models` 文件夹拖入场景中；

3. 复制 / 粘贴原模型的变换组件（选择原模型的 Transform 组件，单击 Copy Component，再选择新模型的 Transform 组件，单击 Paste Component Values）；

4. 将新模型保存预制件（将 `SunGlasses-decimated` 从 Hierarchy 中拖入 Project `Assets Prefabs` 文件夹）；

5. 在 `SunglassesReplicator` 中进行设置（把 Project Assets 中的预制件拖到复制器的 Prefab 插槽中）。

单击 Play 按钮运行游戏，正如预期的那样，现在的运行着 340 万个三角形，约为之前的 10%，而且 FPS 也提升了，超过了 60 FPS。这已经不错了，但还不够。

13.2.3 透明材质

图形处理和帧速率的另一个限制因素是使用透明材质和其他渲染技术，这些技术要求每个像素被渲染多次。为了使太阳镜镜片看起来透明，Unity 将首先在其后面渲染实心物体，然后在顶部渲染半透明镜片像素，有效地合并像素值。相互堆叠的数十个镜片可能会导致大量的处理工作。

现在来看看当使用不透明的镜片替换透明镜片材质时会发生什么：

1. 在 Project `Assets Materials` 文件夹中，创建新的 Material，并命名为 `Lens_Opaque`；

2. 对该材质的 Albedo 值，选择不透明的灰色，如 `#333333FF`；

3. 从文件夹中将 `Sunglasses-source` 预制件拖入 Hierarchy 中，重命名为 `Sunglasses-`

opaque；

4. 展开它并选择 Lens 子对象；

5. 将 Lens_Opaque 材质赋给 Lens；

6. 将 Sunglasses-opaque 拖入 Prefabs 文件夹，使其成为新的预制件；

7. 将 Sunglasses-opaque 预制件拖入 SunglassesReplicator 的 Prefab 插槽中。

单击 Play 按钮，现在有 1000 个不透明太阳镜，得到了更好的帧率，大约 80 FPS。

如果结合这两种技术会发生什么？在抽取镜头上使用不透明材料。就像刚刚做的那样，创建另一个版本的预制件，名为 Sunglasses-decimated-opaque，如下所示：

1. 从文件夹中将 Sunglasses-decimated 预制件拖入 Hierarchy 中，重命名为 Sunglasses-decimated-opaque；

2. 展开它并选择 Lens 子对象；

3. 将 Lens_Opaque 材质赋给 Lens；

4. 将 Sunglasses-decimated-opaque 拖入 Prefabs 文件夹，使其成为新的预制件；

5. 将 Sunglasses-decimated-opaque 预制件拖入 SunglassesReplicator 的 Prefab 插槽中。

单击 Play 按钮，现在得到的值大约是 100 FPS，如图 13-8 所示。

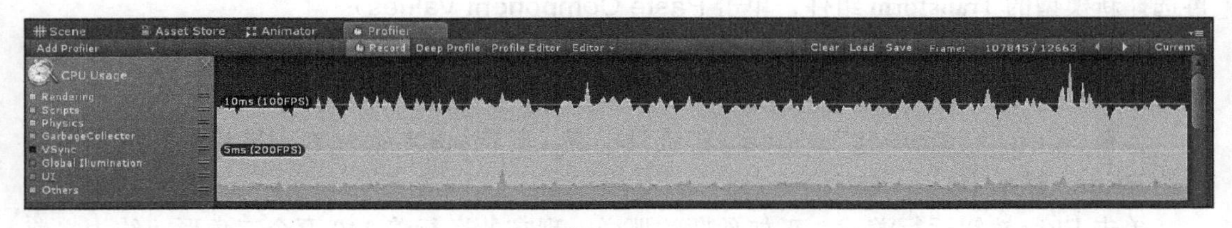

图 13-8

很好，得到了想要的帧速率。但那不是想要的样子，想要的是半透明镜片，而且，低聚玻璃的效果看起来令人失望。这是不可接受的。

13.2.4 细节层次

回顾场景，不难发现高聚太阳镜真的只需要那些靠近我们的部分。当它们进一步向远处退去时，使用低聚版本就好了。同样，镜片的透明度实际上是靠近我们的镜片才需要，远处的镜片和其他被遮挡的镜片并不需要透明度。Unity 知道这一点，并提供了一个自动管理细节级别的组件，称为 LOD Group（请参阅 https://docs.unity3d.com/Manual/LevelOfDetail.html）。

先创建一组太阳镜，每个模型都有详细程度：

1. 在 Hierarchy 中，创建一个 Empty 游戏对象，命名为 SunglassesLOD，并重置其

Transform 组件；

2. 将一个 `Sunglasses-original` 预制件拖入为 `SunglassesLOD` 的子对象；

3. 将一个 `Sunglasses-decimated` 预制件也拖入为 `SunglassesLOD` 的子对象；

4. 将一个 `Sunglasses-decimated-opaque` 预制件拖入为 `SunglassesLOD` 的子对象；

5. 选择 `SunglassesLOD`，然后单击 Add Component | LOD Group。

查看 Inspector 中的 LOD Group 组件。请注意，它有多个范围可供使用，根据摄像机距离，标记为 LOD0，LOD1 和 LOD2。范围是对象的边界框高度相对于屏幕高度的百分比。最接近时，LOD0 对象处于活动状态。更远的地方，LOD0 对象将被停用，LOD1 对象将被激活，依此类推。

现在来分配 LOD 组：

1. 选择 LOD0；

2. 从 Hierarchy 中将 `Sunglasses-original` 对象拖入 Add 按钮中；

3. 选择 LOD1；

4. 从 Hierarchy 中将 `Sunglasses-decimated` 对象拖入 Add 按钮中；

5. 选择 LOD2；

6. 从 Hierarchy 中将 `Sunglasses-decimated-opaque` 对象拖入 Add 按钮中。

图 13-9 是 Inspector 面板的截图。

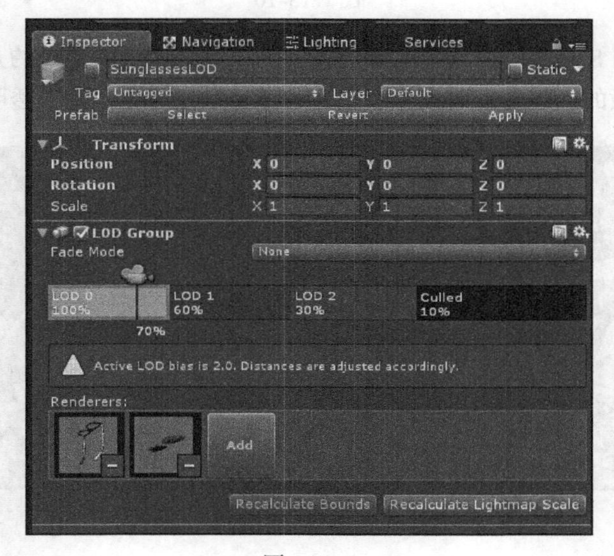

图　13-9

请注意，LODn 组的顶部边缘有一个小摄像机图标。可以选择并滑动它以根据摄像机距离激活 LOD 预览。还可以通过滑动每个区域框的边缘来配置每个 LOD 的有效范围（百分比）。

现在，在场景中试试：

1. 将 `SunglassesLOD` 对象拖入 **Project Prefabs** 文件夹；

2. 将 `SunglassesLOD` 预制件拖入 `SunglassesReplicator` 的 **Prefab** 插槽中。

单击 **Play** 按钮。**Profiler** 时间轴如图 13-10 所示。结果与最优化的版本基本没有区别，但是当需要时，可以得到高多边形模型和透明镜片。

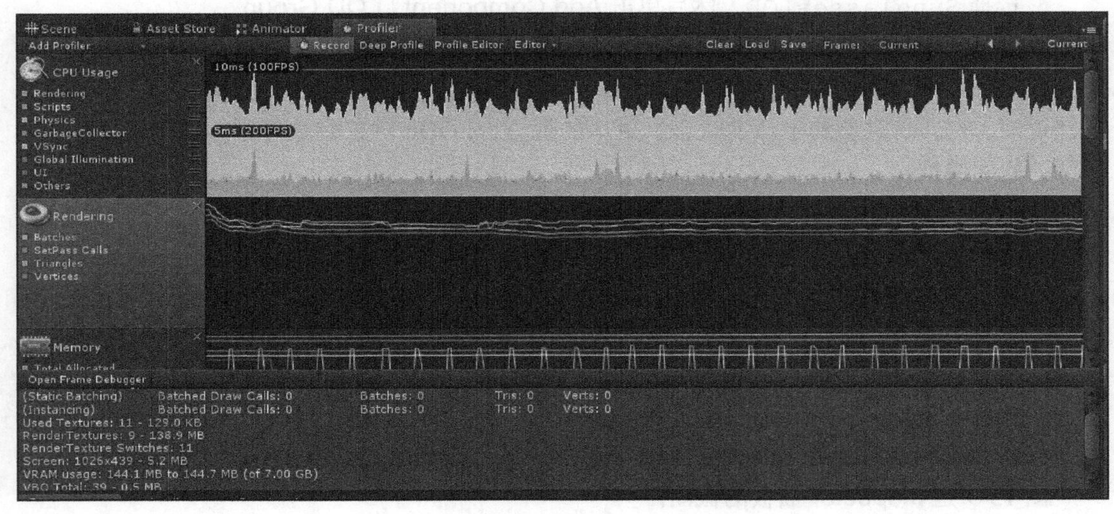

图　13-10

图 13-11 是使用 SunglassesLOD 的游戏视图的屏幕截图。最靠近的是高聚玻璃的太阳镜模型。中间是低聚版的，但有透明镜片。更远的模型是低多边形和不透明的。

图　13-11

Unity 资源商店中有许多 LOD 工具可帮助进行细节级别管理，甚至可以从模型中抽取生成网格。Unity 本身自带这样一个工具——AutoLOD，可以在 GitHub 上免费获得（`https://blogs.unity3d.com/2018/01/12/unity-labs-autolod-experimenting-with-automatic-performance-improvements/`）

13.3　使用静态对象优化场景

除了艺术品对象之外，优化的下一步是场景本身的组织方式。如果告诉 Unity 特定对象不会在场景中移动，它就可以预先计算对象的渲染而不是在运行时才计算。通过将这些游戏对象定义为静态，然后放置在特定的位置来实现。

在第 4 章，为 Ethan 设置 Navmesh 以进行运行时，就使用了静态对象。Ethan 的可行走导航区域由平坦的地平面决定，减去任何可能阻挡它的大型静态物体，并将其生成 Navmesh。

静态化还可用于预先计算场景渲染，预先计算光照和阴影来烘焙灯光贴图和阴影贴图。烘焙遮挡将场景划分为静态体积，当在视野之外时可以容易地将其剔除，从而可以一次性消除多个物体来节省处理操作。

13.3.1　设置场景

使用静态游戏对象，就不能使用 SunglassesReplicator 动态实例化的太阳镜模型。但鉴于已有这个脚本，可以将它用于操作：

1. 从 Project Assets 文件夹中将 Sunglasses-original 预制件拖入 Sunglasses-Replicator 的 Prefab 插槽中；
2. 单击 Play 按钮；
3. 程序运行时，在 Hierarchy 中，选中所有的 Sunglasses-original 对象（有 1000 个），复制一组；
4. 退出播放模式；
5. 在 Hierarchy 中，创建一个空对象，命名为 SunglassesBorg；
6. 把复制的所有 Sunglasses-original 对象粘贴在 SunglassesBorg 下，作为其子对象；
7. 禁用 SunglassesReplicator 对象，不需要用到它了。

如果需要多次执行此操作，则可以写一个编辑脚本。例如，可能需要使用 Editor 的主菜单栏中的 BorgMaker 选项，它通过一个对话框，获取预制对象，重复计数和偏移参数，就像 SunglassesReplicator 一样。编写自定义和扩展 Unity Editor 的脚本是常见的做法。如果有兴趣，请参阅 Manual: Extending the Editor（https://docs.unity3d.com/Manual/ExtendingTheEditor.html） 和 Editor Scripting Intro tutorial（https://unity3d.com/learn/tutorials/topics/scripting/editor-scripting-intro）。

13.3.2　灯光和烘焙

场景中灯光的使用会影响帧速率。可以对灯光数量、灯光类型、位置等参数进行设置制。请阅读Unity手册，该手册可在`http://docs.unity3d.com/Manual/Light-Performance.html`上找到。

尽可能使用烘焙光照贴图，这会将光照效果预先计算为单独的图像，而不是在运行时才计算。谨慎使用实时阴影，因为当对象投射阴影时，会生成阴影贴图，该阴影贴图会渲染可能接收阴影的其他对象。通常，阴影需要高渲染，对GPU硬件要求很高。

现在，来试试在场景中使用烘焙光照贴图的效果：

1. 选择`SunglassesBorg`对象，单击Inspector面板右上角的Static复选框；
2. 出现提示时，选择：Yes, change children。

如果出现错误提示“Mesh doesn't have UVs suitable for lightmapping”，在Project窗口中选择导入的fbx模型，选择Generate Lightmap Uvs，单击Apply按钮。

根据灯光设置，光照贴图可能会立即生成。查看并修改光照贴图设置，如下所示：

1. 打开Lighting窗口（Window | Lighting）；
2. 若勾选Auto Generate，只要场景发生变化，它就会开始生成光照贴图；
3. 取消勾选Auto Generate，单击Generate Lighting来手动创建光照贴图。

图13-12是游戏窗口的屏幕截图，有1000个具有透明度且使用高聚材质的太阳镜模型。现在得到帧速率是90 FPS，当移动非静态红色立方体时，它仍然呈现透明度和阴影。

图 13-12

在Lighting窗口中，还有Realtime Lighting（默认启用）、Baked Global Illumination（默认启用）、Lightmapper子系统（默认情况下为Enlighten）和Fog效果（默认情况下禁用）的设置，所有这些都会影响场景的运行质量和表现。

以下是处理灯光时的一些注意事项：

1. 避免使用动态阴影，只需使用投影仪在移动物体下方投射模糊斑点（请参阅`https://`

docs.unity3d.com/Manual/class-Projector.html)。

2. 检查项目的 Quality Settings（Edit | Project Settings | Quality），使用较少的 Pixel Lights（在移动设备上，限制为 1 或 2）。在 Hard and Soft Shadows 上使用 High Resolution。

3. 可以使用任意数量的烘焙灯。烘焙照明产生高质量的结果，而实时阴影可能会出现块状。

4. 烘焙时，可以通过提高烘焙分辨率来提高光照贴图质量（40 ～ 100 像素分辨率是合理的）。

5. 使用带有烘焙照明的灯光照亮动态物体。

6. 使用反射探头反射表面。这些可以是静态的（烘焙的）或动态的（实时的）。

光探针（实时或烘焙）和着色器（着色器选项）的选择，可以使场景效果看起来非常惊人。但是，它们也会对性能产生重大影响。平衡美学和图形表现既是艺术也是科学。

13.3.3 遮挡删除

正如所看到的，减少需要渲染的对象数量越多越好。无论是使用高多边形模型还是低多边形模型，Unity 需要确定哪些面出现在视图中。当有很多物体时，可以给 Unity 提供一些线索来帮助它处理。

遮挡删除会在摄像机看不到对象时禁用对象的渲染，因为该对象被其他对象遮挡（可参阅 http://docs.unity3d.com/Manual/OcclusionCulling.html）。遮挡删除工具会检查场景，并使用每个对象的边界框将世界空间划分为多维立方体集合的层次结构。当 Unity 需要确定一个对象是否在视图中时，它会丢弃任何边界框明显在视图之外的对象，继续计算层次结构。

为了演示，下面将复制一些 SunglassesBorg 副本并设置遮挡删除功能：

1. 在 Hierarchy 面板中，选择 SunglassesBorg，右键单击复制三次；

2. 对第一个复制对象，将 Y-Rotation 设置为 90，Position X 设置为 20；

3. 对第二个复制对象，将 Y-Rotation 设置为 -90，Position X 设置为 -20；

4. 对第三个复制对象，将 Y-Rotation 设置为 180，Position X 设置为 -20。

单击 Play 时，在这么多对象的情况，帧速率大约为 50 FPS。现在，通过以下更改，可以解决性能问题：

1. 四个 Borg 都是 Static，但验证是否已选中 Static：是否勾选了 Occluder 和 Occludee（检查 Static 下拉列表）；

2. 打开 Occlusion Culling 窗口（Window | Occlusion Culling）；

3. 单击 Bake 按钮。

注意，可以在场景中区分 Occludee 和 Occluder，但事实上没有。Occludee 是被遮挡的对象。Occluder 可能在前面，遮挡其他对象。不遮挡的半透明物体应标记为 Occludee，而不是 Occluder。

可能还要等一下。图 13-13 是从上往下看的 Scene 视图，包含生成的剔除体积。

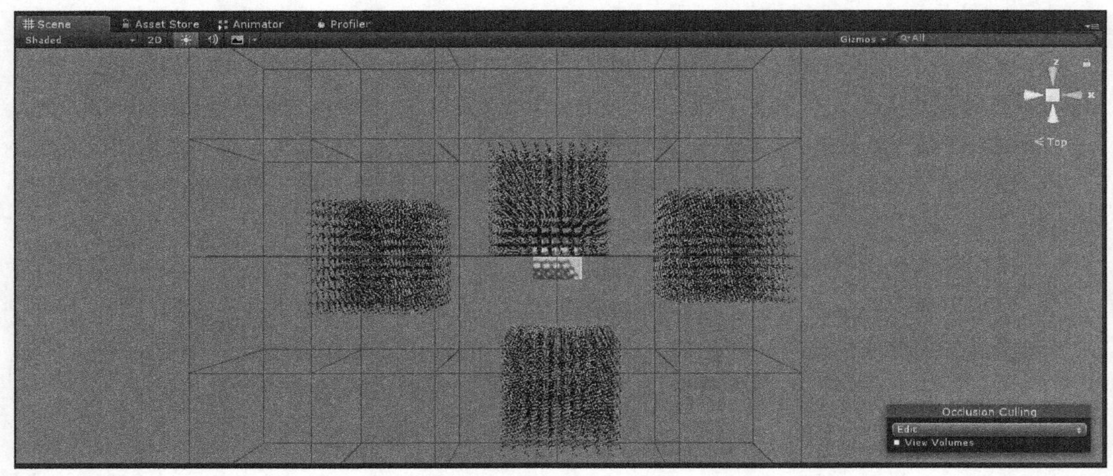

图 13-13

现在单击 Play，帧速率再次恢复到 90 FPS 左右（具体多少，取决于场景中的用户所看到的位置）。

减少场景中细节的另一种方法是使用基于距离的 Global Fog（全局雾），远离雾限的物体将不会被绘制。

13.4 优化代码

另一个容易出现性能问题并且可以优化的对象就是脚本代码。在本书中，使用了各种最佳编码例子，但没有解释原因（另一方面，本书中的一些示例不一定有效，仅仅是比较简单，有利于解释介绍）。例如，在第 8 章中，编写了一个对象池内存管理器，以避免重复实例化和销毁游戏对象导致内存垃圾收集（Garbage Collection，GC）的问题，这个问题会降低应用程序处理速度。

通常，尽量避免重复大量计算的代码。尝试先将尽可能多的工作量计算好，并将部分结果存储在变量中。

在某些时候，必须使用分析工具来查看代码在底层的表现。如果 Profiler 工具显示系统在运行编写的脚本时花费了大量时间，就应该考虑另一种重构代码的方法，以使它更有效。通常，这与内存管理有关系，但也可能与计算和硬件情况有关（详情请参阅 http://docs.unity3d.com/Manual/MobileOptimizationPracticalScriptingOptimizations.html）。

请遵循最佳编码原则，否则请避免过早优化代码。很容易犯的一个错误就是在不需要优化的代码区域投入太多精力，牺牲了代码的可读性和可维护性。使用 Profiler 工具分析性能的瓶颈位置，并首先关注优化工作。

13.4.1　了解 Unity 的生命周期

像所有游戏引擎一样，当运行游戏时，Unity 正在执行一个巨大的循环，重复一遍又一遍。Unity 提供了许多接口，可以在游戏循环的每个步骤中调用事件。图 13-14 描述的是 Unity 的运行周期流程图，取自 Unity 手册页面 *Execution Order of Event Functions*（`https://docs.unity3d.com/Manual/ExecutionOrder.html`）。箭头突出显示的是最熟悉的两个事件函数，即 Start 和 Update，灰点突出显示的是将在此循环中引用的其他一些事件。

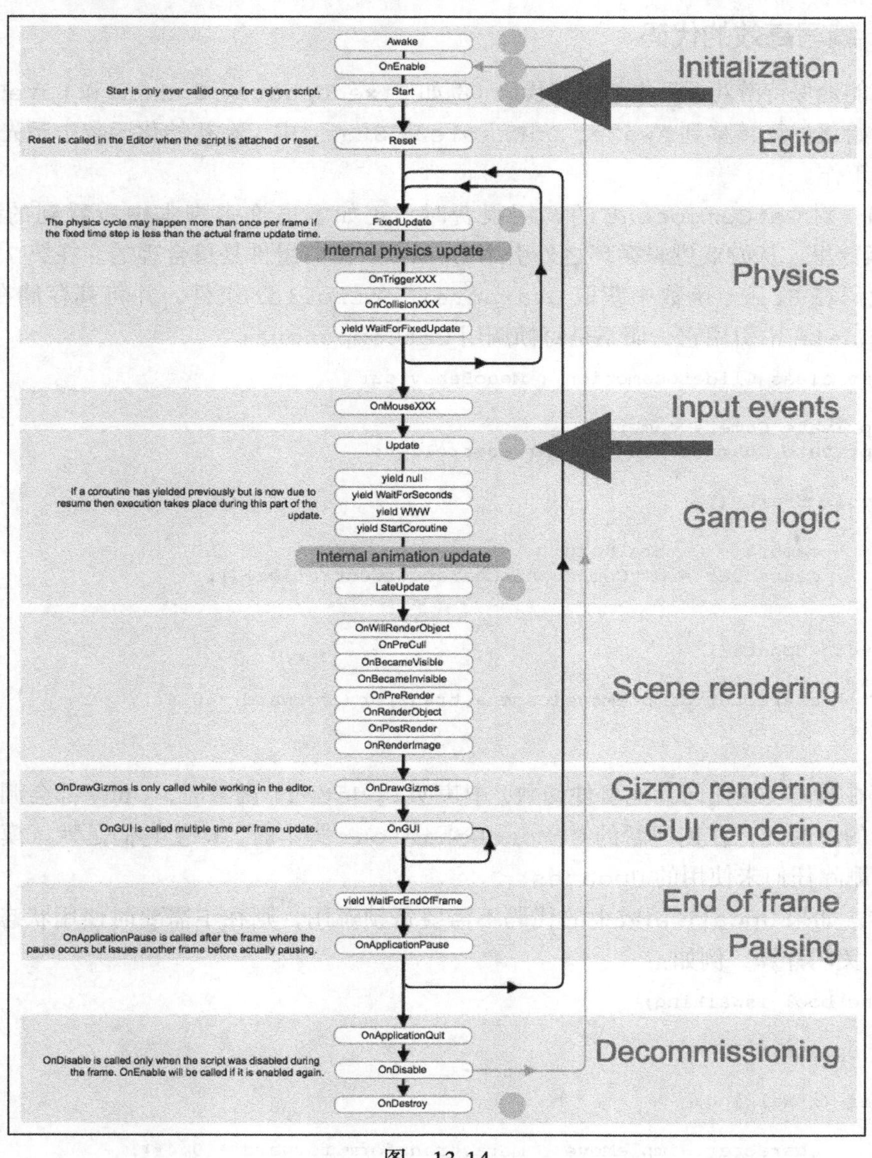

图　13-14

从图表的顶部开始，当游戏运行时，每个 GameObject 的组件（从 MonoBehaviour 类派生）将通过调用 Awake 函数来唤醒。除非需要使用 Awake 或 OnEnable，否则通常会在 Start 函数中初始化对象。到了游戏的 Game Logic 部分，每一帧都会调用 Update 函数。注意循环线 / 箭头（物理引擎有自己的循环时序，用于处理 RigidBody，它可能比帧更新更频繁，用 FixedUpdate 函数来引用它）。调用 OnDestroy 函数可以停用某一对象。

对于这张图表，需要重点注意是哪些事件在游戏循环中，哪些事件在循环外部。

13.4.2 编写高效的代码

尽可能地保持游戏循环中的所有代码（例如 FixedUpdate、Update 和 LateUpdate），将任何初始化运算转移到 Awake、OnEnable 或 Start 中，在初始化函数中预先处理计算量很大的工作。

例如，对 GetComponent 的调用很费时，正如本书许多脚本中所看到的那样，在 Start 函数里，从游戏逻辑循环之外引用 Update 所需的组件是最合理的。在第 7 章中，使用以下代码在 Start 函数中获取 CharacterController 组件，并将其存储在变量中，然后在 Update 中引用它，而不是每帧调用 GetComponent：

```
public class GlideLocomotion : MonoBehaviour
{
    private Camera camera;
    private CharacterController controller;

    void Start ()
    {
        camera = Camera.main;
        character = GetComponent<CharacterController>();
    }

    void Update()
    {
        character.SimpleMove(camera.transform.forward * 0.4f);
    }
}
```

每当在脚本（或任何其他事件函数）中声明 Update() 函数时，Unity 都会调用它，即使它是空的。因此，在创建新的 C#MonoBehaviour 脚本时，即使它们是默认模板的一部分，也应删除任何未使用的 Updates。

同样，如果 Update 函数中的代码不需要每帧调用，则在不需要时使用状态变量（和 if 语句）关闭计算，例如：

```
public bool isWalking;

void Update()
{
    if (isWalking)
    {
        character.SimpleMove(camera.transform.forward * 0.4f);
```

```
    }
}
```

13.4.3　避免费时的 API 调用

除了将费时的 API 调用从 Update 转移到初始化函数，其他一些 API 调用应该尽可能完全避免。下面就列举几个。

避免使用 `Object.Find()`。要获取场景中游戏对象的引用，请不要使用 `Find` 语句，不仅是因为通过名称查找很费时，它必须搜索 Hierarchy，而且如果重命名它正在查找的对象，系统可能会崩溃。如果可以，请定义一个公共变量以引用该对象，只需在 Editor Inspector 中关联该对象即可。如果必须在运行时找到对象，请使用 Tag 和 Layer 将搜索限制为已知的固定候选集。

避免使用 `SendMessage()`。因为 `SendMessage` 的计算成本很高（它使用了运行时反射）。要触发另一个对象中的函数，请改用 Unity Events。

避免内存分段和回收垃圾。数据和对象的临时分配可能导致内存碎片化。Unity 会定期通过内存堆叠来整合空闲块，但这对计算要求很高，并且可能会导致应用程序出现跳帧。

更多建议和更深入的讨论，请参阅 Unity 最佳操作指南，来了解 Unity 中的优化方案（https://docs.unity3d.com/Manual/BestPracticeUnderstandingPerformanceInUnity.html）。

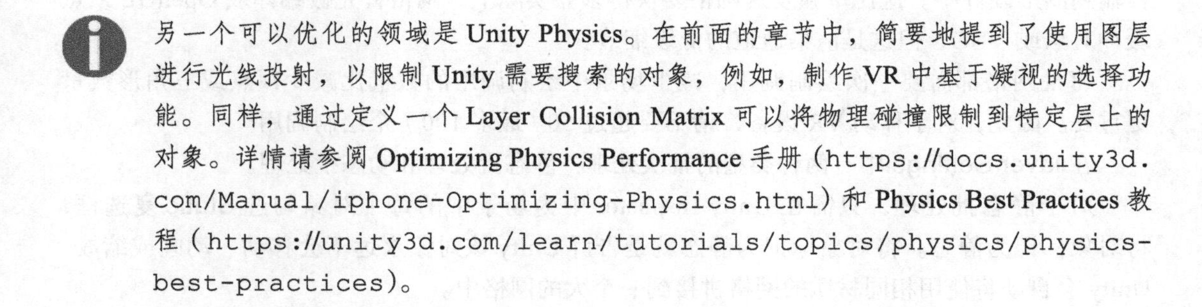

另一个可以优化的领域是 Unity Physics。在前面的章节中，简要地提到了使用图层进行光线投射，以限制 Unity 需要搜索的对象，例如，制作 VR 中基于凝视的选择功能。同样，通过定义一个 Layer Collision Matrix 可以将物理碰撞限制到特定层上的对象。详情请参阅 Optimizing Physics Performance 手册（https://docs.unity3d.com/Manual/iphone-Optimizing-Physics.html）和 Physics Best Practices 教程（https://unity3d.com/learn/tutorials/topics/physics/physics-best-practices）。

13.5　优化渲染

有许多重要的影响性能的因素是跟 Unity 如何进行渲染相关的。其中一些因素可能适用于任何图形引擎，随着 Unity 新版本的出现、技术的进步以及新算法的取代，一些解决方案可能会发生变化。

不少文章都提供过优化 VR 应用程序的具体设置方案，并且一个人的想法与另一个人的想法相矛盾的情况并不罕见。下面是一些好的方案。

- 使用 Forward Rendering 路径，这是 Graphics Settings 的默认设置；
- 使用 4x MSAA（多采样抗锯齿技术）。这是一种低成本的抗锯齿技术，有助于消除 Quality Settings 中的锯齿状边缘和闪烁效果；
- 使用 Single Pass Stereo Rendering，它在 Player Settings 的单向传递中为每只眼睛执行高效的视差透视渲染；
- 在 Player Settings 中启用 Static Batching 和 Dynamic Batching，这将在稍后介绍。

注意，某些渲染设置是针对设备或平台的，被 Unity 集成在 Player Settings（Edit | Project Settings | Player）中，此外，一些设置被集成在 Quality Settings（Edit | Project Settings | Quality）中，还有一些设置被集成在 Graphics Settings（Edit | Project Settings | Graphics）中。

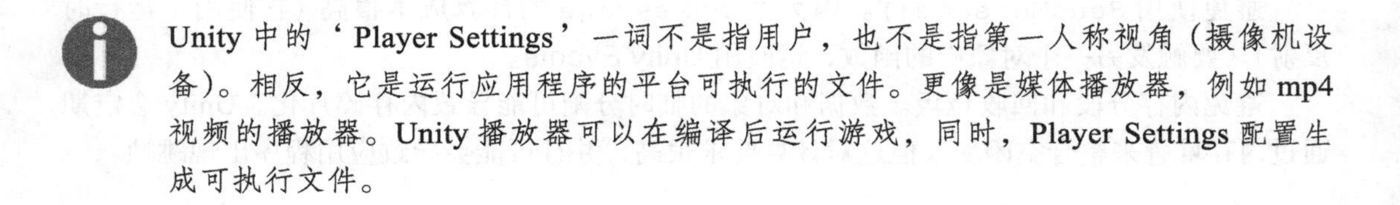

Unity 中的‘Player Settings’一词不是指用户，也不是指第一人称视角（摄像机设备）。相反，它是运行应用程序的平台可执行的文件。更像是媒体播放器，例如 mp4 视频的播放器。Unity 播放器可以在编译后运行游戏，同时，Player Settings 配置生成可执行文件。

13.5.1 批次处理

也许，Unity 中最厉害的一项功能，是将不同的网格组合成一个批次来处理，同时将其传输到图形硬件中。这比单独发送网格要快得多。实际上，网格首先被编译成 OpenGL 顶点缓冲对象或 VBO，但这是渲染通道的低级细节。

每批网格都需要一次绘制调用，减少场景中绘制调用的数量比减少顶点或三角形数量更重要。因此，对于移动 VR 设备，请不要超过 50（最多 100）个绘制调用。

在 layer Settings 中有两种类型的批次处理：静态批处理和动态批处理。

对于静态批处理，只需在 Unity Inspector 中为场景中的每个对象勾选 Static 复选框，将对象标记为静态。将对象标记为静态就是告诉 Unity 该对象永远不会移动、动画或缩放。Unity 会自动将使用相同材质的网格拼接到一个大的网格中。

这里需要注意的是网格必须使用相同的材质设置：相同的纹理、着色器、着色器参数和材质指针对象。可是要怎么设置？毕竟这些是不同的对象！其实可以通过将多个纹理组合到单个宏纹理文件或 TextureAtlas 中，然后将 UV 映射组合为适合尽可能多的模型来完成。它很像用于 2D 和 Web 图形的图像，有很多第三方工具可以帮助构建。

Unity Resource Checker 是一个用于检查场景中资源的分析工具，包括活跃的纹理、材质和网格。你可以从此处下载：https://github.com/handcircus/Unity-Resource-Checker。

动态批处理与静态批处理类似。对于未标记为静态的对象，Unity 仍会尝试对它们进行批处理，因为它需要逐帧处理，所以是一个较慢的进程。除了要求使用相同的材质设置外，还有其他限制，如顶点计数（少于 300 个顶点）和统一的 Transform Scale。（请参阅：http://docs.unity3d.com/Manual/DrawCallBatching.html。）

在脚本中管理纹理时，请使用 Renderer.sharedMaterial 语句而不是 Renderer.material，以避免创建重复的材质。接收重复材质的对象将退出批次处理。

目前，只有 Mesh Renderers 和 Particle Systems 被批量处理。这意味着蒙皮网格、布料、跟踪渲染器和其他类型的渲染组件都不能批量处理。

13.5.2 多通道像素填充

渲染过程中的另一个问题是像素填充率。可以想象成，渲染的最终目的是用正确的颜色填充显示设备上的每个像素。如果必须为每个像素多次设置颜色值，那就很费劲了。例如，烟雾效果就是使用透明粒子，每个粒子包含许多像素，且大多数是透明四边形。

对于 VR，Unity 会生成多于实际显示内容的帧缓冲内容，帧缓冲内容在被显示在 HMD 上之前，Unity 会进行视觉失真校正（桶效应）和色差校正（颜色分离）。实际上，可能有多个缓冲区在后处理之前被合成。

这种多通道像素填充是一些高级渲染器的工作方式，包括灯光和材质效果，如多个灯光、动态阴影和透明度（Transparent 和 Fade Render 模式），Unity Standard Shader 也是使用这种方式。

VBO 批量处理需要多次调用多通道像素填充的材质，从而增加了绘制调用的数量。根据项目要求，可以选择 VBO 批量处理，并且完全避免多通道像素填充；也可以仔细规划场景，了解应该具有哪些高性能和哪些高保真度的内容。

使用 Light Probes 来低成本地模拟动态对象的光照效果。Light Probes 是烘焙立方体贴图，可以在场景中的各个点存储直射光，非直射光甚至放射光的信息。当动态对象移动时，它会插入附近的 Light Probes 以产生该特定位置的光照效果，相较于使用高成本的实时灯光，这是一种模拟动态物体上的真实光照效果的简单方法。（请参阅：http://docs.unity3d.com/Manual/LightProbes.html。）

Unity 2018 版本添加了一种新的 Scriptable Render Pipeline，该工具用 C# 脚本来配置和控制渲染。Unity 2018 包括用于轻量级渲染的替代内置通道（用于移动和 VR 程序）、高清渲染（用于高保真物理渲染），并且有机会通过社区构建和共享更多内容。如果使用新版本的渲染通道可能会取代本节提供的建议。

13.5.3 VR 优化着色器

着色器是在 GPU 中编译运行的小程序。处理着由 CPU 上的游戏引擎准备的 3D 方向矢量和多边形（三角形），以及灯光信息、纹理贴图和其他参数，以在显示器上生成像素。

Unity 自带多种着色器。Default Surface Shader 是一个功能强大且可以优化的着色器，支持纹理、法线、高度、遮挡、发射、镜面高光、反射等贴图种类。

Unity 还自带一组移动优化着色器，这些着色器在移动端（和桌面端）的 VR 开发中很受欢迎。虽然它们可能无法提供高质量的灯光和渲染支持，但它们的设计在移动设备上表现良好，任何开发人员都会优先考虑使用它们，在桌面端的 VR 应用程序中也会用到。

VR 设备制造商和开发商也发布了他们的自定义着色器，以他们认为合适的方式来优化图形处理。

Daydream Renderer（https://developers.google.com/vr/develop/unity/renderer）是一个 Unity 软件包，专为 Daydream 平台的高质量渲染优化而设计的。它支持法线贴图，具有多达八个动态光源的镜面高光，“传说级阴影”与 Unity 标准着色器的性能相比，优化显著。

Valve（Steam）将他们在演示项目 The Lab 中使用的 VR 着色器发布成一个 Unity Package（https://assetstore.unity.com/packages/tools/the-lab-renderer-63141）。它通过 MSAA 可以一次支持多达 18 个的动态阴影灯。

Unity 附带的 Oculus OVRPlugin 包含许多 Oculus 特定着色器，被 Oculus OVRPlugin 的一些预制件和脚本组件所使用。

第三方开发人员还为着色器提供一些工具和实用程序。正如在第 2 章中所提到的，Google Poly Toolkit for Unity 文件里就包括从 Poly 下载的模型的着色器和使用 TiltBrush 创建的图像。

可以编写自己的着色器。在第 10 章中，在编写内部着色器时查看了 Unity ShaderLab 语言。Unity 2018 加入了一个新的 Shader Graph 工具，用于可视化地构建着色器而不是使用代码。目的就是为了实现“任何新用户都可以参与着色器的创建。”

13.6 运行时性能和调试

图形硬件架构不断向高性能方向发展，有利于提高虚拟现实（和增强现实）的渲染质量。VR 的出现引出了一些原本对传统游戏不那么重要的要求。延迟和丢帧（渲染花费的时间比帧刷新时间更长），在高保真的 3A 级渲染要求面前已不被允许。VR 要求每一帧都及时渲染两次，因为每只眼睛各需要一次。在 VR 这个新兴行业的要求驱动下，半导体和硬件制造商正在改进乃至设计新的设备，这将不可避免地影响游戏开发人员对游戏优化的决策。

也就是说，针对游戏的较低版本进行开发和优化，如果与平台版本不兼容，就要考虑用能同时支持高端和低端平台的游戏版本。VR 设备制造商已经开始发布最低 / 推荐的硬件规格，这需要大量的测试。根据目标设备，从 Unity 的推荐设置开始，根据需要进行调整。

例如，对于移动 VR，建议使用 CPU 绑定而不是 GPU 绑定。有些游戏会影响 CPU 工作效率，有些则影响 GPU。通常，应该首选 CPU 而不是 GPU。Oculus Mobile SDK（GearVR）有一个 API，用于限制 CPU 和 GPU 以控制热量和电池消耗。

在 Unity 编辑器中运行与在移动设备上运行不同。但是，仍然可以在移动设备运行时使用 Profiler 工具。

在应用程序中使用开发人员模式很有用，该模式会显示当前 HUD 的每秒帧数（Frams per Second，FPS），以及程序运行时的其他重要信息。要了解 FPS HUD 的显示方式，请使用 Text 子对象将 UI 画布添加到场景中。以下代码就是使用脚本把更新的 FPS 值赋到 Text 中：

```
public class FramesPerSecondText : MonoBehaviour
{
    private float updateInterval = 0.5f;
    private int framesCount;
    private float famesTime;
    private Text text;

    void Start()
    {
        text = GetComponent<Text>();
    }
    void Update()
    {
        framesCount++;
        framesTime += Time.unscaledDeltaTime;
        if (framesTime > updateInterval)
        {
            float fps = framesCount / framesTime;
            text.text = string.Format("{0:F2} FPS", fps);
            framesCount = 0;
            framesTime = 0;
        }
    }
}
```

一些 VR 设备也提供了自己的工具，我们将在下面介绍。

13.6.1　Daydream

Daydream 的开发者选项包括 GvrInstalPreviewMain 预制件，通过它可将 Daydream 设备与 Unity Editor Play 模式配合使用。

Daydream Performance HUD（https://developers.google.com/vr/develop/unity/perfhud）内置于 Android 系统中，可按下面的步骤来启用：

1. 在手机上打开 Daydream 应用程序；
2. 单击屏幕右上角的齿轮图标；

3. 单击 Build Version 六次，打开 Developer Options 选项；

4. 选择 Developer Options |Enable performance heads-up display。

然后，运行 VR 应用程序，会看到系统性能显示窗口。

13.6.2 Oculus

Oculus 提供了一套性能分析和优化工具（https://developer.oculus.com/documentation/pcsdk/latest/concepts/dg-performance/），其中包括大量资料和开发人员技术指南，还包括 Oculus Debug Tool、Lost Frame Capture Tool、Performance Profiler 和 Performance Head-Up Display 等工具（https://developer.oculus.com/documentation/pcsdk/latest/concepts/dg-hud/）。

要激活 Performance Head-Up Display，请从 Oculus Debug Tool 运行它，如下所示：

1. 前往路径 `Program Files\Oculus\Support\oculus-diagnostics\`；

2. 双击 `OculusDebugTool.exe`；

3. 建议首先关闭 Asynchronous Spacewarp（ASW），因为在没有 ASW 的情况下可以更好地了解应用程序的性能，找到 Asynchronous Spacewarp，然后从选择列表中选择 Disabled；

4. 找到 Visible HUD，选择想看的项目：Performance、Stereo Debug、Layer 或者 None。

13.7 本章小结

延迟和低帧率是不能接受的，并且可能导致 VR 体验中的眩晕症。我们的项目受到硬件设备性能及相关 SDK 功能的限制。在本章中，我们深入研究了优化 VR 应用的一些技术方案，考虑了影响性能的 4 个因素：艺术作品、场景、代码和渲染通道。

本章首先介绍 Unity 内置的 Profiler 和 Stats 窗口，它们是优化 VR 应用必须用到的工具。为了分析模型和材质的影响，我们用 1000 个带透明镜片的高聚太阳镜模型构建了一个场景，检查性能数据，然后尝试几种方法来提高帧速率：抽取模型（使它们变为低聚材质）、删除材质中的透明度，以及管理场景中的细节级别（LOD）。然后，我们还考虑了在场景级别做别的事情，如使用静态对象、烘焙灯光贴图和遮挡删除。

接下来，我们进行了 C# 脚本优化的实践。关键是要理解 Unity 的运行周期、游戏循环和高成本的 API 函数，建议将帧更新函数尽可能精简。然后，查看渲染通道，深入了解渲染的工作原理以及如何使用推荐的质量、图形和播放器设置，如何使用 VR 优化着色器，用运行工具来分析和提高性能。

现在我们非常清楚，开发 VR 需要注意很多方面的问题。可以制作一个美丽的模型，创造带有美妙纹理和灯光效果的场景，也可以尝试为玩家提供令人兴奋的互动体验。但同时，还应该考虑目标平台的要求、渲染性能、每秒帧数、延迟和眩晕症。关心性能永远不会太早，但开始得太晚是致命的。应该遵循易于实现的推荐设置，同时保持代码和对象层次结构的简洁性和可维护性。用严谨科学的方法进行故障排除和性能调整，用 Profiler 和其他工具来分析项目，这样就可以知晓根本原因，而不是把时间花在对优化性能作用不大的领域上。

作为开发人员，我们很容易会对除了最明显的渲染错误之外的所有错误视而不见，因此，因此我们是测试自己代码的最糟人选。它促进了编码器的一种新的令人兴奋的改进，即从“代码在我的机器上工作”转变为“代码在我的大脑里工作”。

——Tom Forsyth, Oculus

开发 VR 是一个不断发展变化的过程。平台硬件、软件 SDK 和 Unity 3D 引擎本身都在快速变化和改进。随着产品的更新换代和开发人员不断提出新的方法，旧的参考书籍、博客文章和 YouTube 教学视频随时会被淘汰。但在另一方面，针对最佳实践方案、首选 Unity 设置以及满足 VR 开发人员需求的最佳设备和 SDK，也能取得很大进展。

随着 VR 技术的成熟，它将成为表达、沟通、教育、解决问题和传播信息的新媒介。你可以想象，你的祖父母用 VR 学习打字和阅读，你的父母用 VR 制作 PowerPoint 和浏览网页，你的孩子在 VR 里建造城堡和传送。VR 不会取代现实世界和我们的人性，只会增强它。

推荐阅读

游戏AI开发实用指南
Practical Game AI Programming

Unreal Engine 4
游戏开发秘笈
UE4虚拟现实开发
Unreal Engine VR Cookbook
Developing Virtual Reality with UE4

Unity3D
网络游戏实战
(第2版)

游戏服务器架构与优化
Architecture and Optimization for Game Servers

Unity与C++
网络游戏开发实战
基于VR、AI与分布式架构

OpenGL编程指南
(原书第9版)
OpenGL Programming Guide

R语言游戏数据分析与挖掘

The Art of Game Analytics
游戏数据分析的艺术

Cocos Creator
游戏开发实战

推荐阅读

游戏设计基础
Fundamentals of Game Design

游戏AI
开发实用指南
Practical Game AI Programming

R语言游戏数据
分析与挖掘

The Art of Game Analytics
游戏数据分析的艺术

游戏服务器
架构与优化
Architecture and Optimization for Game Servers

HTML5 2D
游戏编程核心技术
Core HTML5 2D Game Programming

Unity3D
网络游戏实战
Multiplayer Game Development With Unity3D

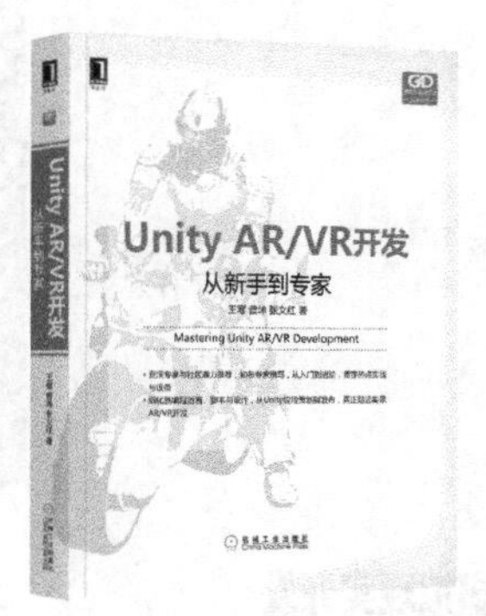
Unity AR/VR开发
从新手到专家
Mastering Unity AR/VR Development

VR/AR/MR
开发实战
基于Unity与UE4引擎

推荐阅读

Unity游戏开发（原书第3版）

作者：Mike Geig ISBN：978-7-111-63083-8 定价：119.00元

基于Unity与SteamVR构建虚拟世界

作者：Jeff W Murray ISBN：978-7-111-61958-1 定价：79.00元

Unreal Engine 4游戏开发秘笈：UE4虚拟现实开发

作者：Mitch McCaffrey ISBN：978-7-111-59800-8 定价：69.00元

增强现实：原理与实践

作者：Dieter Schmalstieg Tobias Höllerer ISBN：978-7-111-64303-6 定价：99.00元